编审委员会

中国科学技术大学精品教材

高分子物理实验

GAOFENZI WULI SHIYAN

第 2 版

杨海洋　朱平平　何平笙　编著

中国科学技术大学出版社

内容简介

本书充分体现了中国科学技术大学高分子物理实验教学的特色。结合近十年来的教学研究和精品课程建设经验，作者把教学研究成果、科研成果、新概念、新规律和新实验事实融入到实验内容中，在第 1 版的基础上全面修订了本书。全书分实验、数据记录及实验报告、常用数据表三大部分，包括计算机模拟、结构分析、分子运动、力学行为、流动行为和溶液、电学、热学性能的 24 个实验凸显了聚合物的特性以及该校实验教学的独创性。每个实验均配套有“数据记录及实验报告”。

本书适合作高等学校高分子学科的本科生教材，也可供该学科研究生教学及从事高分子科学研究工作的人员参考。

图书在版编目（CIP）数据

高分子物理实验/杨海洋，朱平平，何平笙编著.—2 版. — 合肥：中国科学技术大学出版社，2008.10

（中国科学技术大学精品教材）

“十一五”国家重点图书

普通高等教育“十一五”国家级规划教材

ISBN 978-7-312-02176-3

I. 高··· II. ① 杨··· ② 朱··· ③ 何 ··· III. 高聚物物理学 — 实验 — 高等学校 — 教材 IV. O631-33

中国版本图书馆 CIP 数据核字 (2008) 第 159433 号

中国科学技术大学出版社出版发行

安徽省合肥市金寨路 96 号，230026

网址 http://press.ustc.edu.cn

安徽辉隆农资集团瑞隆印务有限公司印刷

全国新华书店经销

开本：710 × 960 1/16 印张：20.25 插页：2 字数：380 千

2008 年 10 月第 2 版 2008 年 10 月第 2 次印刷

印数：3001—6000 册

定价：33.00 元

总　序

2008年是中国科学技术大学建校五十周年。为了反映五十年来办学理念和特色,集中展示学校教材建设的成果,学校决定组织编写出版代表学校教学水平的精品教材系列。在各方的共同努力下,共组织选题281种,经过多轮、严格的评审,最后确定50种入选精品教材系列。

1958年学校成立之时,教员大部分都来自中国科学院的各个研究所。作为各个研究所的科研人员,他们到学校后保持了教学的同时又作研究的传统。同时,根据"全院办校,所系结合"的原则,科学院各个研究所在科研第一线工作的杰出科学家也参与学校的教学,为本科生授课,将最新的科研成果融入到教学中。五十年来,外界环境和内在条件都发生了很大变化,但学校以教学为主、教学与科研相结合的方针没有变。正因为坚持了科学与技术相结合、理论与实践相结合、教学与科研相结合的方针,并形成了优良的传统,才培养出了一批又一批高质量的人才。

学校非常重视基础课教学和专业基础课教学的传统,也是她特别成功的原因之一。当今社会,科技发展突飞猛进、科技成果日新月异,没有扎实的基础知识,很难在科学技术研究中作出重大贡献。建校之初,华罗庚、吴有训、严济慈等老一辈科学家、教育家就身体力行,亲自为本科生讲授基础课。他们以渊博的学识、精湛的讲课艺术、高尚的师德,带出一批又一批杰出的年轻教员,培养了一届又一届优秀学生。这次入选校庆精品教材的绝大部分是本科生基础课或专业基础课的教材，其作者大多直接或间接受到过这些老一辈科学家、教育家的教诲和影响，因此在教材中也贯穿着这些先辈的教育教学理念与科学探索精神。

改革开放之初，学校最先选派青年骨干教师赴西方国家交流、学习，他们在带回先进科学技术的同时，也把西方先进的教育理念、教学方法、教学内容等带回到中国科学技术大学，并以极大的热情进行教学实践，使“科学与技术相结合、理论与实践相结合、教学与科研相结合”的方针得到进一步深化，取得了非常好的效果，培养的学生得到全社会的认可。这些教学改革影响深远，直到今天仍然受到学生的欢迎，并辐射到其他高校。在入选的精品教材中，这种理念与尝试也都有充分的体现。

中国科学技术大学自建校以来就形成的又一传统是根据学生的特点，用创新的精神编写教材。五十年来，进入我校学习的都是基础扎实、学业优秀、求知欲强、勇于探索和追求的学生，针对他们的具体情况编写教材，才能更加有利于培养他们的创新精神。教师们坚持教学与科研的结合，根据自己的科研体会，借鉴目前国外相关专业有关课程的经验，注意理论与实际应用的结合，基础知识与最新发展的结合，课堂教学与课外实践的结合，精心组织材料、认真编写教材，使学生在掌握扎实的理论基础的同时，了解最新的研究方法，掌握实际应用的技术。

这次入选的50种精品教材，既是教学一线教师长期教学积累的成果，也是学校五十年教学传统的体现，反映了中国科学技术大学的教学理念、教学特色和教学改革成果。该系列精品教材的出版，既是向学校50周年校庆的献礼，也是对那些在学校发展历史中留下宝贵财富的老一代科学家、教育家的最好纪念。

侯建国

2008年8月

第 2 版 序 言

自 2002 年本书初版以来，本教材已有 6 届高分子专业学生使用，受到广泛好评，2005 年获校优秀教材一等奖，并得到国内高分子同行的认可，被一些兄弟院校选作主要教学参考书。另外本书作为“全面提升高分子物理重点课程的教学质量”教研成果的重要组成部分，获 2005 年国家级教学成果二等奖。2006 年本书被教育部列入普通高等教育“十一五”国家级教材规划选题，重新修订出版。“高分子物理实验”课也被评为 2006 年安徽省精品课程。

近年来高分子学科发展迅速，尤其在高分子凝聚态基本物理问题领域成果显著，这些理应在课程教学中得到及时反映，加上高分子学科本身年轻，许多基本问题的本质也在逐步清晰中。因此，即使是阶段性的研究进展也有必要介绍给学生。作者近几年在精品课程建设中作了大量创新、细致而持久的工作，取得的教学研究成果，都及时融入到了本课程教学之中。

(1) 把教学研究成果融入教材内容

作者倡导“教学需要研究”的理念，并用于实验教学课程，其中包括实验的选题、模式到具体的内容。

大分子链的构象、形态是高分子特有的问题，也是教学的重点和难点之一。为让学生对大分子链构象形态问题有直观、形象、透彻的了解，作者在国内首先把计算机技术用于高分子物理教学实验，开发出多个高分子物理的计算机实验，是高分子物理实验教学的创新模式。在初版“用‘分子模拟’软件构建聚乙烯、全同立构聚丙烯分子并计算它们末端的直线距离”和“用‘分子模拟’软件计算聚丙烯酸甲酯的构象能量”两个实验基础上，第 2 版增加了“二维高分子链形态的计算机模拟”等三个计算机实验(实验三、四、五)。

在屏幕上直接构建(合成)高分子长链，直观展现链的内旋转过程，计算链尺寸与分子量的标度关系，验证诺贝尔奖获得者的工作，特别是展示大分子链如何在熵驱动下穿越受限管道，深刻体会熵这个概念的重要性，这些都是实体分子模型和课堂教学不可能达到的效果。不但学生欢迎，也被同行所重视。通过提供电脑程序源代码、发表介绍实验内容的论文和召开研讨班作示范教学，有关的计算机实验已被国内多所高校所采用。

黏度法测分子量是高分子物理的基本实验技术，然而高分子在黏度计毛细管壁的吸附以及吸附所导致的溶液浓度的改变、毛细管半径的变化以及毛细管界面性质的变化非常复杂，甚至使溶液的比浓黏度对浓度作图不再满足线性关系。经作者对此实验的多次改进，不但消除了这些影响，而且进一步确立了黏度法是研究和表征高分子链间相互作用的一种简便方法。“高分子溶液黏度测定的实验改进及黏度法对高分子间相互作用的分析和表征”获 2003 年中国分析测试协会科学技术三等奖，发表在《化学通报》上的“黏度法研究高分子溶液行为的实验改进(Ⅱ)”也获第三届《化学通报》优秀论文奖。相关内容在第 2 版实验十九、实验二十中都得到了充分反映。

本教材中每个实验后的参考文献中基本都包括反映作者教学研究成果的论文。

(2) 把科研成果融入教材内容

我们创建了研究热固性树脂和树脂基复合材料固化的动态扭振法，即用动态力学的方法通过测定力学量的变化来研究化学反应过程，很有新意。作者及时将这一科研成果开发成学生实验，用于教学，取得了很好的教学效果，对学生更深刻地理解高分子物理中的基本概念帮助很大。

同样，主要根据我们自己的科研工作，作者开发了“受限空间中高分子链穿越纳米管道的 Monte Carlo 模拟” 实验(实验四)，模拟受限空间中的高分子链如何在熵驱动下穿越纳米管道，涉及高分子物理中高分子尺寸、构象熵等基本概念和知识点。此外,高分子链穿越的动力学过程与化学反应动力学过程具有相似性也是学生感兴趣的问题。

大分子自组装是一种以高分子为组装单元的超分子行为,属于超分子化学和高分子科学的交叉前沿学科,而其中嵌段共聚物的自组装则是大分子自组装领域的主流。为了让学生及时了解此领域的研究成果,作者把本专业的科研成果转化成教学实验,开发了"使用 Monte Carlo 方法观察受限状态下嵌段聚合物的自组装结构"实验(实验五)。此实验的开设对学生深入理解高分子凝聚态结构、高分子之间相互作用、微观相分离等知识点有直观的帮助。

(3) 把新概念、新规律和新实验事实融入教材内容

例如,现有的实验中往往是利用球晶的光学性质来观测球晶(偏光显微镜、小角激光光散射),不够直观。目前已经可以用原子力显微镜(AFM)原位研究球晶的生长过程和形态,直观地观察一个原始晶核发展成一个片晶,片晶再逐渐形成一捆束状片晶簇,最终形成球状结构。虽然目前还不能采用原子力显微镜开设教学实验,但相关内容已在本教材中作了介绍(实验七)。

此外,对在一般设备上做的有关高分子材料加工的实验已被改写为更能揭示聚合物特点、反映聚合物流变性能的实验,如"聚丙烯熔体黏度和挤出胀大的测定"(实验二十四)。

为了帮助学生加深对实验内容及相关知识点的理解和掌握,也为了实验数据记录更为规范,数据处理更为严格,本教材对每个实验都制定了实验报告样本(数据记录及实验报告),供教学使用。此外,书后还附有常用数据表,供学生及读者使用。

我们的实验教学及教学研究动态,已经悉数刊登在 http://www.bb.ustc.edu.cn/jpkc 教学平台上,也可通过我们公开发表的有关"高分子物理实验"和"高分子物理"的教学研究论文查阅。有关"高分子物理实验"的教学研究论文如下:

1. 朱平平,杨海洋,何平笙."高分子物理实验"精品课程建设的探索[J].高分子通报,2007(7):61-64.

2. Yang Haiyang, Li Hao, Zhu Pingping, et al. A novel method for determining the viscosity of polymer solution [J]. Polymer Testing, 2004, 23(8): 897-901.

3. 杨海洋,严宇亮,朱平平,等.黏度法研究高分子溶液行为的实验改进(Ⅲ)[J].化学通报,2004,67(10): w87.

4. 杨海洋,张胡铭,徐小云,等.毛细管表面疏水改性对黏度测定的影响[J].化学通报,2003,66(7): w053.

5. 杨海洋,李浩,朱平平,等.黏度法研究高分子溶液行为的实验改进(Ⅱ)[J].化学通报,2002,65(9): 631-634.

6. 杨海洋,朱平平,任峰,等.黏度法研究高分子溶液行为的实验改进[J].化学通报,1999,62(5): 47-49.

7. 杨海洋,易院平,朱平平,等.二维高分子链形态的计算机模拟[J].高分子通报,2003(5): 76-80.

8. 何平笙,李春娥.高分子物理实验课初探[J].高分子通报,2000(2): 94-96.

9. 何平笙,杨小震."分子的性质"软件用于高分子科学教学实验[J].高分子通报,2000(1): 86-89.

由于编者水平有限,书中不妥之处,敬请读者批评指正。

杨海洋,朱平平,何平笙

2007年10月于中国科学技术大学

第1版序言

高分子物理实验课是高分子化学和物理专业本科生的必修课，是为高分子合成、聚合物的结构与性能、高分子加工等课程开设的一门配套实验技术课。由于高分子物理是包括以聚合物为对象的全部物理内容的课程，该实验课涉及的领域十分广泛，包括高分子化学、高分子物理、物理化学、结构化学等多门学科，因此高分子物理实验课是培养学生综合运用各种实验技术能力的重要一环。为了顾及学时和实验条件，本实验课在选取实验时有如下几个方面的考虑：

一、高分子物理实验教学应充分揭示聚合物和小分子化合物在结构与性能上的显著差别

1. 黏度法测定聚合物的分子量。聚合物的最大特点是它的分子大、分子量高。测定聚合物的分子量是高分子物理最基本的实验技术。聚合物分子量的测定方法很多，有冰点降低、沸点升高、端基滴定、渗透压、光散射、体积排除色谱等，其中以毛细管黏度计为工具的黏度法最为简单和实用。通过测定黏度，可以使学生理解聚合物分子量的统计平均意义。

2. 分级。聚合物的分子量多分散性是聚合物的另一特点，因此，测定分子量分布应作为高分子物理的基本实验之一。尽管现在有了体积排除色谱这样自动化仪器，但根据聚合物分子量溶解度依赖性的溶解分级法仍不失为经典的实验方法，对学生高分子溶液方面动手能力的训练帮助尤大，并且也是制备宏观量单分散试样的必要手段。

3. 溶胀。高弹性是聚合物特有的性能，橡胶又是一种非常特殊的高分子材料，在高分子科学的建立方面有特殊的作用。作为交联高分子的橡胶在溶剂中不会溶解，只能溶胀，又是高分子的特点之一。用容量法开设溶胀实验，装置简单，又能联系高分子溶液理论和高弹性理论。

4. 玻璃化转变。玻璃化转变尽管不是聚合物特有的，但在通常的实验条件下（室温上下几十度和一般应变速率下）聚合物却表现出明显的玻璃化转变现象。测定玻璃化转变温度最经典的实验是体膨胀计法测定的比容-温度曲线，由曲线两端的直线部分外推其交点即为玻璃化温度 T_g。比容-温度曲线最容易用自由体积理论来解释，因此是最基本的高分子物理实验。由于不同升温（或降温）速率（这一点在实验上是很容易做到的）所得的 T_g 也不同，对理解存在于聚合物中的松弛现象很有帮助。体膨胀计实验简单，是不能放弃的有用实验。形变-温度曲线也是很普通的高分子实验，它不但可以反映聚合物的三种力学状态，确定非晶态聚合物的 T_g、黏流温度 T_f 以及结晶聚合物的熔融温度 T_m，从而估计被测试样的使用温度，由它也可以理解玻璃化转变温度的动力学本质。

5. 银纹。银纹是聚合物断裂中的特殊现象，与裂纹不同，银纹并不是全空的，其中还有50%以上的聚合物。因此银纹实验（包括溶剂致裂）既可以了解聚合物的屈服、断裂，也可以理解聚合物断裂的环境稳定性。银纹实验装置也很简单，完全可以自己制作。

6. 球晶的观察。球晶是聚合物结晶的特殊形式。由于大分子的极端不对称性，聚合物的晶态比小分子的晶态有序性差，而非晶态的有序性又比小分子的来得好。通过聚合物球晶的观察，不但能对聚合物的这个特点有所了解，并且可以学会用光学显微镜或小角激光光散射装置观察聚合物结晶形态的实用方法。

下面提及的用计算机做的高分子链内旋转、柔性等也属于这种情况。

二、高分子物理实验应以自己动手搭配装置为原则

鉴于当前高校普遍存在的经费不足情况，高分子物理实验课应尽量节省诸如溶剂、材料等消耗和自己动手制作实验装置。譬如在黏度法测定聚合物分子量实验中，聚合物试样可以采用聚乙烯醇，从而溶剂就是最便宜的水。目前几乎没有专门为高分子物理教学生产的实验设备，要添置本为供科研用的设备用于教学实验是经费不允许的。因此有必要自己动手来制作教学实验的简易设备。例如聚合物的形变-温度曲线仪，可以用差动变压器测定形变，调压变压器控制等速升温，广口杜瓦瓶作为保温外套制作专用形变-温度曲线测定装置，效果很好，且经久耐用，不易损坏。又如银纹测定仪是用最简单的螺杆拉伸装置拉伸聚苯乙烯片条（利用磁带外盒裁得），用商品弹簧秤来测定应力。特别是自己动手制作实验装置可以要求学生亲自来组合和连线，大大增强了学生做实验的积极性。

三、高分子物理实验教学应及时反应高分子物理的研究成果

譬如，我们研制的研究热固性树脂和树脂基复合材料的动态扭振法以树脂固化时力学量的变化来反映交联反应，监测树脂从液态到固态转变的全过程，逼真地模拟整个成型工艺，并反映树脂力学性能随温度变化的规律，得到一些固化反应表观动力学的参数。把树脂固化仪用于学生教学实验，求取环氧树脂的凝胶化时间和固化表观活化能，很有新意。

四、尽量把计算机技术引入到高分子物理实验教学中去

近年来，由计算机主宰的能够模拟真实发展体系的结构与行为的方法形成了一个全新的领域，这就是“分子模拟”。随着计算机技术的迅速发展，已有大量计算机软件用于高分子科学中的链结构、凝聚态结构、Monte Carlo 模拟以及聚合物材料设计等。但至今还没有用计算机软件开设高分子教学实验的报道。我们认为，与传统的动手实验相比，高分子教学中的计算机实验无疑将在直观性和兴趣性方面有它的独特之处。我们用中国科学院北京化学研究所开发的“分子的性质”（简称 MP）软件开设了两个实验：即《用“分子模拟”软件构建全同立构聚丙烯分子、聚乙烯分子并计算它们末端的直线距离》和《用“分子模拟”软件计算聚丙烯酸甲酯的构象能量》，涉及定向聚合、高分子链的内旋转和内旋转能、柔性和末端距等知识点。MP 是用计算机以原子水平的分子模型来模拟分子的结构与行为，进而模拟分子体系的各种物理和化学性质。分子模拟法不但可以模拟分子的静态结构，也可以模拟分子的动态行为（如分子链的弯曲运动，分子间氢键的缔合作用与解缔行为，分子在表面的吸附行为以及分子的扩散等）。该法能使一般的实验化学家、实验物理学家方便地使用分子模拟方法在屏幕上看到分子的运动，像电影一样逼真。上述两个实验开设几年来，学生反映良好。屏幕上大分子链和三维空间的旋转栩

栩如生，有以前用实体分子模型达不到的效果；同时学生对做实验的兴趣大增，争着亲自在计算机上操作。并且，由于此类实验一旦计算机和软件具备，平时几乎不需要维持费，对实验教学也是十分有利的。

当然，作为教材，对那些目前社会上已不常使用的实验技术，我们已下决定从教学实验中删去。如果读者需要了解更多的高分子物理实验和中国科学技术大学高分子物理课程的教改动态，可以阅读如下的一般参考书和参考文献。

五、参考文献

1. 北京大学化学系高分子教研室. 高分子实验与专论[M]. 北京：北京大学出版社，1990.

2. 拉贝克 J F. 高分子科学实验方法：物理原理与应用[M]. 吴世康，漆宗能等，译. 北京：科学出版社，1987.

3. 复旦大学高分子科学系高分子科学研究所. 高分子实验技术（修订版）[M]. 上海：复旦大学出版社，1996.

4. 邵毓芳，嵇根定. 高分子物理实验[M]. 南京：南京大学出版社，1998.

5. 何平笙. 关于"聚合物的结构与性能"课的教学主线[J]. 高分子通报，1997(2)：122.

6. 何平笙，杨小震. "分子的性质"软件用于高分子科学教学实验[J]. 高分子通报，2000(1)：86.

7. 何平笙. 高分子物理实验初探[J]. 高分子通报，2000(2)：94.

8. 何平笙. 如何培养高分子物理专门人才[J]. 高分子通报，2000(3)：89.

9. 何平笙，朱平平，杨海洋. 在"聚合物的结构与性能"课程中讲透聚合物的特点[J]. 高分子通报，2001(4)：74.

何平笙

2001年9月于中国科学技术大学

目 录

实验部分

数据记录及实验报告

附录　常用数据表

实 验 部 分

实验一　用“分子模拟”(MP)软件构建全同立构聚丙烯分子、聚乙烯分子并计算它们末端的直线距离

一、实验目的

1. 了解用计算机软件模拟大分子的“分子模拟”新趋势。

2. 学会用“分子模拟”软件构造聚乙烯、聚丙烯大分子。

3. 计算主链含 100 个碳原子的聚丙烯分子以及主链含 150 个碳原子的聚乙烯分子的末端距离。

二、实验原理

已经知道，C—C 单键是 σ 键，其电子云分布具有轴对称性。因此，σ 键相连的两个碳原子可以相对旋转而影响电子云的分布。原子(或原子基团)围绕单键内旋转的结果将使原子在空间的排布方式不断地变换。长链分子主链单键的内旋转赋予高分子以柔性，致使高分子链可任取不同的卷曲程度。高分子链的卷曲程度可以用高分子链两端点间直线距离——末端距 h 来度量。高分子链卷曲越厉害，末端距越短。高分子长链能以不同程度卷曲的特性称为柔性。高分子链的柔性是聚合物高弹性的根本原因，也是决定聚合物玻璃化转变温度高低的主要因素。高分子链的末端距是一个统计平均值，通常采用它的平方的平均，叫做均方末端距 $\overline{h^2}$，一般是用高分子溶液性能的实验来测定的。

我们知道，C—C 单键(σ 键)具有轴对称的电子云。因此，C—C 单键可以以键

向为轴相对地内旋转，即在保持键角 φ（$\varphi = 109°28'$）不变的情况下，C_3 可处于 C_2—C_3 绕 C_1—C_2 旋转而成的圆锥的底圆边上的任何位置（自由内旋转），同样 C_4 可处在 C_3—C_4 绕 C_2—C_3 旋转而成的圆锥的底圆边上的任何位置，以此类推（图1）。这种由于围绕单键内旋转而产生的空间排布叫作构象。高分子链是由成千上万个 C—C 单键所组成，每个单键又都可不同程度地内旋转。这样，由于分子的热运动，分子中原子在空间的排布可随之不断变化而取不同的构象，表现出高分子链的柔性。高分子链的柔性是聚合物分子长链结构的产物，是聚合物独特性能——高弹性的依据。尽管实际高分子链中键角是固定的，内旋转也不是完全自由的，高分子链仍然能够由于内旋转而很大程度地卷曲（图 2）。分子越卷曲，相应的构象数目越多，构象熵就越大。由热力学可知，在一定温度下柔性高分子链的形态总是趋于构象熵为最大的最可几状态。分子链的卷曲使得的高分子链两个端点之间的直线距离大大缩短。卷曲越厉害，末端间直线距离越短。因此可以用高分子链末端的距离——末端距 h 来表征高分子链的形态。当然，因为分子内旋转经常在改变它们的构象，因此必须用统计平均的方法即所谓的“均方末端距”$\overline{h^2}$，它是指高分子链两端间的直线距离 h 的平方的平均值。下面我们从无规行走问题来推导均方末端距 $\overline{h^2}$。

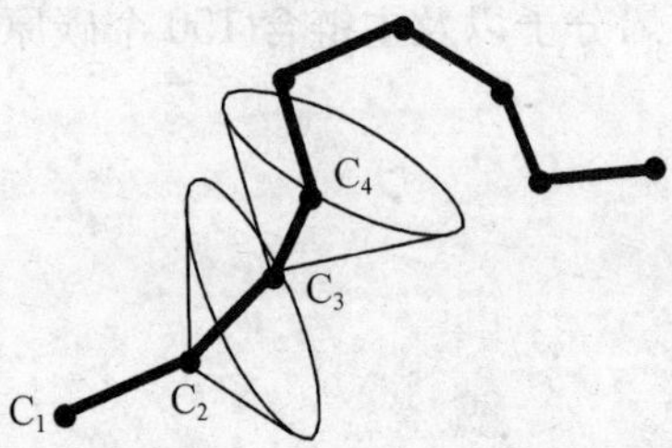

图 1　C—C 单键的内旋转

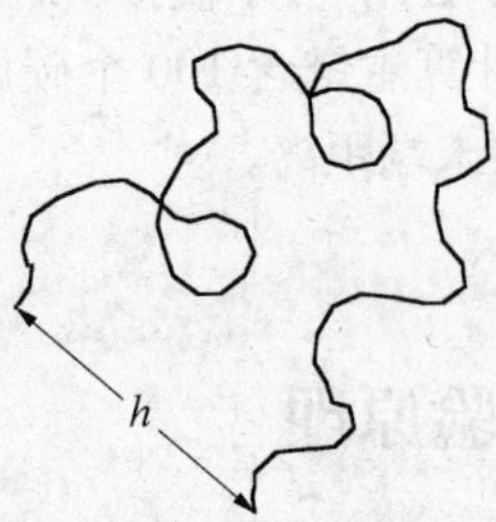

图 2　高分子链末端的距离

一维空间的无规行走是数学上早已解决的问题。它假定有一盲人在一直线上无目的地乱走，每走一步的距离为 b。因为是无规行走，因此向前走和向后走的几率相同，均为 1/2，问走了 N 步以后，他走了多少距离（图 3）？显然这距离是不确

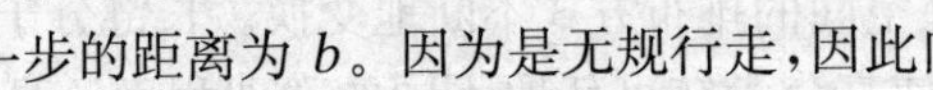

图 3　一维空间的无规行走

定的，在多次实验后可得到一个分布。设他在走了 N 步以后到达 m 点，$m > 0$，所以向前走的步数比向后走的步数多，即有 $(N+m)/2$ 步是向前的，$(N-m)/2$

步是向后的，则到达 m 的几率 $W(m, N)$ 应为它们之间多种可能的组合数

$$W(m, N) = \frac{N!}{\left(\frac{N+m}{2}\right)!\left(\frac{N-m}{2}\right)!}\left(\frac{1}{2}\right)^{\frac{N+m}{2}}\left(\frac{1}{2}\right)^{\frac{N-m}{2}}$$

$$= \frac{N!}{\left(\frac{N+m}{2}\right)!\left(\frac{N-m}{2}\right)!}\left(\frac{1}{2}\right)^{N}$$

实际情况总是 $N \geqslant 1$ 和 $m \leqslant N$，则可利用阶乘的 Stirling 近似

$$\ln n! = n\ln n - n + \ln\sqrt{2\pi n}$$

则

$$\ln W(m, N) = \ln N! - \ln\left(\frac{N+m}{2}\right)! - \ln\left(\frac{N-m}{2}\right)! + N\ln\frac{1}{2}$$

$$= N\ln N - N + \ln\sqrt{2\pi N} - \frac{N+m}{2}\ln\frac{N+m}{2}$$

$$+ \frac{N+m}{2} - \ln\sqrt{2\pi\cdot\frac{N+m}{2}} - \frac{N-m}{2}\ln\frac{N-m}{2}$$

$$+ \frac{N-m}{2} - \ln\sqrt{2\pi\cdot\frac{N-m}{2}} + N\ln\frac{1}{2}$$

化简，并为利用 $m \leqslant N$ 的条件，把变数写成 $\frac{m}{N}$，当 N 足够大时，凡 $\left(\frac{m}{N}\right)^2$ 项均忽略不计，则上式简化为

$$\ln W(m, N) = -\frac{N+m}{2}\ln\left(1+\frac{m}{N}\right) - \frac{N-m}{2}\ln\left(1-\frac{m}{N}\right) + \ln\sqrt{\frac{2}{\pi N}}$$

再利用

$$\ln(1 \pm x) = \pm x - \frac{x^2}{2} + \cdots$$

并忽略 $\left(\frac{m}{N}\right)^2$ 项，则

$$\ln W(m, N) = -\frac{1}{2}\frac{m^2}{N} + \ln\sqrt{\frac{2}{\pi N}}$$

所以在走了 N 步后，到达 m 点的几率 $W(m, N)$ 为

$$W(m, N) = \sqrt{\frac{2}{\pi N}} e^{-\frac{m^2}{2N}} \quad (N \gg 1, m \ll N)$$

这是一个高斯分布函数。

若 m 点离原点的距离 $x = mb$，而 $\Delta x = 2b$，则在走了 N 步后，行走距离在 $x + \Delta x$ 之间的几率为

$$W(x, N)\Delta m = \sqrt{\frac{2}{\pi N}} \cdot e^{-\frac{m^2}{2N}} \cdot \frac{\Delta x}{2b}$$

$$W(x, N)dx = \frac{1}{\sqrt{2\pi N b^2}} \cdot e^{-\frac{x^2}{2Nb^2}} dx = \frac{\beta}{\sqrt{\pi}} \cdot e^{-\beta^2 x^2} dx$$

这里 $\beta^2 = \dfrac{1}{2Nb^2}$。

可以把这结果推广到三维空间无规行走（图 4）。假定每走一步 b 的方向与 x 轴的夹角为 θ，则 b 在 x 轴上的投影 $b_x = b\cos\theta$，它平方的平均值为

$$\overline{b_x^2} = \overline{b^2 \cos^2\theta}$$

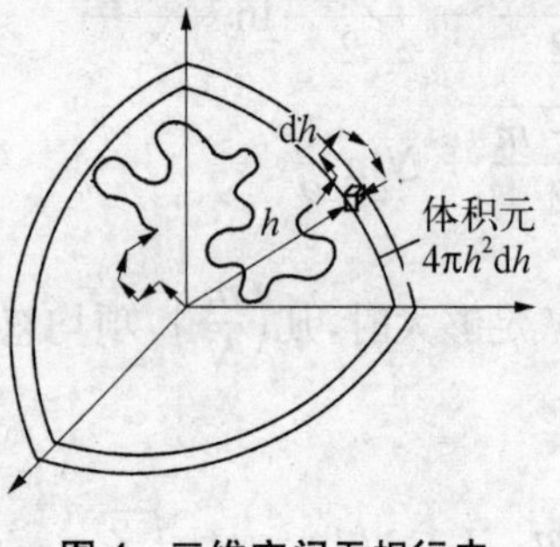

图 4 三维空间无规行走

但

$$\overline{\cos^2\theta} = \int_0^\pi \cos^2\theta \frac{2\pi b^2 \sin\theta}{4\pi b^2} d\theta = \frac{1}{3}$$

所以

$$\overline{b_x^2} = \frac{b^2}{3} \quad 或 \quad \sqrt{\overline{b_x^2}} = \frac{b}{\sqrt{3}}$$

即在空间每走一步 b，相当于在 x 轴上走了 $\dfrac{b}{\sqrt{3}}$ 步。对 y 轴、z 轴也一样。独立事件的几率相乘，因此在走了 N 步后到达距离原点为 $h \to h + dh$ 的球壳 $4\pi h^2$ 中的几率为

$$\begin{aligned} W(h, N)dh &= W(h_x, N)dh_x \cdot W(h_y, N)dh_y \cdot W(h_z, N)dh_z \\ &= \frac{\beta}{\sqrt{\pi}} e^{-\beta^2 h_x^2} dh_y \cdot \frac{\beta}{\sqrt{\pi}} e^{-\beta^2 h_y^2} dh_y \cdot \frac{\beta}{\sqrt{\pi}} e^{-\beta^2 h_z^2} dh_z \\ &= \left(\frac{\beta}{\sqrt{\pi}}\right)^3 e^{-\beta^2 h^2} \cdot 4\pi h^2 dh \end{aligned}$$

这里 $h_x = x$, $h_y = y$, $h_z = z$，且

$$h^2 = x^2 + y^2 + z^2 \quad 和 \quad \beta^2 = \frac{1}{2Nb_x^2} = \frac{1}{2Nb_{xy}^2} = \frac{1}{2Nb_z^2} = \frac{3}{2Nb^2}$$

为了把三维空间无规行走问题引用到高分子链末端距计算上，我们假定：

(1) 高分子链可以分为 N 个统计单元；

(2) 每个统计单元可看作长度为 b 的刚性棍子；

(3) 统计单元之间为自由联结，即每一统计单元在空间可不依赖于前一单元而自由取向；

(4) 高分子链不占有体积。

这样求解高分子链末端距间问题的数学模式就与三维空间无规行走问题完全一样了。

若把高分子链的一端固定在坐标原点，则出现高分子链末端长为 h 的几率即与三维行走的模式一样。这样的高分子链通常叫作高斯链(图 5)。高斯链是真实高分子链的一个很好的近似。根据均方末端距 $\overline{h^2}$ 的定义可求得

$$\overline{h_0^2} = \int_0^\infty h^2 W(h) \mathrm{d}h = \frac{3}{2\beta^2} = Nb^2$$

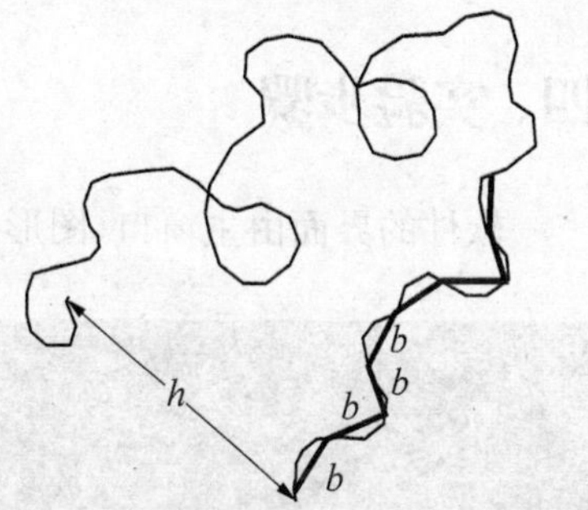

图 5　以链段 b 组成自由联结链

下标“0”专指高斯链。

高斯链模型清楚表明，由于高分子链的内旋转，使得末端距离大大缩短，$\overline{h_0^2}$ 正比于链段数 N，即 $\overline{h_0^2} \propto N$；而如果高分子链完全伸直，则其均方末端距 $\overline{h^2}$ 正比于链段数 N 的平方，即 $\overline{h_{伸直}^2} \propto N^2$。因此，$\overline{h_{伸直}^2} / \overline{h_0^2} \propto N$，而 N 是一个很大的数，所以 $\overline{h_{伸直}^2}$ 比起 $\overline{h_0^2}$ 来是很大的。这就是橡胶的拉伸可产生极大形变的原因。

高分子材料的飞速发展使传统的研制方法——单纯的实验方法难以应付。最近几年，由计算机主宰的能够模拟真实发展体系的结构与行为的方法形成了一个全新的领域，特别有助于高分子材料的研制，在学术界和工业界都引起了很大的反响。这个新领域就是“分子模拟”。

“分子模拟”是用计算机以原子水平的分子模型来模拟分子的结构与行为，进而模拟分子体系的各种物理和化学性质。分子模拟法不但可以模拟分子的静态结构，也可以模拟分子的动态行为(如分子链的弯曲运动，分子间氢键的缔合作用与解缔行为，分子在表面的吸附行为以及分子的扩散等)。该法能使一般的实验化学家、实验

物理学家方便地使用分子模拟方法在屏幕上看到分子的运动像电影一样逼真。

三、实验装备

1. CPU 386 以上计算机,5 兆以上的硬盘;
2. VGA 以上显示器;
3. 鼠标器;
4. DOS 3.30 以上,运行于 386 增强模式下的 Windows 3.1;
5. MP(Molecular Properties)分子模拟软件(三张 1.44 兆软盘)。

四、实验步骤

软件的界面由主窗口、图形窗口、按钮窗口和菜单窗口组成(图 6)。主窗口位于屏幕的右上角,关闭主窗口也就退出了 MP 软件。屏幕上最大的是图形窗口,用来显示三维的分子图形。其中化学键用线段表示,而用不同颜色表示不同元素:白色为氢,绿色为碳,红色为氧。按钮窗口有三个按钮:主菜单窗口按钮是将菜单窗口返回主菜单窗口;“居中按钮”是计算机根据所画分子的大小和形状,自动选择合适的放大比例,把分子图形显示在图形窗口的中间;而“全不选中按钮”将使所有的原子退出被选中状态。

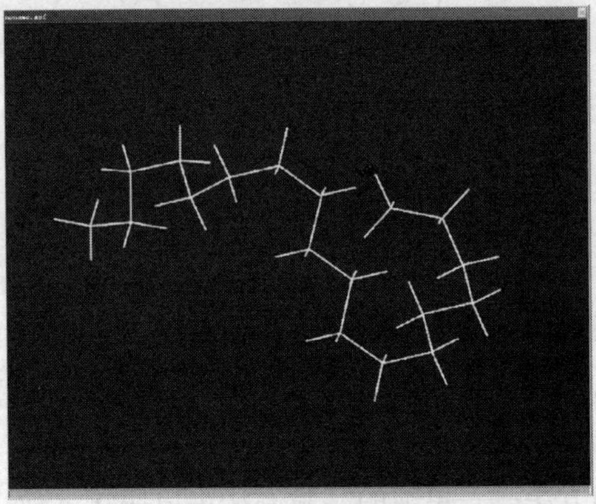

图 6　MP 软件的界面

所有操作均由鼠标器的左右键以及它们与 Shift 、 Ctrl 键的组合来实现。因此首先必须学习这些操作。

1. 学习鼠标器功能

鼠标器左键:按鼠标器的左键可以选中光标对准的一个原子,屏幕上用红色的“+”表示选中的原子,如果该原子已被选中,按鼠标器的左键将使该原子取消选中;

鼠标器右键：按鼠标器的右键并保持，光标将变为。这时如果上下移动鼠标器，分子图形将沿着通过分子中心的水平轴旋转；如果左右移动鼠标器，图形将沿通过分子中心的垂直轴旋转；

Shift + 鼠标器左键：按 Shift + 鼠标器左键可以选中该原子所在的分子。如果该分子已被选中，按此键将使该分子取消选中；

Shift + 鼠标器右键：按下 Shift + 鼠标器右键并保持，光标将变为。这时如果绕分子中心移动鼠标器，分子图形将沿着通过分子中心且垂直屏幕的轴旋转；

Ctrl + 鼠标器左键：按下 Ctrl + 鼠标器左键并保持，光标将变为。这时如果移动鼠标器，分子图形将沿屏幕平面移动；

Ctrl + 鼠标器右键：按下 Ctrl + 鼠标器右键并保持，光标将变为。这时如果向上移动鼠标器，分子图形将放大；如果向下移动鼠标器，分子图形将缩小。

2. 几个菜单窗口(图 7)

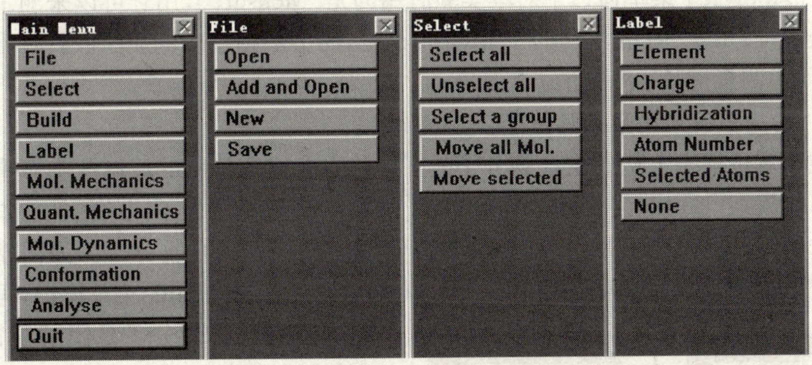

(a) (b) (c) (d)

图 7 “分子模拟”(MP)软件中的主菜单窗口(a)和几个常用的菜单窗口(b)～(d)

[Main Menu] 是主菜单窗口，其中含有 10 个不同菜单。与本实验有关的单个菜单是 [File]、[Select]、[Build]、[Label]、[Analyse]、[Quit]。

[File] 包括文件的“打开”、“存盘”以及整个软件“退出”的[Quit] 是最明白不过的了，不再赘述。

[Select] 菜单窗口可进行原子或分子的选择操作，包括如下几个选项：[Select

all]和[Unselect all]分别为选中所有的原子和退出所有被选中的原子。[Select a group]则是选中一组原子(分别选中起点原子和终点原子,按[Select a group]就能把起点原子到终点原子间的原子全部选中,包括支链上的原子)。[Move all Mol.] 和[Move selected] 分别是用鼠标器移动所有分子和被选中的分子。

[Label] 菜单窗口包括如下的选项:[Element]、[Charge]、[Hybridization]和[Atom Number]是分别用来标出每个原子的元素符号、电荷、杂化状态和原子的编号。[Selected Atom]标出选中原子的原子编号。[None]则是去掉所有的标签。

[Build]菜单窗口包括如下的选项:[Add]可在被选中的氢原子(如果不是氢原子,要先用[Change]变为氢原子)上连接新的基团(新基团菜单在按[Add]时会自动弹出在屏幕的右侧)。[Delect]可删除所有选中的原子以及与选中的原子相连的氢原子。[Bond]可改变选中的两个原子间的化学键,如变单键为双键或连接两个原子。[Change]可改变原子的属性(当有一个原子被选中时);改变键长(当有两个原子被选中时);改变平面角(当有三个原子被选中时)和改变二面角(当有四个原子被选中时)。[Unselect all]则是将所有原子退出选中状态。

在[Analyse] 菜单窗口中对本实验有用的是[Measure],用它可以来测量或改变键长、平面角、二面角。只要按[Measure]键,将会根据选中的原子数目弹出相应的对话框,测量键长、平面角或二面角。

3. 构建全同立构聚丙烯分子

在计算机屏幕上构建聚合物分子就好像是在合成实验室的玻璃瓶中做聚合反应。单体就在[Build]菜单窗口中的[Add]菜单中。选择单体不同的活性位置相当于是选用不同的聚合引发剂,结果将是不同空间立构的聚合物分子。为构建全同立构聚丙烯分子,从主菜单窗口中选择[Build],出现构造[Build]菜单窗口,再选择[Add]便出现有各分子基团的窗口(图8),从中选取乙基片段,用鼠标器标亮其中的一个氢原子,从[Add]菜单窗口中选取甲基片段,至此完成了丙烷分子的构建。重复以下的操作:用鼠标器标亮其中的一个氢原子,从[Add]菜单中选择甲基和乙基片段,即可完成聚丙烯分子的构建。这里重要的是要选对合适的氢原子,不然就不能得到全同立构聚丙烯分子,而是无规立构的聚丙烯分子。

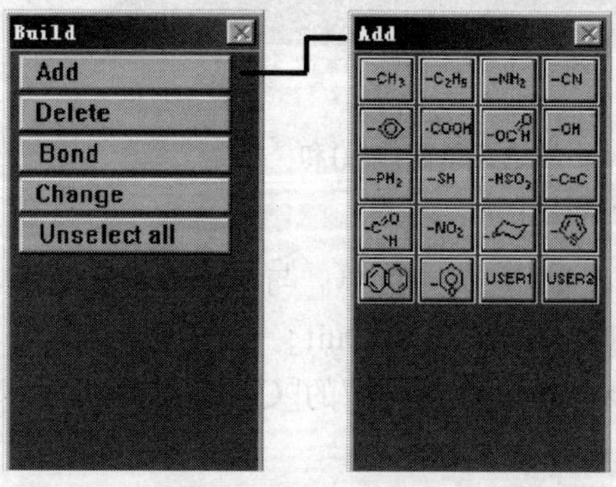

图 8 [Build]菜单和其中的可加成的分子片段

如是,还要从主菜单窗口中选择[Build],再选择[Change],用鼠标器标亮 Torsion(扭转角)的四个原子,将扭转角调整为 180°、60°、180°、60°…,即 TGTG…的构象,即可得到全同立构聚丙烯分子的螺旋形构象,如图 9 所示。

分别构建主链含 100 个碳原子的全同立构和无规立构聚丙烯分子,标亮第一和最后一个碳原子,选择[Analyse],再选择[Measure],这时得到的数据即是该聚丙烯分子片段的末端距离(图 10)。通过不同的旋转,再测量它的末端距离,从中来理解内旋转对高分子链末端距的极大影响。既有屏幕上的直观形象,又有真实测量值。

图 9　全同立构聚丙烯分子的螺旋形构象

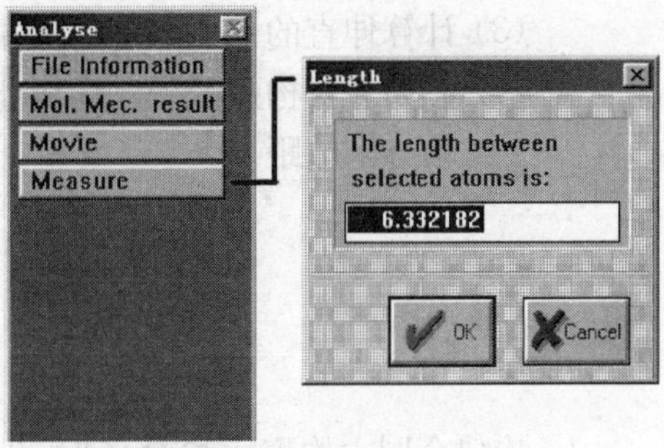

图 10　测定所选末端之间的距离

4. 构建聚乙烯分子

用与 3 中相同的步骤构建主链含 150 个碳原子的聚乙烯分子,测定伸直链和弯曲链的末端距离,从中来理解 C—C 键内旋转引起的分子卷曲程度。

五、数据记录和处理

1. 构建全同立构聚丙烯(主链含 100 个 C 原子)

(1) 是否形成螺旋形构象:________;

(2) 在螺旋形构象的一个等同周期中,含有________个重复单元,转了________圈;

(3) 末端距 C_1—C_{100}:________Å;

(4) 键角 C—C—C:________。

2. 构建无规立构聚丙烯(主链含 100 个 C 原子)

(1) 伸直链(主链呈平面锯齿形)

末端距 C_1—C_{100}：________Å;

(2) 改变链的构象,使链弯曲

末端距 C_1—C_{100}：________Å。

3. 构建聚乙烯(主链含 150 个 C 原子)

(1) 伸直链(主链呈平面锯齿形)

末端距 C_1—C_{150}：________Å;

(2) 改变链的构象,使链弯曲,要求末端距达到 20 Å 以下

末端距 C_1—C_{150}：________Å;

(3) 计算伸直的聚乙烯链的末端距,并与实验测量值比较;

(4) 假如你所构建的聚乙烯链能够自由旋转,计算它的最可几末端距和根均方末端距。

六、思考题

1. 构建全同立构聚丙烯分子时,为什么要将扭转角调整为 180°、60°、180°、60° …,即 TGTG…的构象?

2. 为什么在本实验情况下我们一再把第一个碳原子到最后一个碳原子的距离叫做末端距,而不称通常所说的根均方末端距?

3. 为什么有的时候通过调整二面角改变聚乙烯的构象会失败?

七、参考文献

1. 杨小震.分子模拟与高分子材料[M].北京：科学出版社,2002.

2. 何平笙,杨小震."分子的性质"软件用于高分子科学教学实验[J].高分子通报,2000(1)：86.

3. 何平笙.高分子物理实验初探[J].高分子通报,2000(2)：94.

4. 彭建邦,何平笙.高分子链构象统计学[M].合肥：中国科学科技大学出版社,2006.

5. 朱平平,杨海洋,何平笙.从麦克斯韦速度分布函数直接推导高分子链末端

距分布函数[J]. 高分子通报,2004(6)：91.

6. 朱平平,杨海洋,何平笙."高分子物理实验"精品课程建设的探索[J]. 高分子通报,2007(7)：61.

7. 徐种德,何平笙,周漪琴,等. 高聚物的结构与性能[M]. 北京：科学出版社,1981;马德柱,何平笙,徐种德,等. 2 版. 1995.

实验二　用“分子模拟”(MP)软件计算聚丙烯酸甲酯的构象能量

一、实验目的

1. 用“分子模拟”软件计算聚丙烯酸甲酯构象能量。
2. 学会用“分子模拟”计算聚丙烯酸甲酯的优化能量。
3. 用“分子模拟”软件进行分子动力学计算。

二、实验原理

由于C—C单键电子云的轴对称性，使得乙烷分子(图1)能以C—C为轴产生内旋转，由众多C—C单键组成的大分子长链具有了所谓的柔性。长链分子的柔性是聚合物特有的属性，是橡胶高弹性的根由，也是决定高分子形态的主要因素，对聚合物的物理力学性能有根本的影响。高分子链相邻链节中非键合原子间相互

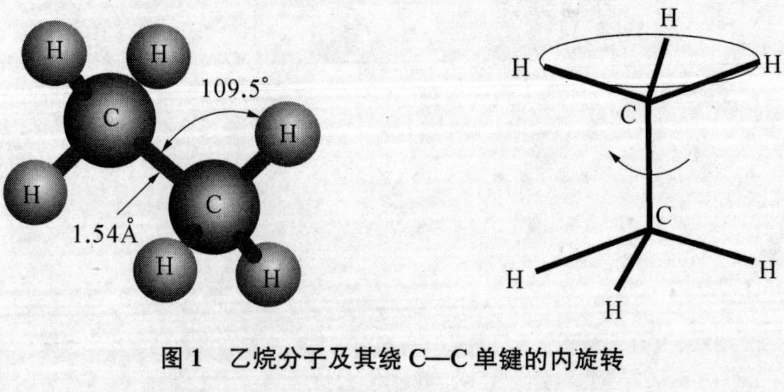

图1　乙烷分子及其绕C—C单键的内旋转

作用——近程相互作用的存在,总是使实际高分子链的内旋转受阻(图 2)。分子内旋转受阻的结果是使高分子链在空间所可能有的构象数远远小于自由内旋转的情况。受阻程度越大,可能的构象数目越少。因此高分子链的柔性大小就取于分子内旋转的受阻程度。再有,高分子链由一种构象转变到另一种构象时,各原子基团间的排布发生相应的变化,其间相互作用能也随之改变(图 3)。

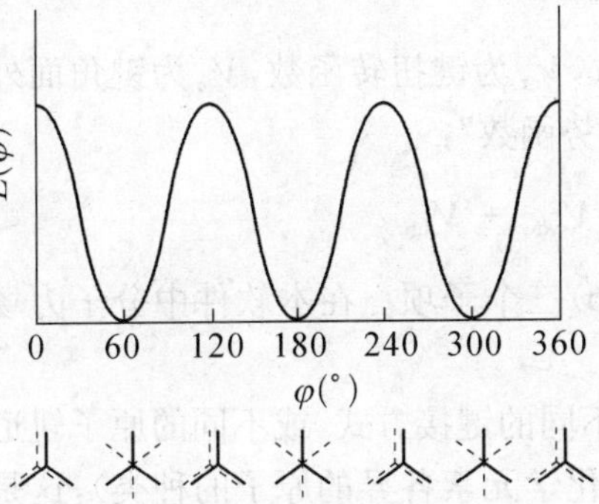

图 2　乙烷分子的内旋转位能曲线

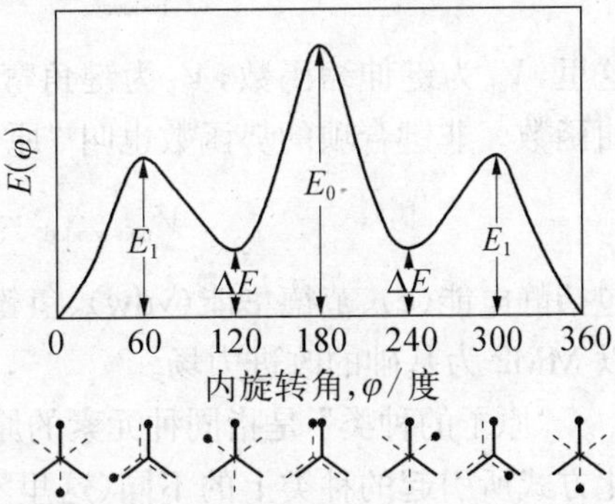

图 3　1,2 二氯乙烷绕 C—C 键内旋转势能随旋转角的变化　反式时旋转角为 0 度,图中的黑点代表氯原子

大多数柔性大分子可以在一系列不同的构象态之间变化。因此比较柔性分子的重要任务之一就是进行构象态的比较。尽管大部分的构象态是那些具有低能量的构象态,但是并不是说只有低能量的构象态才能参加分子间的相互作用。

"分子模拟"是用计算机以原子水平的分子模型来模拟分子的结构与行为,进而模拟分子体系的各种物理和化学性质。分子模拟法不但可以模拟分子的静态结构,也可以模拟分子的动态行为(如分子链的弯曲运动,分子间氢键的缔合作用与解缔行为,分子在表面的吸附行为以及分子的扩散等)。该方法不仅能通过分子力学计算得到静态分子的构象能量,还可以通过分子动态学来进行分子动态的计算,将分子几何以及相应的能量计算出来,并由此得到逼近真实分子体系的知识。

原子组成分子,原子与原子之间的空间位置,由于键与键之间的伸缩、弯曲和扭转角的变化而不断变化。占主导地位的排列方式当然是低能量的。分子中原子之间的拓扑结构是由分子力场而不是重力场确定的。整个分子的势能被分子力场确定,或者说,分子力场在分子的势能函数中被表达。分子的势函数由原子间键合相互作用项与非键合相互作用项两部分组成：

$$V = V_{\text{bonded}} + V_{\text{non-bonded}}$$

描述键合项的势函数叫“内坐标势函数”，即由分子的键长伸缩、键角弯曲、键扭转和面外弯曲组成的坐标系。由四项组成的键合项势函数为

$$V_{\text{bonded}} = V_b + V_\theta + V_\tau + V_\alpha$$

这里，V_b 为键伸缩函数，V_θ 为键角弯曲函数，V_τ 为键扭转函数，V_α 为键角面外弯曲函数。非键合项的势函数也叫“原子对儿势函数”：

$$V_{\text{non-bonded}} = V_{\text{e}} + V_{\text{vdw}} + V_{\text{hb}}$$

包括静电能(e)、范德华能(vdw)、氢键能(hb)三个子项。在本软件中分子力场是以 MM2 为基础的改进力场。

“原子的种类”是指同种元素的原子由不同的键接方式，或不同的原子轨道杂化方式所引起的种类上的不同(这里不是讲化学元素各异的原子的种类)，这是一个十分重要的问题。因此，sp^2 成键方式的碳和 sp^3 成键方式的碳不是一种碳，它将造成相应的力场参数在内坐标势函数和原子对儿势函数的不同。

区别原子种类采用“原子种类的编码”，如 C－2，C－3，C－R，N－2，O－3，Br，Si，该编码的头一或两位是用字母表达元素，在“-”后面的数字表示原子轨道杂化形式：2 为 sp^2，3 为 sp^3，R 为芳香环上的等。有时第四位上也会出现数字，如 C－32，表示它含有两个氢。

本软件提供 24 个使用的元素，有 C，H，O，N，F，Cl，Br，I，S，Si，P，B，Ge，Sn，Se，Te，Al，Ga，As，Sb，Na，Ca，Fe，Zn。

整个分子结构的能量优化过程如下：

(1) 选定一个分子的初始结构；

(2) 找出分子中的全部内坐标；

(3) 建立该分子体系的势能函数表达式；

(4) 计算该势能对笛卡尔坐标的一阶、二阶导数；

(5) 计算出结构优化所需要的笛卡尔坐标的增量；

(6) 得到新的结构，重复(4)、(5)、(6)。

一般来说，原子的笛卡尔坐标用矢量来表示：

$$\boldsymbol{X} = [\, x_1 \quad y_1 \quad z_1 \quad x_2 \quad y_2 \quad z_2 \quad \cdots \quad x_n \quad y_n \quad z_n \,]^{\mathrm{T}}$$

对于势能的一阶导数为

$$
\boldsymbol{g}=\begin{bmatrix}\partial V/\partial X_1\\ \partial V/\partial X_2\\ \vdots\\ \partial V/\partial X_n\end{bmatrix}
$$

其二阶导数为

$$
\boldsymbol{G}=\begin{bmatrix}\partial^2 V/\partial X_1^2 & \partial^2 V/\partial X_1\partial X_2 & \cdots & \partial^2 V/\partial X_1\partial X_n\\ \partial^2 V/\partial X_2\partial X_1 & \partial^2 V/\partial X_2^2 & \cdots & \partial^2 V/\partial X_2\partial X_n\\ \vdots & & & \\ \partial^2 V/\partial X_n\partial X_1 & \partial^2 V/\partial X_n\partial X_2 & \cdots & \partial^2 V/\partial X_n^2\end{bmatrix}
$$

在执行上述第五步时，要得到：$\boldsymbol{X}_{i+1}=\boldsymbol{X}_i+\boldsymbol{\Delta}$ 中的 $\boldsymbol{\Delta}$。这是从分子势函数的梯度或一阶导数 $\boldsymbol{g}$ 算起的。一阶导数 $\boldsymbol{g}$ 也是原子的受力方向。把它按 Taylor 展开有

$$
\boldsymbol{g}(\boldsymbol{X}+\boldsymbol{\Delta})=\boldsymbol{g}(\boldsymbol{X})+\boldsymbol{G}\boldsymbol{\Delta}
$$

当逼近到能量优化的极小状态时，我们有

$$
\boldsymbol{g}(\boldsymbol{X}+\boldsymbol{\Delta})=0
$$

代入得到牛顿法的基本方程 $-\boldsymbol{g}=\boldsymbol{G}\boldsymbol{\Delta}$，从而得到所需的笛卡尔坐标的增量

$$
\boldsymbol{\Delta}=\boldsymbol{g}/\boldsymbol{G}
$$

本软件可计算 200 个原子，可计算孤立分子，也可计算多分子体系。由于范德华相互作用在原子相距 9 Å 以上贡献很小，在软件中增加 cut-off（距离截断功能）。距离截断功能自动把超过限定距离（cut-off value）的能量计算停掉。限定距离可以从屏幕的对话框中加入。

本实验首先计算聚丙烯酸甲酯的构象能量，紧接着通过分子力学以及分子动力学方法计算得到聚丙烯酸甲酯合理的分子构象（能量最低）及其动态展示。

三、实验装备

1. CPU 386 以上计算机、5 兆以上的硬盘；
2. VGA 以上显示器；
3. 鼠标器；

4. DOS 3.30 以上、运行于 386 增强模式下的 Windows 3.1；
5. MP(Molecular Properties)分子模拟软件。

四、实验步骤

打开 MP 的程序，整个屏幕就呈现出由主窗口、图形窗口、按钮窗口和菜单窗口组成的软件界面(图 4)。屏幕的右上角是主窗口，由它可弹出对话框[About]，从而可以选择显示或隐藏图形窗口和菜单窗口，也可通过关闭主窗口来退出 MP 软件。最大的图形窗口是用来显示三维的分子图形的。通常原子是被忽略的，而用不同颜色表示：白色为氢，绿色为碳，红色为氧。而化学键则用线段表示。如果必要，可以通过标签[Label]菜单窗口中的[Element]、[Charge]和[Atom Number]来标出每个原子的元素符号、电荷和编号(见下面的说明)。按钮窗口有三个按钮：将菜单窗口变为主菜单窗口可按“主菜单窗口按钮”；按“居中按钮”，计算机将根据所画的分子的大小和形状，自动选择合适的放大比例，把分子图形显示在图形窗口的中间；而按“全不选中按钮”将使所有的原子退出被选中状态。

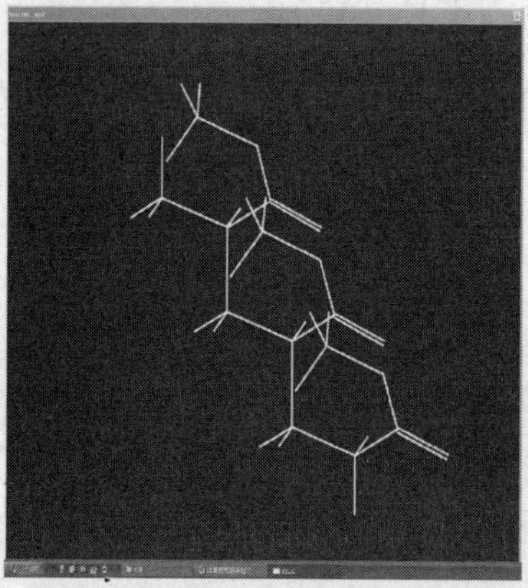

图 4　MP 软件界面

所有操作均由鼠标器的左右键以及它们与[Shift]、[Ctrl]键的组合来实现。因此仍有必要复习这些操作。

1. 继续熟悉鼠标器功能

鼠标器左键：按鼠标器的左键可以选中光标对准的一个原子，屏幕上用红色的十字表示选中的原子，如果该原子已被选中，按鼠标器的左键将使该原子取消选中；

鼠标器右键：按鼠标器的右键并保持，光标将变为。这时如果上下移动鼠标器，分子图形将沿着通过分子中心的水平轴旋转；如果左右移动鼠标器，图形将沿通过分子中心的垂直轴旋转；

Shift + 鼠标器左键：按 Shift + 鼠标器左键可以选中该原子所在的分子。如果该分子已被选中，按此键将使该分子取消选中；

Shift + 鼠标器右键：按下 Shift + 鼠标器右键并保持，光标将变为 。这时如果绕分子中心移动鼠标器，分子图形将沿着通过分子中心且垂直屏幕的轴旋转；

Ctrl + 鼠标器左键：按下 Ctrl + 鼠标器左键并保持，光标将变为 。这时如果移动鼠标器，分子图形将沿屏幕平面移动；

Ctrl + 鼠标器右键：按下 Ctrl + 鼠标器右键并保持，光标将变为 。这时如果向上移动鼠标器，分子图形将放大；如果向下移动鼠标器，分子图形将缩小。

2. 几个菜单窗口（图 5）

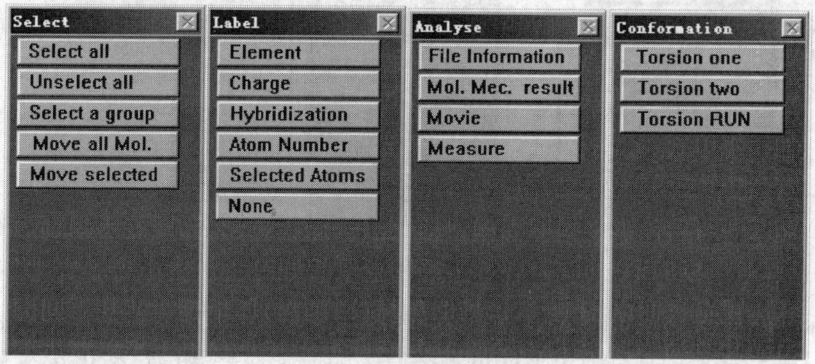

(a) (b) (c) (d)

图 5　几个菜单窗口

［Main Menu］是主菜单窗口，其中含有 10 个不同菜单。与本实验有关的单个菜单是［File］、［Select］、［Build］、［Label］、［Mol. Mechanics］、［Mol. Dynamics］、［Conformation］、［Analyse］、［Quit］。

文件［File］包括文件的“打开”、“存盘”，以及［Quit］是退出整个软件，明白无误，不再赘述。

选择［Select］菜单窗口可进行原子或分子的选择操作，包括如下几个选项：［Select all］和［Unselect all］分别为选中所有的原子和退出所有被选中的原子。［Select a group］则是选中一组原子（分别选中起点原子和终点原子，按［Select a group］就能把起点原子到终点原子间的原子全部选中，包括支链上的原子）。［Move all Mol.］和［Move selected］分别是用鼠标器移动所有分子和被选中的分子。

构造［Build］菜单窗口（图 6）包括如下的选项：［Add］可在被选中的氢原子（如

果不是氢原子，要先用[Change]变为氢原子）上连接新的基团（新基团菜单在按[Add]时会自动弹出在屏幕的右侧）。[Delect]可删除所有选中的原子以及与选中的原子相连的氢原子。[Bond]可改变选中的两个原子间的化学键，如变单键为双键或连接两个原子。[Change]可改变原子的属性（当有一个原子被选中时）；改变键长（当有两个原子被选中时）；改变平面角（当有三个原子被选中时）和改变二面角（当有四个原子被选中时）。[Unselect all]则是将所有原子退出选中状态。

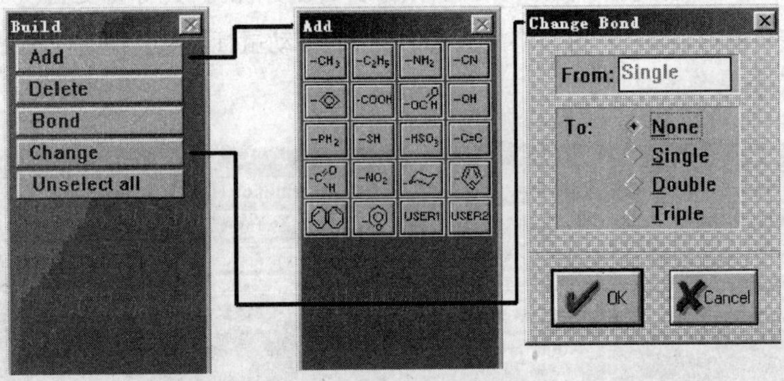

图 6　有关构建不同分子的菜单窗口

标签[Label]菜单窗口包括如下的选项：[Element]、[Charge]、[Hybrization]和[Atom Number]是分别用来标出每个原子的元素符号、电荷、杂化状态和原子的编号。[Selected Atom]标出选中原子的原子编号。[None]则是去掉所有的标签。

在[Analyse]菜单窗口中对本实验有用的是[Mol. Mec. result]以及[Measure]，前者可以打开分子力学计算结果的文件，而后者则用来测量或改变键长、平面角、二面角。只要按[Measure]键，将会根据选中的原子数目弹出相应的对话框，测量键长、平面角或二面角。

构象[Conformation]菜单窗口中（图 7），[Torsion one]为输入第一个要计算的二面角，具体方法是先选中二面角的 4 个原子（依次选定），然后再按这个按钮。[Torsion two]为输入第二个要计算的二面角（如果要计算两个二面角），这里要注意的是在输入第二个要计算的二面角时，选择的原子一定要依次而选，使所选择的原子能够构成二面角。而按[Torsion RUN]钮，则根据输入的二面角个数自动选择计算一个或两个扭转角。

3. 构建聚丙烯酸甲酯分子片段

为构建聚丙烯酸甲酯分子片段，从主菜单窗口中选择[Build]，出现构造

[Build]菜单窗口，再选择[Add]出现有各分子基团的窗口，从中选取乙基片段，用鼠标器标亮其中的一个氢原子(当我们想利用某一分子作为母体往外连接基团时，连接点必须在氢原子上完成)，从[Add]菜单窗口中选取羧酸片段，屏幕上立即呈现出已接上羧酸的丙烯酸。用鼠标器再标记丙烯酸上的氢原子，从[Add]菜单窗口中选取甲基片段，屏幕上就出现丙烯酸甲酯的一个单体片段。重复以上操作。本实验要求构建含三个和五个单体单元的聚丙烯酸甲酯片段。如果构建的丙烯酸甲酯片段太长，会因所包含的原子数太多而使计算机工作量过大，影响计算速度。

4. 构象能量计算

构建完聚丙烯酸甲酯分子片段结构模型之后，从主菜单窗口中选择[Conformation]，弹出相应窗口。用鼠标器标亮你准备旋转的角(二面角)所涉及的4个原子，按[Torsion one] 后，再按[Torsion RUN]，即出现如图7所示的对话框。

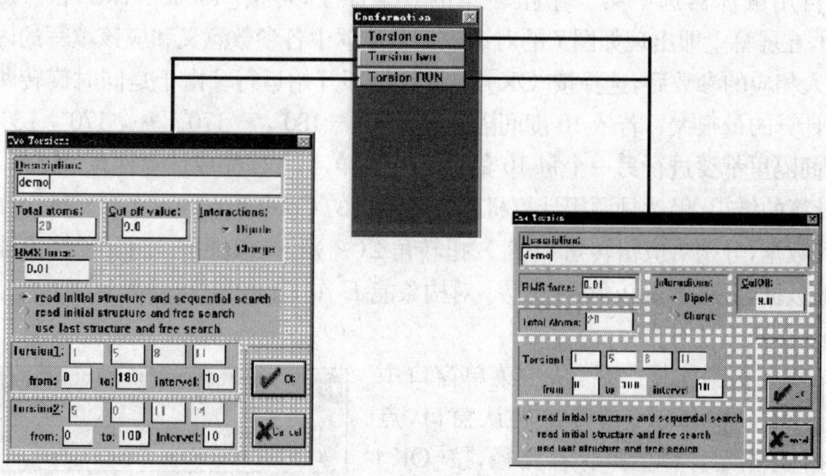

图7　构象菜单窗口

对话框中出现的是关于所建分子进行构象能计算时所需选择的参数。Description是关于文件的提示性的描述，在其中填写“demo”是指这是一个演示实验。评价力函数(RMS force)，选用0.01。分子间相互作用的选择：偶极相互作用(Dipole)还是静电相互作用(Charge)。这里构建的是聚丙烯酸甲酯分子片段，不计静电相互作用，而选择偶极相互作用。距离截断功能的限定距离(Cut off value)，这里选用9.0。在Torsion 1中所显示的数字表示所选定旋转角原子的原子序号(这个序号是你在构建聚丙烯酸甲酯分子片段时，计算机自动编上的)。从对话框中还可以设定进行构象能计算时旋转角的起始角度及角度间隔。这里从 $-180°$到$+180°$是旋转的起始角度和终止角度，角度间隔(intervel)可以依实际计算的要求和计算机的运行速度来选择，这里可以选择 5°或 10°的间隔。对话框最下端的[read initial structure and sequential search]、[read initial structure and free search]、[use last structure and free search] 分别表示读入初始结构并按顺序查找、读入初始结构并自由查找、读入最终结构并自由查找，在进行构象计算时选择其中一项即可。本实验选择[read initial structure and sequential search]。一旦完成了对话框中所有空项的填写，按[OK]钮，计算机就进入构象能的计算，依所选择的角度间隔和计算机的速度，整个计算不到 10 min 即可完成。程序完成构象能计算后，程序把计算结果以文本文件形式自动存在一个名为 Conforme. out 的文件中。因此，要想保存计算结果必须及时更换文件名存起来。

现在再来计算两个旋转角。先依上面的方法选定 4 个原子，选按[Torsion one]之后，再用鼠标器选中第二个扭转角的 4 个原子，再按[Torsion two]和 [Torsion RUN]，在屏幕上即出现如图 7 的对话框。对话框中各参数意义和应该填写的内容同上，输入相应的参数后，选择按[OK]钮，计算机即开始运行。由于是同时旋转两个二面角，计算的量很大。若依 10 度间隔角度计，在$-180°$，$-170°$，…，170°，180°每一个 10°间隔里都要进行另一个每 10°的计算。同样，当程序完成计算构象能之后，若想查看计算的结果，仍然是调用计算机已自动存档的 Conforme. out 文本文件。文件中有三列数据，分别对应扭转角 1(φ_1)、扭转角 2(φ_2)和构象能(E)。有了构象能和扭转角的数据，要求用扭转角 φ_1 或 φ_2 对构象能 E 作图。

5. 分子力学计算

计算完构象能量之后，从主菜单窗口中选择[Mol. Mechanics]，弹出确认窗口，点击[Yes]并指定计算数据保存路径，按[OK]钮，出现如图 8 所示的对话框，输入相应的输入输出参数，即可进行分子力学计算。

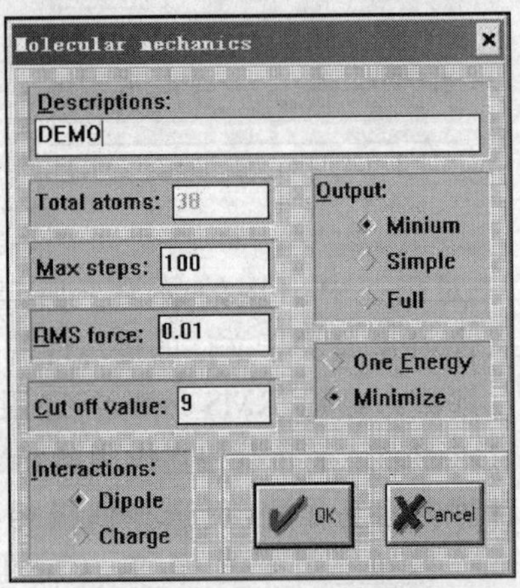

图 8 分子力学计算参数输入窗口

所需输入输出参数如下：

左半栏是文件的输入参数，右半栏是文件的输出参数。

输入参数包括：总原子数(Total atoms)、最大步长(Max steps)、评价力函数(RMS foece)、测量能量(One Energy)以及优化能量(Minimize)。

输出参数包括：最简化输出(Minium)、简化输出(Simple)和全输出(Full)。

将参数输入选择完毕后，按[OK]钮则程序进行分子力学计算。

计算完毕后，点击[Analyse] 菜单窗口中的[Mol. Mec. result]，即可得到计算结果。将最优化结果与计算的构象能量曲线对比。

6. 分子动力学计算

计算完最优化构象能量之后，从主菜单窗口中选择[Mol. Dynamics]，弹出确认窗口，点击[Yes]并指定计算数据保存路径，按[OK]钮，出现如图9所示的对话框。

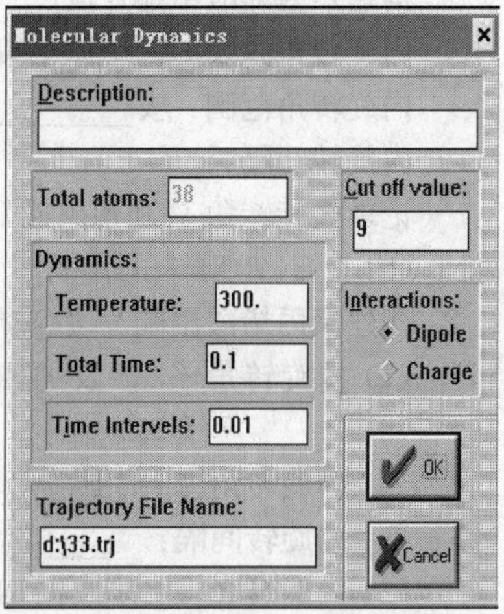

图9 分子动力学计算参数输入窗口

对话框中出现的是关于所建分子进行分子动力学计算时所需选择的参数。Description是关于文件的提示性的描述，在其中填写“demo”是指这是一个演示实验。温度(Temperature)选择室温300 K(软件默认)。输入总时间(Total Time)以及抽样时间间隔(Time Intervels)。分子间相互作用的选择偶极相互作用。距离截断功能的限定距离(Cut off value)，这里选用9.0。输入相应的输入输出参数，即可进行分子动力学计算。

计算完毕后，在[Analyse]菜单中按[Movie]，即可进入动画展示状态。通过如图10所示的对话框打开动画文件后，屏幕将会出现如图11所示的窗口，图形窗口同时显示动画文件的第一幅图像。点击[Animate]窗口下方的键就可以根据需要展示动画。

图10 文件读入窗口

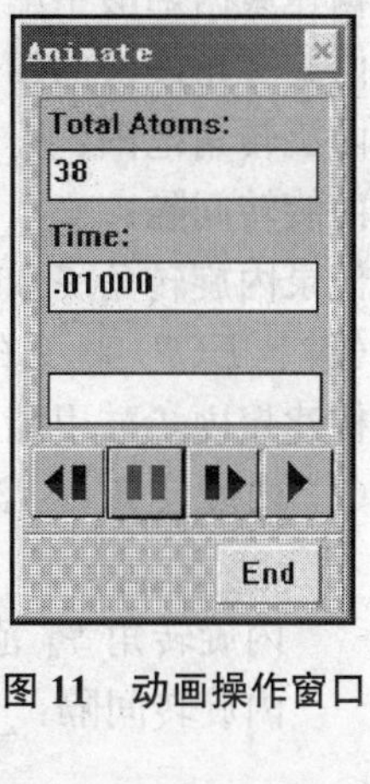

图11 动画操作窗口

五、数据记录和处理

1. 构建聚丙烯酸甲酯片段(三个单体单元),选取一个内旋转角

   内旋转角涉及的四个原子编号:________;________;________;________

   内旋转角范围:从________(起始角度)到________(终止角度)

   内旋转间隔:________

   记录内旋转角 φ 和构象能 $E(\varphi)$ 数据,以 $E(\varphi)$ 对 φ 作图。

   (附上 $E(\varphi)$ 对 φ 的作图)

2. 构建聚丙烯酸甲酯片段(三个单体单元),选取两个内旋转角

   (1) 内旋转角 φ_1 涉及的四个原子编号:________;________;________;________

   内旋转角 φ_1 范围:从________(起始角度)到________(终止角度)

   内旋转间隔:________

   (2) 内旋转角 φ_2 涉及的四个原子编号:________;________;________;________

   内旋转角 φ_2 范围:从________(起始角度)到________(终止角度)

   内旋转间隔:________

   记录内旋转角 φ_1 和构象能 $E(\varphi_1)$ 以及内旋转角 φ_2 和构象能 $E(\varphi_2)$ 数据,选取任一 φ_2,以 $E(\varphi_1)$ 对 φ_1 作图。

   (附上 $E(\varphi_1)$ 对 φ_1 的作图)

3. 构建聚丙烯酸甲酯片段(五个单体单元),选取一个内旋转角

   内旋转角涉及的四个原子编号:________;________;________;________

   内旋转角范围:从________(起始角度)到________(终止角度)

   内旋转间隔:________

   记录内旋转角 φ 和构象能 $E(\varphi)$ 数据,以 $E(\varphi)$ 对 φ 作图。

   (附上 $E(\varphi)$ 对 φ 的作图)

4. 构建聚丙烯酸甲酯片段(五个单体单元),选取两个内旋转角

   (1) 内旋转角 φ_1 涉及的四个原子编号:________;________;________;________

   内旋转角 φ_1 范围:从________(起始角度)到________(终止角度)

   内旋转间隔:________

(2) 内旋转角 φ_2 涉及的四个原子编号：________；________；________；________

内旋转角 φ_2 范围：从________(起始角度)到________(终止角度)

内旋转间隔：________

记录内旋转角 φ_1 和构象能 $E(\varphi_1)$以及内旋转角 φ_2 和构象能 $E(\varphi_2)$数据，选取任一 φ_2，以 $E(\varphi_1)$对 φ_1 作图。

(附上 $E(\varphi_1)$对 φ_1 的作图)

六、思考题

1. 高分子内旋转通常不是自由的，构象能 $E(\varphi)$与内旋转角 φ 有很大关系，是一个很复杂的函数。通过本实验，你认为高分子的尺寸能否用理论方法计算？简述原因。

2. 对于柔性高分子，即使不能自由内旋转，但是可以实现的构象数目仍是非常大的。本实验只涉及两个内旋转角角度变化对柔性高分子链构象的影响。试问对于一个主链上含有 n 个单键的柔性大分子，其构象将由多少个内旋转角决定?

七、参考文献

1. 何平笙，杨小震."分子的性质"软件用于高分子科学教学实验[J].高分子通报，2000(1)：86.

2. 何平笙.高分子物理实验初探[J].高分子通报，2000(2)：94.

3. 杨小震.分子模拟与高分子材料[M].北京：科学出版社，2002.

4. 彭建邦，何平笙.高分子链构象统计学[M].合肥：中国科学科技大学出版社，2006.

5. 朱平平，杨海洋，何平笙.从麦克斯韦速度分布函数直接推导高分子链末端距分布函数[J].高分子通报，2004(6)：91.

6. 朱平平，杨海洋，何平笙."高分子物理实验"精品课程建设的探索[J].高分子通报，2007(7)：61.

7. 徐种德，何平笙，周漪琴，等.高聚物的结构与性能[M].北京：科学出版社，1981；马德柱，何平笙，徐种德，2 版，1995.

实验三　二维高分子链形态的计算机模拟

一、实验目的

1. 了解无规行走链(RW)与自回避行走链(SAW)的差别。
2. 初步了解四位置模型和本实验采用的改进型四位置模型。
3. 学会用改进型四位置模型模拟二维空间中的SAW链和RW链。
4. 验证两种链的均方末端距、均方回转半径与聚合度的标度关系。

二、实验原理

1. 高分子形态

小分子化合物不存在什么形态的问题,高分子化合物由于是由成千上万个链单元以化学键连接而成,主链上单键的旋转(内旋转)使得链单元在空间的排布发生改变,就有了链的形态问题,高分子链的形态是高分子科学中最为基本、最为重要的问题之一,也是"聚合物的结构与性能"(一些学校称为"高分子物理")课程学习的重点、难点之一。

假如一条由C—C单键联结而成的线形高分子中,所有相邻的三个C—C单键都取反式的构象,则这是一条锯齿形的伸直链,然而分子链取这种形态的概率极小。这是因为反式、左右式的能量相差不多,相邻键取什么构象的概率差别也就不大,而热运动使得主链上单键的内旋转很容易发生,这几种基本构象之间可以通过单键内旋转来实现转换,这样在某一时刻必有部分相邻的三个C—C单键取左右式构象,实际的分子链是蜷曲的,其尺寸要比伸直链小得多。内旋转愈自由,链卷曲的趋势就愈大。高分子是由成千上万个链单元以化学键连接而成，由于内旋转，一根高分子长链就有很大数目的可能构象，如相邻的三个 C—C 单键可以取反式、左右式三种可能的构象，一个主链上有 10^4 个 C—C 单键的长链就可以有大约 $3^{10\,000}$（即 $10^{4\,770}$）种可能的构象，并且不断的内旋转使得高分子链这一瞬间的构象与另一瞬间不同，链的形态、尺寸也就跟着不断改变，这样的分子链又被称为柔性高分子链。柔性高分子链的形态和尺寸要用统计方法来描述，在数学处理上常采用向量运算求取尺寸的平均值，如均方末端距（末端距平方的平均值）、均方回转半径以及它们的平方根（根均方末端距、根均方回转半径）。当然在高分子世界中还有另一种形态的极限情况，即主链不能内旋转的刚性链高分子。

通过对高分子链的构象统计计算，一个聚合度为 N 的柔性高分子链的均方末端距可以用下式表示

$$\overline{h^2} = N \cdot G_0(l,\ \theta,\ a,\ b)$$

式中，l 是主链上每个键的键长，θ 是键角的补角，$a = \overline{\cos\varphi}$，$b = \overline{\sin\varphi}$，$\varphi$ 是内旋转角，G_0 是一个由高分子链的近程结构所决定的几何因子，它反映了近程结构对均方末端距的影响，属于链单元间的近程相互作用对高分子形态的影响（近程相互作用是指高分子链上近邻非键合原子或基团上电子云之间的相互作用）。这里没有考虑链单元间的远程相互作用对形态的影响（远程相互作用是指沿柔性链相距较远的原子或基团由于主链单键的内旋转而接近到小于范德华半径距离时所产生的相互作用）。由于高分子链形态的研究、尺寸的测定都是在溶液中进行的，即必须把高分子分散在溶液中，利用稀溶液的性质才能进行研究和测定，这就导致了问题的复杂性，因为溶剂分子与高分子间的相互作用对链的构象、形态产生重要的影响，或者说是干扰，使所得结果不能真实反映高分子本身的性质，并且这种干扰的程度随着溶剂、温度、溶液浓度的不同而不同，因此不同条件下高分子链的形态差别较大，需用不同的模型来描述。

2. 无规行走链（RW）与自回避行走链（SAW）

在良溶剂极稀溶液中，由于溶剂分子与链单元间相互作用可以克服链单元间的内聚力（吸引力），良溶剂对高分子链形态的作用表现为链单元间的排斥力，高分子线团是扩张的，好比是具有一定几何体积的链单元（同一高分子链上相隔较远的链单元）之间在极小相隔距离下所表现的相斥力，因此这种排斥作用被称为排除体积效应，也就是链单元间的远程相互作用。排除体积效应的原意是指实际的分子都占有一定的体积，它排除其他分子进入自己已经占有的空间，只要分子间有排斥力，就存在排除体积效应。钱人元先生认为，良溶剂中高分子链单元间相斥力的本

质，并非链单元的几何体积产生的只在极小相隔距离下表现的“硬”相互作用，而是由于溶剂分子与链单元间的相互作用，应该仍然是一种“软”相互作用。对于存在链单元间远程相互作用的高分子链，要用自回避行走模型（self avoiding walk，简称 SAW）来描述其形态。随着溶剂变劣，链单元间的斥力减小，高分子链的形态逐渐收缩，最后链单元间相互作用变成吸引的，使高分子链链内凝聚起来，溶液就发生了分相。从链单元间相互作用力为排斥力变为吸引力，必然要经过一个状态即链单元间既不相排斥也不相吸引，实际是溶剂分子对链单元的作用而表现的链单元间的相斥力刚好与链单元间的范德华吸引力相互抵消，因此链单元间无远程相互作用，高分子链呈无扰高斯线团状，可用无规行走模型（random walk，简称 RW）描述其形态，实现这一状态的条件称为 θ 条件，这时的温度是 θ 温度，溶剂是 θ 溶剂。也就是说，可以选择这个特定条件，使溶剂对高分子形态、尺寸的干扰可忽略不计，在这样的条件下测得的尺寸（称为无扰尺寸）才是高分子本身结构的反映。

如果把溶剂完全挥发掉，高分子可以凝聚成非晶态固体。Flory 早就推断非晶态固体中高分子链的形态是高斯线团，要用无规行走模型来描述，即把每条链看成是一个无规行走所描述的位形，与 θ 条件下高分子链的形态是一样的。后来的中子散射实验证实了 Flory 的预言。

由良溶剂稀溶液中的扩张线团到非晶态固体中的高斯线团，表明从良溶剂稀溶液到非晶态固体的过程中高分子线团在逐渐收缩。在良溶剂中，两个线团的链单元之间也存在远程相互作用，但当溶液很稀时，这种相互作用可以不考虑。当溶液逐渐变浓以后，两个线团相距相对近了，必须开始考虑一个线团的链单元与另一线团的链单元之间的相斥力。即，原来在溶液很稀时，链单元只受到同一线团上的链单元的排斥力，因而线团是扩张的，当溶液浓度达到一定值以后，链单元还同时受到相邻线团上的链单元的排斥力，其结果是链单元间的排斥力减小了，线团收缩。钱人元等用激基缔合物荧光实验观察到线团是在接触之前（即达到动态接触浓度时）就开始收缩。浓度继续增加，到达接触浓度时，线团开始接触，浓度再大，线团就要相互穿透，直至溶液各处的链单元空间密度基本达到均一，之后随着浓度的增加，只是把线团装进已经被其他线团占有的空间，线团相互穿透的程度逐渐增加。在非晶态固体中，一根链占据的空间中一般有几十根链的质心落在其中，并且分子量愈大，相互穿透的分子链数目愈多。在线团高度相互穿透的浓溶液和非晶态固体中，相同链的链单元之间与不同链的链单元之间的相斥力相互抵消（相互屏蔽），高分子链的形态不再受溶剂干扰，是高斯线团，要用无规行走模型描述。

这里需要强调的是，在将高分子链与无规行走类比时，它们之间的差异是显然的，即无规行走不受先前所经过位置的限制，轨迹可交叠，而高分子链单元是占据着一定体积的，它不可能不受先前已占据位置的限制而自相交，也就是说它不能回到原位，从这个意义上来说，对它的位形必须采用自回避行走模型描述。但是在分子链相互穿透的体系中，任一条链的自回避效应与同其他链相回避的效应相互抵消了，用无规行走模型模拟链形态又是正确的。

无规行走链的均方末端距$\overline{h^2}$、均方回转半径$\overline{R^2}$与步数(即聚合度 N)成一次方的关系，$\overline{h^2} \propto N$, $\overline{R^2} \propto N$。与 RW 不同，SAW 是在走完前一步后，下一步走向任何方向虽然是等几率的，但是必须回避以前已经走过的地方，对于 SAW 链，任何两个链单元不可能占据同一个位置。显然 SAW 链的尺寸比 RW 链扩张了，$\overline{h^2}$, $\overline{R^2}$与 N 应具有大于一次方的关系，$\overline{h^2} \propto N^{2\nu}$, $\overline{R^2} \propto N^{2\nu}$，这里 $\nu > \frac{1}{2}$。

de Gennes 从理论上推导出 $\nu = \frac{3}{d+2}$, d 是晶格的维数，表明晶格的维数对高分子链的形态有显著的影响。理论上，晶格可以是一维、二维、三维、四维等。当 $d = 1$ 时，$\nu = 1$, $\overline{h^2} \propto N^2$, $\overline{R^2} \propto N^2$，这显然是正确的；当 $d = 2$ 时，$\nu = \frac{3}{4}$, $\overline{h^2} \propto N^{1.5}$, $\overline{R^2} \propto N^{1.5}$，这是二维单分子层情况；当 $d = 3$ 时，$\nu = \frac{3}{5}$, $\overline{h^2} \propto N^{1.2}$, $\overline{R^2} \propto N^{1.2}$，与 Flory 的理论以及实验结果都相符；而当 $d = 4$ 时，$\nu = \frac{1}{2}$, $\overline{h^2} \propto N$，这表明高分子链单元的排布恰好可用无规行走模型描述，不存在链单元间的远程相互作用，也就不必考虑回避问题。可见链单元间的远程相互作用和排除体积效应随着空间维数的增大而逐渐减小，当 $d = 4$ 时，这些影响都不再存在，所以又可以说自回避行走的极限维数是 4。事实上，Flory 在讨论高分子内相互作用时，也谈到在三维空间链的构象所受到的限制要比二维链少。对于聚合物非晶态(三维空间)，链的相互穿透的图像是基本的，然而 de Gennes 认为，对于二维的聚合物，图像就完全不一样，线团并不相互穿透，链是轻微溶胀和强烈分凝的，这样密度就很小。

但是上述用二维单分子层检验 de Gennes 提出的$\overline{h^2}$, $\overline{R^2}$与 N 的标度关系是不实际的，这是因为单分子层与它的支撑相存在的相互作用对单分子层中高分子链形态的影响不能忽视，所以，$\overline{h^2} \propto N^{1.5}$, $\overline{R^2} \propto N^{1.5}$较难用实验验证，但可以尝试用计算机方法来模拟，这也是我们选择模拟二维高分子链形态的原因。本实验应用自编的改进型四位置模型，模拟二维空间中的 SAW、RW 链，并验算上述标度关系,对 SAW 链,我们得到$\overline{h^2} \propto N^{1.51}$,$\overline{R^2} \propto N^{1.50}$,对 RW 链,我们得到$\overline{h^2} \propto N^{1.06}$,$\overline{R^2} \propto N^{1.02}$,与 de Gennes 的理论值符合良好。

3. 改进型四位置模型简介

四位置模型及键长涨落算法是由 Carmesin 和 Kremer 提出,用于二维格子中,每个链单元的中心位于格子的中心,要用四个格点才能表示这个链单元,比较复杂,算法程序编写繁琐。改进型四位置模型则是以格点作为链单元的中心,一根链单元只对应一个格点,即四个相邻格子的共同格点,每个链单元的位置用一个格点表示,简化了算法程序的编写。改进后的模型仍具有原四位置模型的优点,即,在对 SAW 链进行抽样时只需检验体积排除条件和键长条件是否满足,如果都满足,键就不可能相交,也就没有必要检验键是否相交。具体算法如下:

(1) 预先设定一条聚合度为 N 的高分子链的初始构象,可假设是一条沿着格线的直链,键长为 2 或 3;

(2) 随机选择高分子链的某一链单元;

(3) 产生该链单元的新位置,即从与该单元相邻的 8 个格点中随机选择一个格点作为该链单元的新位置;

(4) 键长条件检验:计算新位置与原链单元前后键接的链单元之间的距离,如果这一距离在键长范围内,继续下一步,否则原构象再参加一次统计后回到步骤(2);

(5) 体积排除条件检验:检查在与该链单元新位置邻近的 8 个格点中除了原链单元外,是否有其他链单元,如果有,则不满足体积排除条件,原构象再参加一次统计后回到步骤(2);

(6) 产生新构象和高分子链:将该单元迁移至新位置,使得高分子链的构象改变,新构象参与统计后回到步骤(2)。

上述步骤周而复始,直到达到所要求的统计精度。

模拟 RW 链比较简单,只要满足键长条件而不需考虑排除体积效应,在上述步骤中去掉第(5)步即可。

三、实验装备

1. CPU 主频在 200 MHz 以上的计算机,20 M 以上硬盘,128 M 内存;
2. VGA 以上显示器;

3. 鼠标器；

4. Windows 95,98,NT,2000,XP；

5. 本校自编的模拟计算软件(20 M)。

四、实验步骤

1. 程序窗口简介

本实验所使用程序的界面如图1所示。

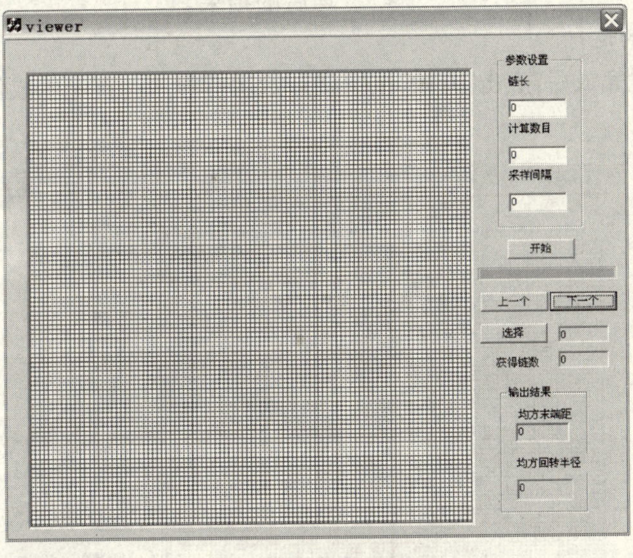

图1　程序运行界面

在“参数设置”区域中，“链长”输入框用来设置所生成的高分子链统计单元的数目，用 N 表示，范围是0～300(可以更大，取决于计算机的配置)。“计算数目”输入框用来设置尝试生成高分子链的数目。需要注意的是，计算数目与成功生成的高分子链的数目是不同的，成功生成的高分子链数目通常要小于计算次数，因为并不是每一次链单元位置的改变都能生成一条有效的高分子链，如果不满足模型的要求，则该次计算无效，进行下一次计算。由于成功生成的高分子链数目仍然很大，因此在“采样间隔”输入框中需设置一定的数值，这样只是有选择地显示一些高分子链的形态，如：设置采样间隔为1 000，表示如果成功生成了约500 000个高分子链，则在主程序的窗口中只显示每1 000链中的其中一个链的形态，一共可显示

500 个链,500 就显示在“获得链数”框中。通过“下一个”按钮可以在主窗口中依次浏览生成的 500 个高分子链,当然这 500 个链的形态是不同的。也可通过点击“选择”框,打开图 2 所示对话框,在“输入”框中输入编号,在主窗口中即可浏览相应的高分子链形态,需注意:所选择的编号不能超过“获得链数”中显示的数值。在主窗口右下的“输出结果”区域,显示的是生成的高分子链的均方末端距和均方回转半径,如这里就是对约 500 000 个链统计平均后的结果。

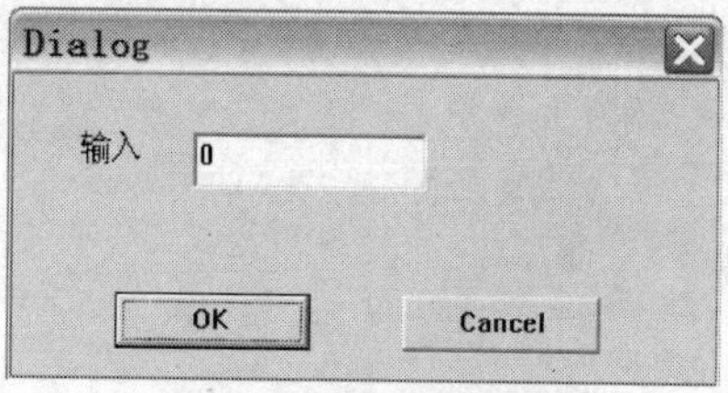

图 2 “选择”窗口

2. 程序的运行

参数设置完成后,点击“开始”按钮就开始运行程序。首先生成伸直链,如图 3 所示。

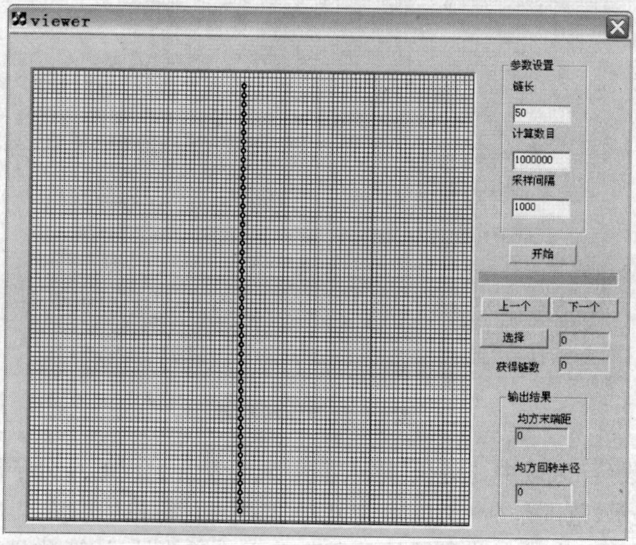

图 3 高分子链初始形态——伸直链

“开始”按钮下面的进度条显示当前计算的进度。在计算完成后,获得一定数量的不同形态的 SAW 链或 RW 链。图 4 所示的是其中的一个 N 为 50 的 SAW 链,“获得链数”中显示为 373,因采样间隔为 1 000,表明共生成了约 373 000 个链,但是只显示其中的 373 个链,若在“输入”框中输入 20,这样显示的就是这 373 个链中的第 20 个。

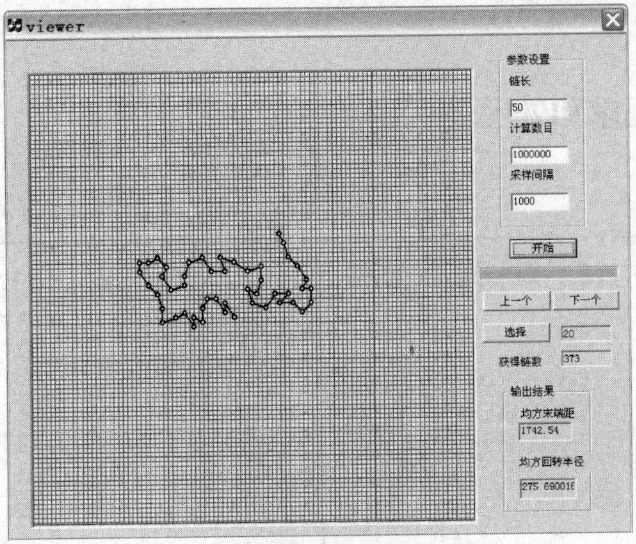

图 4　自回避行走链

3. 计算不同链长高分子的平均尺寸

如上设置一种链长 N 为 50，设置计算数目为 100 万次，采样间隔为 1 000。点击“开始”按钮开始计算，在程序主窗口中可直接观察到链的形态和尺寸在不断变化。计算完成后，记录均方末端距$\overline{h^2}$和均方回转半径$\overline{R^2}$。

依次在“链长”框中设置不同的数值，计算数目和采样间隔可不变。每次计算完成后，记录对应的$\overline{h^2}$和$\overline{R^2}$。

4. 验证标度律

如图 5、图 6 所示，在对数坐标系下分别以$\overline{h^2}$和$\overline{R^2}$对相应的 N 作图，求得斜率，即分别为$\overline{h^2}$和$\overline{R^2}$对 N 的标度律，并与理论值比较。

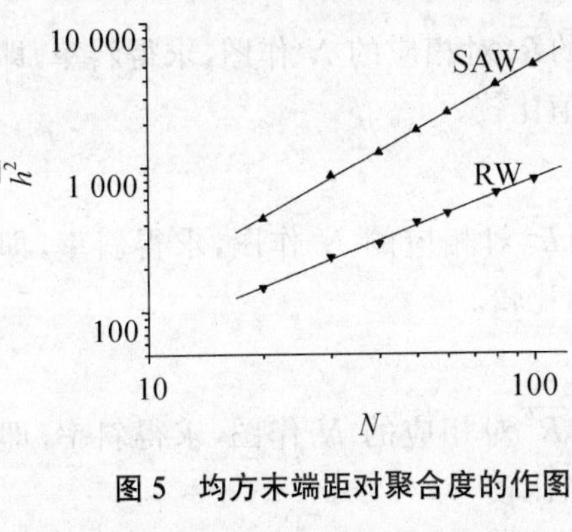

图 5　均方末端距对聚合度的作图

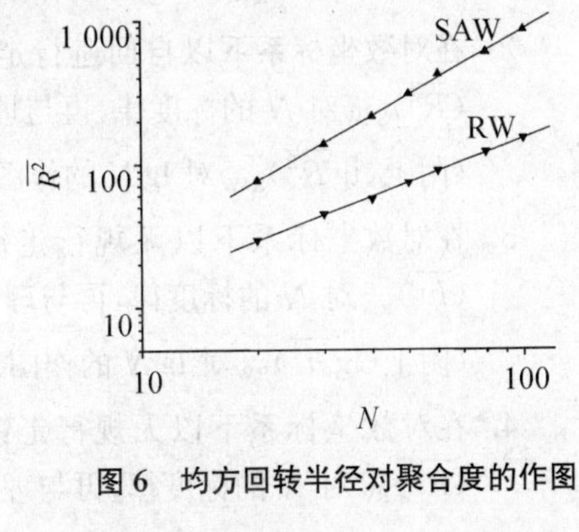

图 6　均方回转半径对聚合度的作图

五、数据记录和处理

数据记录：

链长 N	计算数目	采样间隔	获得链数	$(\overline{h^2})_{SAW}$	$(\overline{R^2})_{SAW}$	$(\overline{h^2})_{RW}$	$(\overline{R^2})_{RW}$

数据处理：

1. 在对数坐标系下以自回避行走链的 $\overline{h^2}$ 对相应的 N 作图，求得斜率，即为 $(\overline{h^2})_{SAW}$ 对 N 的标度律，再与理论值比较。

   （附上 $(\lg \overline{h^2})_{SAW}$ 对 $\lg N$ 的作图）

2. 在对数坐标系下以自回避行走链的 $\overline{R^2}$ 对相应的 N 作图，求得斜率，即为 $(\overline{R^2})_{SAW}$ 对 N 的标度律，再与理论值比较。

   （附上 $(\lg \overline{R^2})_{SAW}$ 对 $\lg N$ 的作图）

3. 在对数坐标系下以无规行走链的 $\overline{h^2}$ 对相应的 N 作图，求得斜率，即为 $(\overline{h^2})_{RW}$ 对 N 的标度律，再与理论值比较。

   （附上 $(\lg \overline{h^2})_{RW}$ 对 $\lg N$ 的作图）

4. 在对数坐标系下以无规行走链的 $\overline{R^2}$ 对相应的 N 作图，求得斜率，即为 $(\overline{R^2})_{RW}$ 对 N 的标度律，再与理论值比较。

(附上$(\lg\overline{R^2})_{RW}$对 $\lg N$ 的作图)

六、思考题

1. 改进的四位置模型与原四位置模型相比有哪些优点?

2. 描述一个在良溶剂中的高分子链形态要用哪种模型?而 θ 溶剂中的高分子链形态又有何特征?需用哪种模型描述?

3. 根据 P.G. de Gennes 理论,三维空间中自回避行走链的$\overline{h^2}$,$\overline{R^2}$与 N 的幂律关系与二维空间相比有何不同?

4. 影响高分子链形态的因素有哪些?结合本实验结果和所学高分子物理知识进行讨论。

七、参考文献

1. 杨海洋,易院平,朱平平,等.二维高分子链形态的计算机模拟[J].高分子通报,2003(5):76-80.

2. 朱平平,杨海洋,何平笙.从麦克斯韦速度分布函数直接推导高分子链末端距分布函数[J].高分子通报,2004(6):91-93.

3. de Gennes P J. Scaling Concepts in Polymer Physics [M]. Ithaca: Cornell University Press,1979:29-68.

4. 何平笙,杨小震."分子的性质"软件用于高分子科学教学实验[J].高分子通报,2000(1):86-89.

5. 何平笙,李春娥.高分子物理实验初探[J].高分子通报,2000(2):94-96.

6. 朱平平,杨海洋,何平笙.高分子的 θ 溶液[J].化学通报,2003,66(2):138-141.

7. Carmesin I, Kremer K. The Bond Flnctuation Method: A New Effective Algorithm for the Dynamics of Polymers in All Spatial Dimensions [J]. Macromolecules, 1988(21): 2819-2823.

8. 马德柱,何平笙,徐种德,周漪琴.高聚物的结构与性能[M].2 版.北京:科学出版社,1995.

9. 钱人元.无规与有序:高分子凝聚态的基本物理问题研究[M].长沙:湖南

科学技术出版社,1998.

10. 冯新德,唐敖庆,钱人元,等.高分子化学与物理专论[M].广东：中山大学出版社,1984：139-152.

11. 何曼君,陈维孝,董西侠.高分子物理[M],修订版.上海：复旦大学出版社,1990 .

12. 杨小震. 分子模拟与高分子材料[M].北京：科学出版社,2002.

13. 宗祥福,翁渝民.材料物理基础[M].上海：复旦大学出版社,2001.

实验四　受限空间中高分子链穿越纳米管道的Monte Carlo模拟

一、实验目的

1. 了解键涨落算法(BFM)的基本原理。
2. 观察受限空间中的高分子链穿越纳米管道的动力学过程。
3. 理解和掌握高分子链长和管道长度对穿越过程的影响。

二、实验原理

研究受限空间中高分子在纳米管道的穿越对理解和掌握生命体系中不断发生的物理化学过程有着非常重要的意义。例如蛋白质分子穿越细胞膜完成新陈代谢的过程,RNA分子穿越细胞核膜完成遗传信息的复制和传递过程,病毒的DNA分子进入寄主细胞使得寄主细胞被感染过程等。在研究受限空间中高分子穿越纳米管道过程中,熵起着非常重要作用,由此导致高分子自发地从熵受限的区域迁移到受限程度较低或完全不受限的区域。如果两块受限程度不同的区域A和B通过一个管道相连接,如图1所示,则高分子从区域A进入管道以后,高分子的构象熵会不断地减小,由此导致自由能的升高。当高分子完全穿越纳米管道后,高分子的构象熵又会进一步增加,导致自由能的减小。由于区域A比区域B更加受限,因此高分子在区域B的自由能要低于在区域A的自由能。由此可见高分子在从区域A自发迁移到区域B时要越过如图2所示的自由能壁垒,和化学反应过程非常相似。由于高分子穿越自由能壁垒对应的是能量升高的过程,因此高分子成功穿越的概率很低。如果把高分子从开始穿越到最终又回到起点的时间定义为τ_{trap},则自由能壁垒ΔE

越大，τ_{trap}越长。如果把高分子穿越管道的过程与化学反应过程相类比，则 τ_{trap}与化学反应速率常数 k 之间满足关系：$\tau_{trap} \sim k^{-1}$。根据阿仑尼乌斯（S. Arrhenius）公式，化学反应速率常数 k 与反应活化能 ΔE 之间满足关系：$k \sim e^{-\Delta E/kT}$。由此得到 τ_{trap}时间与自由能壁垒 ΔE 之间满足关系：$\lg \tau_{trap} \sim \Delta E$。随着受限程度的不同，高分子穿越纳米管道对应的自由能壁垒 ΔE 也有所不同，因此通过测定 τ_{trap}时间，就可以详细讨论受限程度对高分子穿越纳米管道动力学行为的影响。

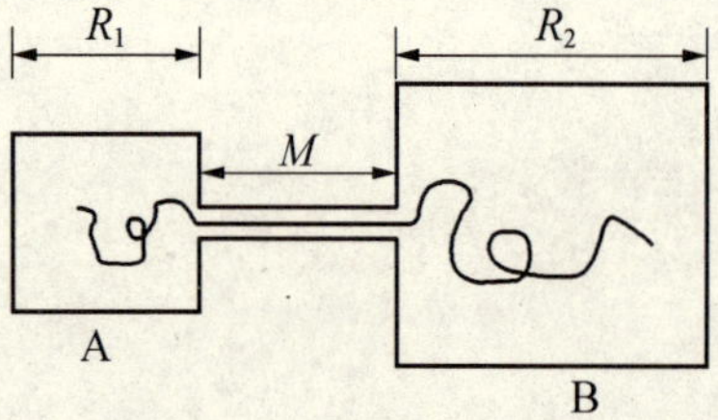

图 1　受限空间中高分子链穿越过程示意图

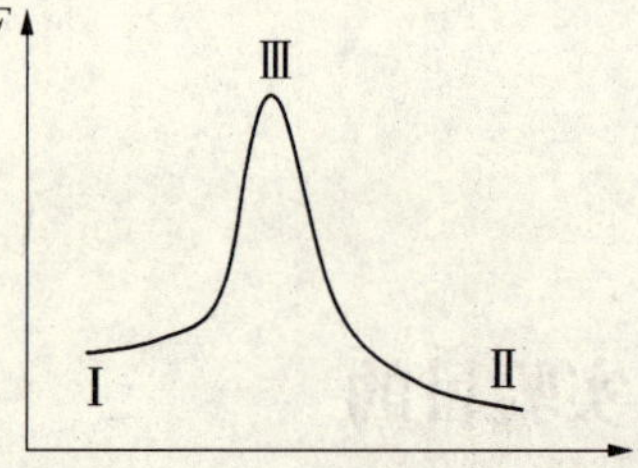

图 2　高分子链穿越过程中自由能的变化

本实验利用计算机模拟中的键涨落模型（bond fluctuation model）研究了受限空间中高分子穿越纳米管道的动力学过程。在二维键涨落模型中，高分子链的一个链单元同时占据相邻的 4（$=2^2$）个格点，中心的坐标为链单元的位置（图 3a）。为了满足体积排斥效应，每个格点最多只能由一个链单元所占据，任意单体之间的距离不得小于 2 倍格点的边长。键接单体之间的键长允许在一定的长度范围内波动，但是不得大于或等于 4 倍格点的边长。这样，满足上述条件的下列键矢量 $\boldsymbol{B}$ 可以以坐标轴为对称轴作对称操作：

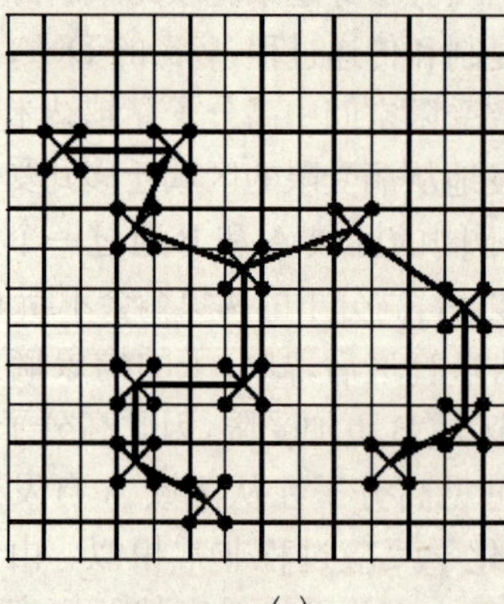

(a)

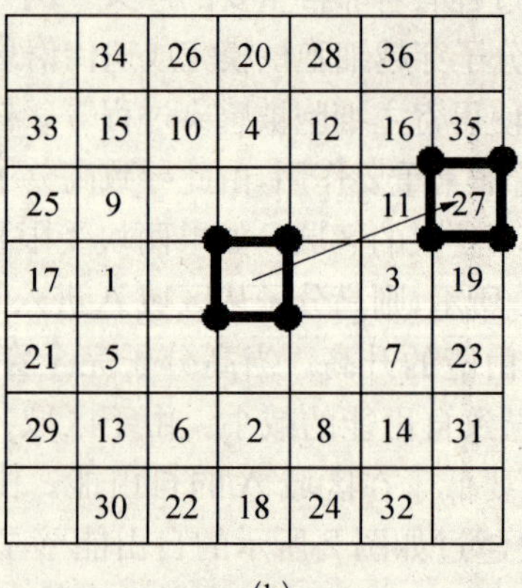

(b)

图 3　(a) 二维四格子模型和键涨落算法；(b) 键接链单元的 36 种键矢量

$$\boldsymbol{B} = \boldsymbol{P}(2, 0) \cup \boldsymbol{P}(2, 1) \cup \boldsymbol{P}(2, 2) \cup \boldsymbol{P}(3, 0) \cup \boldsymbol{P}(3, 1) \cup \boldsymbol{P}(3, 2) \quad (1)$$

因此,$\boldsymbol{B}$ 中一共包含了 36 种键矢量(图 3b),并存在 6 个可能的键长值 b:

$$b = 2, \sqrt{5}, \sqrt{8}, 3, \sqrt{10}, \sqrt{13} \quad (2)$$

链的运动以及新的链构象的生成过程如下:

(1) 预先设定一初始构象。链单元之间的位置要满足体积排斥效应,同时键接单元之间的键矢量和键长也分别满足式(1)和(2)的限制条件;

(2) 随机地选择一个链单元,同时随机选择其四个相邻位置之一,让其作一单位格点长度的跳跃;

(3) 检查跳跃后产生的新构象是否同时满足体积排斥效应和键长限制条件;

(4) 若新的构象不能同时满足体积排斥效应和键长限制条件,则原构象再参加一次统计,然后回到(2);

(5) 若新的构象同时满足体积排斥效应和键长限制条件,则新的构象产生并参加统计,然后再回到(2)。

需要指出的是,在满足上述体积排斥效应要求和键长范围限制下的单体跳跃运动可以自动避免在链的运动过程中出现链交叠的情况,这样就不需要时时检验链交叠这一繁琐的步骤,因而大大提高了计算效率和速度。

在模拟高分子链的动力学行为时,需要记录统计量的时间变化情况。模拟中的时间用 Monte Carlo 步长(Monte Carlo Steps)来度量,具体定义为当体系中的单体数目为 N 时,用 N 次试探运动作为一个 Monte Carlo 步长。Monte Carlo 步长有时也被称之为 Monte Carlo 循环(Monte Carlo Cycle)。

自编的 Monte Carlo 分子模拟软件,可以在计算机上直观地观察到受限空间中的单根高分子链穿越纳米管道的具体过程,通过改变链长及管道长度可以研究受限程度对高分子穿越纳米管道动力学过程的影响。

三、实验设备

1. CPU 586 以上计算机,256 M 内存;
2. VGA 以上显示器;
3. 鼠标,键盘;
4. Windows 98 以上操作平台。

四、实验步骤

自编的受限空间中高分子链穿越纳米管道的模拟软件实际上是由两个程序构成,第一个程序是计算程序,第二个程序是图形显示程序。在设置好计算参数(链长、管道长度、受限空间尺寸等等)并完成模拟计算以后,打开图形显示窗口,点击File→open,在弹出的对话框内,读入计算数据(site. dat),即可得到高分子链在穿越过程中的构象变化(图4)。其中,“链长”表示模拟中高分子链的长度,“链数”则给出了采样得到的构象数。应当指出的是,由于穿越时间较长,因此在计算中的采样间隔为100,因此整个穿越时间≈链数×100。点击“prev”或“next”可依次向前或向后观察高分子链穿越过程以及在穿越过程中高分子链构象的变化。如果想快速得到某一编号的构象,可以在两者之间的输入框中输入数字。注意所选择的结构编号不能超过“链数”按钮显示的值。

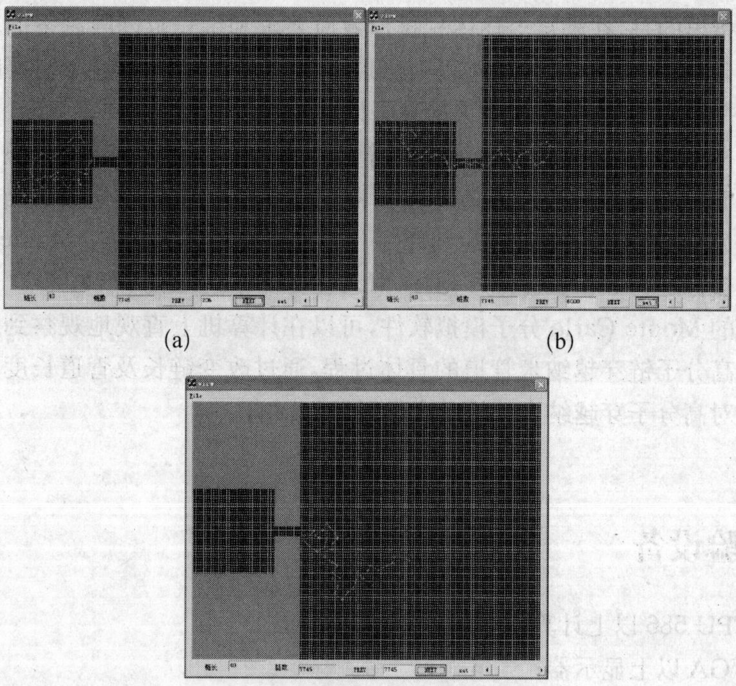

(a) (b) (c)

图4 模拟软件界面

五、数据记录和处理

1. 高分子链长 N 对 τ_{trap} 的影响

N								
τ_{trap}								

绘出 τ_{trap} 对 N 的作图,具体确定 τ_{trap} 与 N 之间的函数关系。

2. 纳米管道长度 M 对 τ_{trap} 的影响

M								
τ_{trap}								

绘出 τ_{trap} 对 M 的作图,具体确定 τ_{trap} 与 M 之间的函数关系。

3. 根据 1 和 2 的实验结果确定自由能壁垒 ΔE 与高分子链长 N 以及纳米管道长度 M 之间的函数关系。

六、思考题

1. 化学反应过程中有分子间的有效碰撞和无效碰撞,高分子穿越纳米管道的过程有成功穿越和不成功穿越,你在实验中是否观测到不成功穿越的过程?如何证实你的判断?

2. 高分子链长对 τ_{trap} 有何影响?为什么?

3. 管道长度对高分子链穿越过程有什么影响?为什么?

七、参考文献

1. Xie Yongjun, Yu Hongtao, Yang Haiyang, et al. Barrier height of free energy on confined polymer translocation through a short nano-channel [J].

Biochemical and Biophysical Research Communications，2006(349)：15-19.

2. 杨海洋，易院平，朱平平，等. 二维高分子链形态的计算机模拟[J]. 高分子通报，2003(5)：76-80.

3. 杨玉良，张红东. 高分子科学中的 Monte Carlo 方法[M]. 上海：复旦大学出版社，1993.

4. Xie Yongjun，Yang Haiyang，Yu Hongtao，et al. Excluded volume effect on confined polymer translocation through a short nanochannel [J]. J. Chem. Phys.，2006 (124)：174906.

5. 朱平平，杨海洋，何平笙. "高分子物理实验"精品课程建设的探索[J]. 高分子通报，2007(7)：61-64.

实验五　使用 Monte Carlo 方法观察受限状态下嵌段聚合物的自组装结构

一、实验目的

1. 了解 Monte Carlo 方法模拟聚合物自组装的基本原理。
2. 观察在受限状态下，聚合物的自组装过程。

二、实验原理

嵌段共聚物是由化学性质不同的、两个或两个以上的结构单元，通过化学键相连接组成的高分子物质。不同结构单元之间由于性质不同而相互排斥，导致体系在熔融状态下或者溶液中发生相分离。由于各嵌段之间由共价键相连，体系相分离只能发生在微观的链段尺度上，这种微观尺度的相分离形成的自组装结构尺寸一般在 10 ～ 100 纳米之间，因此可以被用来制备微反应器、磁性介质存储器等。进一步的研究工作表明，由嵌段共聚物自组装形成的纳米结构不仅和嵌段共聚物的各种分子结构参数及相互作用有关，而且和嵌段共聚物所处的环境相关，特别是体系处在受限状态之下。例如，对称的二嵌段共聚物在本体熔融状态下会自组装形成层状结构，但是在硬质平行板间进行自组装时，如果板间距与聚合物自身的层状周期不相容，聚合物的周期结构就会发生改变，出现板壁诱导形成的独特结构。

本实验利用 Monte Carlo 方法观察嵌段共聚物在受限空间中自组装结构。Monte Carlo 方法在数学上称其为随机模拟（random simulation）方法，随机抽样（random sampling）技术或统计实验（statistical testing）方法。它的基本思想是：为了求解数学、物理、几何、化学等问题，建立一个概率模型或随机过程，使它的参数等于问题的解，当所解的问题本身属随机性问题时，则可采用直接模拟法，即根据实际物理情况来构造 Monte Carlo 模型，然后通过对模型，或过程的观察，或抽样实验来计算所求参数的统计特征，最后给出所求解的近似值。

Monte Carlo 方法来模拟高分子物理问题有着更深刻的意义。高分子链单元可以绕碳碳单键做内旋转运动，因此单个高分子链的构象数就十分庞大，导致单个高分子链的构象统计成为十分复杂的问题。高分子链的构象或形状强烈地依赖于溶剂性质、温度等环境因素，更增加了问题的复杂性。由结构和性质如此复杂的个体所堆砌而成的高分子浓溶液，乃至高分子本体的多链体系则具有更复杂、更深刻的统计内涵。这给高分子体系的统计理论研究带来了巨大的困难，也恰好为 Monte Carlo 方法提供了很好的研究对象。Monte Carlo 研究已经从对单组分单链物理性质的研究深入到对序列单链、多组分多链体系的研究，近年来受限体系和链缠结问题、多嵌段共聚物的相分离和形态问题，以及高分子的结晶态和液晶态问题等成为新的研究热点。

高分子科学中的 Monte Carlo 模拟主要采用直接模拟方法，对高分子链构象进行抽样来计算各种物理性质，链构象的演化过程等。在 Monte Carlo 模拟中最重要的两种方法是简单抽样法和重要性抽样法(Metropolis 抽样法)。

1. 简单抽样法

平衡统计力学中可观测量 A 的平均值为：

$$\left.\begin{aligned}\langle A(\{r\})\rangle &= \frac{1}{Z}\int A(\{r\})\exp[-H(\{r\})/kT]\mathrm{d}\{r\} \\ Z &= \int \exp[-H(\{r\})/kT]\mathrm{d}\{r\}\end{aligned}\right\} \tag{1}$$

其中 $H(\{r\})$ 为体系的 Hamilton 量，对于高分子链则 $H(\{r\})$ 为链的势能

$$H(\{r\}) = \sum_{j=1}^{n} u_j(r_j) + w(\{r\})$$

其中 n 为链长，u_j 表示第 $j-1$ 个链段和第 j 个链段相连接，而 w 代表除此之外的所有相互作用。

在 Monte Carlo 方法中，式(1)的求和近似为：

$$\langle A(\{r\})\rangle \approx \overline{A(\{r\})} = \frac{\sum\limits_{l=1}^{M} A(\{r\})\cdot\exp[-H(\{r\})/kT]}{\sum\limits_{l=1}^{M}\exp[-H(\{r\})/kT]} \tag{2}$$

当 $M\to\infty$ 时,两式完全等价。这样通过伪随机数来随机地确定$\{r\}$计算出观测量 A,然后用公式得出进行$\overline{A(\{r\})}$。这种方法称为简单抽样法。

2. 重要性抽样法(Metropolis 抽样法)

重要性抽样法是在产生$\{r\}_l$时,不同的构象态并非完全相互独立,而是通过一个 Markov 过程来进行,即让状态$\{r\}_{l+1}$从前一个状态通过一定的概率 $W(\{r\}_l\to\{r\}_{l+1})$来构造。当样本数足够多时,状态的分布函数 $P(\{r\})$趋向所需的平衡分布 $P_{eq}(\{r\})$。

$$\left.\begin{aligned}P_{eq}(\{r\}_l) &= \frac{1}{Z}\int\exp[-H(\{r\}_l)/kT]\mathrm{d}\{r\}\\ Z &= \int\exp[-H(\{r\}_l)/kT]\mathrm{d}\{r\}\end{aligned}\right\}\tag{3}$$

这里,转移概率 $W(\{r\}_l\to\{r\}_{l+1})$定义如下:

$$W(\{r\}_l\to\{r\}_{l+1}) = \begin{cases}\exp(-\Delta H/kT), & \Delta H>0\\ 1 & \Delta H\leqslant 0\end{cases}\tag{4}$$

理论上,简单抽样法和重要性抽样法当样本数无穷大时是等价的。考虑到实际上样本数不可能达到无穷大,因此采用重要性抽样法可以更好地使抽样概率空间与能量概率分布相一致。

在 Monte Carlo 格子模型中,体系中链段单元的位置,用空间格点表示。体系中各组分间的作用力的作用范围用格点间距表示。通过在二维或三维空间里排列粗粒化处理后的聚合物模型分子链,设定体系的初始状态。链构象的改变是通过链段单元随机与邻近的八个(二维)或十八个(三维)位置交换来实现,键长限制为 1 或$\sqrt{2}$。每次移动可以改变键长,但必须遵守键长为 1 或$\sqrt{2}$的限制,同时不能违反排除体积规则。排除体积规则保证每个格点最多只能有一个珠子占据,另外不能有键交叉和穿越发生。如果移动违反了排除体积,或键交叉穿越或键长规则的限制,将拒绝这次移动。链单元的移动不仅要遵守上述规则,还要遵守 Metropolis 规则。也就是对于移动前和移动后的能量差 ΔE,如果为负,移动被接受;能量差为正,此移动要以一定的概率被接受,概率 p 满足方程式(5)。

$$p = \exp(-\Delta E/kT)\tag{5}$$

这里 $\Delta E = \sum\Delta N\varepsilon_{ij}$。$\Delta E$ 为移动前与移动后的能量差;ΔN 为移动前后最相

邻链单元的对数差。ε 为两相邻位置被链单元或边界单元占据后减少的作用能。

具体的模拟步骤如下：(三维空间中)

(1) 随机选一高分子链，再随机在链中选一链单元。然后，在这个链单元 18 个邻配位上(三维)，随机选一个位置，如图 1(g)所示。

(2) 如果这个位置已经被自身链单元或其他链单元占据则进行(1)。

(3) 如果这个位置被空格占据(这里空格相当于自由体积)，并且链单元移动(链单元与空格交换)不违反链长和穿越规则，如图 1(h)所示，计算移动前后的能量变化 ΔE。如果上面条件不满足，则增加一次统计次数，然后进行(1)。

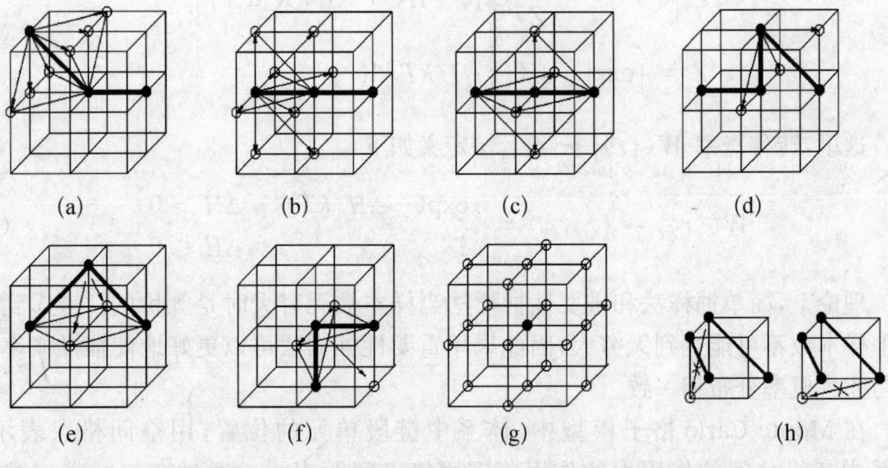

图 1　链运动的基本模式　(a)，(b) 链端单元的运动　(c)，(d)，(e)，(f) 链中单元的运动；(g) 与每个单元相邻的最近的 18 个位置；(h) 穿越规则

(4) 如果 $\Delta E < 0$，则进行链单元移动(链单元与空格交换)。否则，如果 $\exp(-\Delta E/kT) \geqslant r$ (r 为 0 和 1 之间平均分布的一个随机数)，进行链单元移动；如果 $\exp(-\Delta E/kT) < r$，不接受移动，只增加一次统计次数，然后进行(1)。

(5) 如果这个单元是链端，则它的移动方式如图 1(a)，(b)所示。如果这个单元不是链端，则它的移动方式如图 1(c)，(d)，(e)，(f)所示。同时增加一次统计次数，然后进行(1)。

在模拟中，首先使模拟体系在无热状态下长时间运行达到无序平衡 ($1/kT = 0$)，然后体系被淬火到低温状态 ($1/kT \neq 0$)，在此状态下模拟体系相分离的过程。通过 Monte Carlo 模拟方法，我们可以在计算机上直观地观察在受限条件下嵌段共聚物的自组装结构。

自编的 Monte Carlo 分子模拟软件，适用于对称二嵌段共聚物受限在平行板间的自组装研究。在没有受限的本体中，对称的二嵌段共聚物自组装形成无定向排列的层状结构。二嵌段共聚物在平行板间自组装时，受平行板板壁的影响，体系形成的层状结构可以平行或垂直于平行板排列。

三、实验设备

1. CPU 586 以上计算机，5 M 以上的硬盘；
2. VGA 以上显示器；
3. 鼠标，键盘；
4. Windows 98 以上操作平台；
5. 自编 Monte Carlo 高分子自组装模拟软件。

四、实验步骤

自编的 Monte Carlo 高分子自组装模拟软件界面由操作按钮和图形窗口组成(如图 2 所示)，关闭界面窗口即退出模拟软件。图形窗口显示研究体系自组装的实时情况，操作按钮用来设置体系参数和控制体系的运行。如果图形窗口显示出现图形重叠现象，请将软件界面最小化，然后恢复界面，即可正常显示图形。

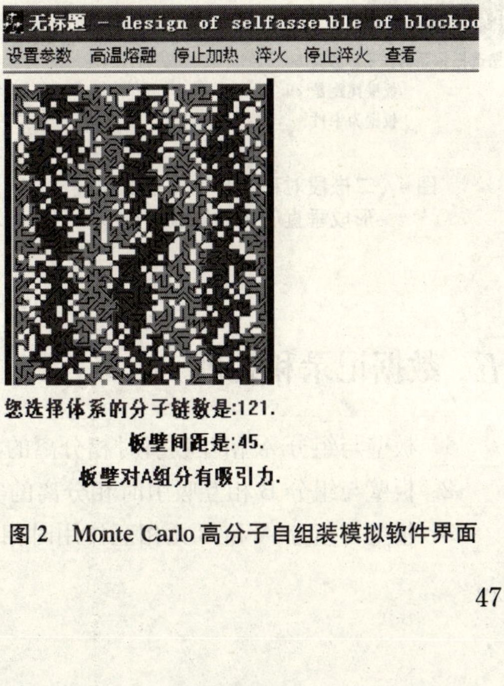

图 2 Monte Carlo 高分子自组装模拟软件界面

在模拟时，首先用鼠标点击操作按钮中的“设置参数”。在弹出的对话框内，如图 3(a)，根据提示输入平行板的间距，并选择板壁表面性质。然后点击“OK”，完成参数设置，并退出对话框。软件会根据设置的参数，自动设计一个研究体系，并在图形窗口中显示出来。这时候的分子链是整齐排列的结晶状态，两种不同的分子链段分别使用红色和绿色表示，两块平行板使用蓝色表示。如图 3(b)所示。

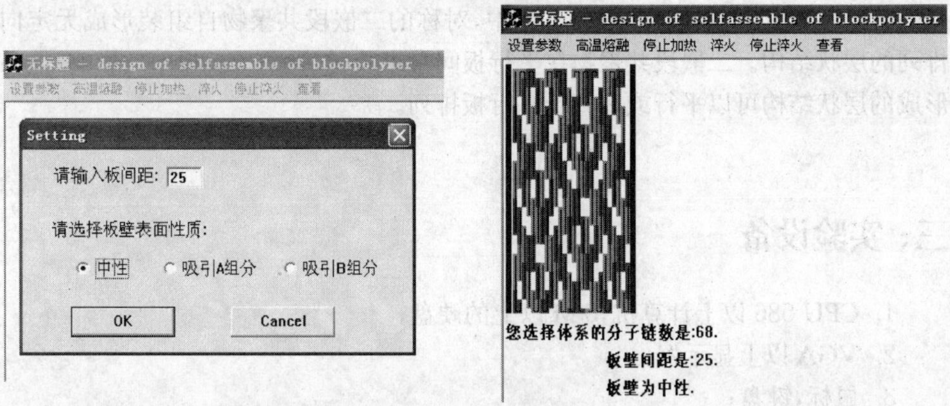

(a) (b)

图 3 设置体系参数

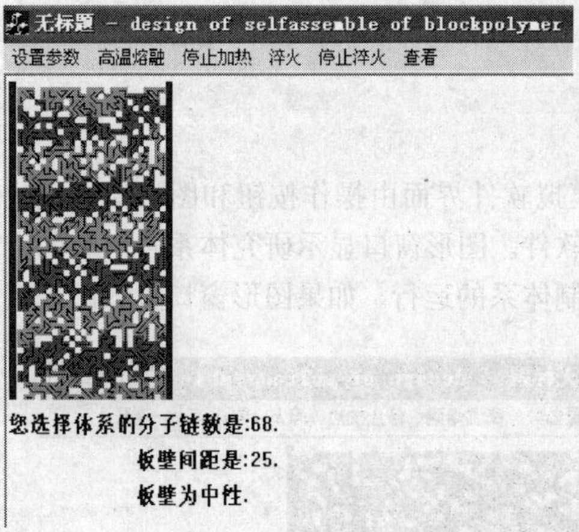

图 4 二嵌段对称聚合物体系自组装形成垂直于板的层状结构

点击操作按钮“高温熔融”，分子链开始在高温状态下熔融，进行无规运动 ($1/kT = 0$)。目测体系运行到均匀的混乱状态后(即两种不同颜色的组分在板间均匀分布)，点击操作按钮“停止加热”，即停止体系的无规运动。点击“淬火”，体系开始在较低温度下 ($1/kT \neq 0$) 发生相分离，自组装形成层状结构。在二维模拟中，层状结构显示为绿色或红色的色带(如图 4 所示)。图形窗口会根据体系运行情况，自动绘出相分离的结果。也可以在运行中，点击“查看”实时观察运行结果。

五、数据记录和处理

1. 板壁与组分 A 相互吸引时相分离的实验结果。
2. 板壁与组分 B 相互吸引时相分离的实验结果。
3. 板壁与组分 A 和 B 无相互作用时相分离的实验结果。

六、思考题

1. 对称二嵌段共聚物体系在什么情况下形成平行于板壁的层状结构，在什么情况下形成垂直于板壁的层状结构？

2. 体系在受限状态下的自组装与哪些因素有关？

七、参考文献

1. Chen P，He X H，Liang H J. Effect of surface field on the morphology of a symmetric diblock copolymer under cylindrical confinement [J]. Journal of Chemical Physics，2006(124)：104-906.

2. 杨玉良，张红东. 高分子科学中的 Monte Carlo 方法[M]. 上海：复旦大学出版社，1993.

3. 杨海洋，易院平，朱平平，等. 二维高分子链形态的计算机模拟[J]. 高分子通报，2003(5)：76-80.

4. Matsen M W. Thin films of block copolymer [J]. J. Chem. Phys.，1997(106)：7781-7790.

实验六　密度梯度管法测定聚合物的密度和结晶度

一、实验目的

1. 掌握密度梯度管法测定聚合物密度和结晶度的基本原理。
2. 掌握连续注入法配制密度梯度管的技术以及密度梯度的标定方法。
3. 用密度梯度管法测定聚合物的密度并计算结晶度。

二、实验原理

密度是物质的主要物理参数之一，定义为单位体积物质的质量。用于测定低分子物质(固体)密度的方法一般都适用于聚合物，如采用比重瓶、韦氏天平、膨胀计和等密度法等。本实验采用的密度梯度管法属于等密度法，它是利用阿基米德原理来测定聚合物密度的。取两种密度不同、能以任意比例混合的液体(重液和轻液)，通过简单的装置让其缓慢流入梯度管(磨口塞长玻璃管)中，即可构成液体密度自上而下连续变化的密度梯度管，再用已知密度的玻璃小球标定密度梯度管，并以小球在管中的相对高度对其密度作图，得到一条直线，然后测定聚合物样品在管中的相对高度，从高度－密度的直线关系图上确定样品的密度，也可用内插法计算。本方法设备简单，操作便利，具有非常好的实验精确度，它还可以同时对一定密度范围内多个不同密度的样品进行测定，尤其适合测定很小样品的密度以及观察极小的密度变化，具有很高的灵敏度。

对于结晶聚合物，密度还与反映聚合物内部结构规整程度的结晶度有关。结晶度是结晶聚合物结晶部分含量的量度，是结晶聚合物的重要指标之一，其大小对聚合物的力学性能、热性能、光学性质、溶解性和耐腐蚀性等都有着非常显著的影响。常用的测定聚合物结晶度的方法有X射线分析法、量热法、红外光谱法以及本实验采用的密度法。由密度 ρ 得到结晶度 X_c 的依据是：高分子在晶区作有序规整排列、堆积，使晶区密度 ρ_c 比非晶区密度 ρ_a 要高，或晶区比容 v_c 小于非晶区比容 v_a。根据聚合物的两相结构模型，并假定比容有加和性，

$$v = X_c^w v_c + (1 - X_c^w) v_a \tag{1}$$

式(1)中，X_c^w 是以重量百分数表示的结晶度，则

$$X_c^w = \frac{v_a - v}{v_a - v_c} = \frac{(1/\rho_a) - (1/\rho)}{(1/\rho_a) - (1/\rho_c)} = \frac{\rho - \rho_a}{\rho_c - \rho_a} \cdot \frac{\rho_c}{\rho} \tag{2}$$

再假定密度有线性加和性，即

$$\rho = X_c^v \rho_c + (1 - X_c^v) \rho_a \tag{3}$$

式(3)中，X_c^v 是以体积百分数表示的结晶度，则

$$X_c^v = \frac{\rho - \rho_a}{\rho_c - \rho_a} \tag{4}$$

注意在由密度计算结晶度时假定了晶区密度和比容与完全结晶试样的密度和比容相同，而非晶区密度和比容则与完全非晶试样的密度和比容相同。完全结晶试样的密度和比容可以由晶体结构参数来计算，而完全非晶试样的密度和比容可以根据熔体密度或比容对温度的作图来得到。大多数聚合物的密度和比容数值还可以从手册或文献中查得，本教材附录中列出了一些常见结晶性聚合物完全结晶和完全不结晶时的密度，可供参考。

需要指出的是，尽管结晶度的概念已沿用了很久，但是由于结晶聚合物中存在不同程度的有序结构，晶区与非晶区的界限不很明确，这样就使得准确确定结晶部分的含量比较困难，再则由于测定结晶度的方法不同，涉及的有序状态不同，使得不同方法测得的结果常常有出入。因此，在指出某种聚合物的结晶度时，应注明测量的方法，如本方法测得的结晶度可表示为 $X_{c,d}^w$，$X_{c,d}^v$，下标d表明结晶度是用密度法测定的。

配置密度梯度管的方法有以下三种：

1. 两段扩散法

先把重液倒入密度梯度管的下半段，再把轻液沿着试管壁缓缓注入试管的上半段，两段液体间应有清晰的界面[图 1(a)]。两种液体的交界处逐渐开始扩散，

重液分子向上方轻液部分扩散，同时又受重力的作用而向下，最后达到不同的沉降平衡，形成重液在混合液中的密度分布[图 1(b)中的 *HF*]。同样，轻液分子向下方重液部分扩散，同时又受重液的托浮作用，最后形成轻液在混合液中的密度分布[图 1(b)中的 *GE*]，密度管中的某一混合平面的密度就等于该平面处所含轻液与重液密度的加和[图 1(b)中的 *BGHC*]，最终形成密度梯度[图 1(c)中的 *BC*]。因为密度梯度管比较长，为了加速扩散需要用一根长的搅棒插至试管底部，然后旋转搅拌 10 秒钟，至界面消失。恒温放置 24 至 48 小时，等梯度稳定了方可使用。该方法的缺点是形成梯度的扩散过程太长，且密度梯度的分布呈反“S”型曲线，只有中间的一段直线方可使用。

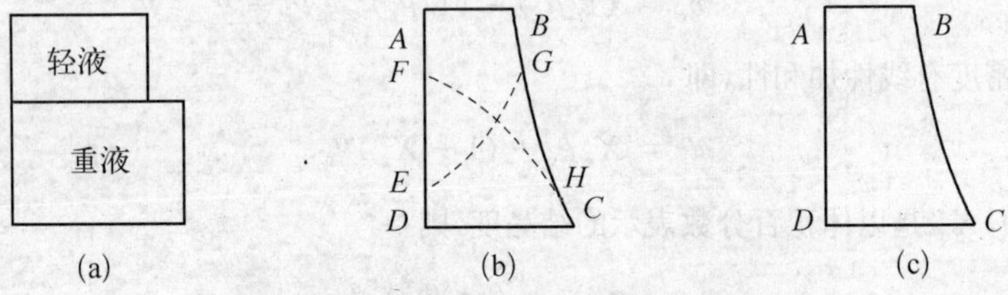

图 1　两段扩散法形成密度梯度示意图

2. 分段添加法

先把重液和轻液按不同比例配成密度差相同的五种或五种以上的混合液，然后由重到轻地往试管中注入等体积的各种混合液，用一根长的搅棒插至试管底部，然后旋转搅拌 10 秒钟，至界面消失。显然，梯度管里液体的层数越多，液体分子的扩散过程就越短，密度梯度分布的线性范围就越宽，但是配成一系列密度差相同的混合液并将其注入试管中增加了实验的周期。

3. 连续注入法

本实验采用的方法。即将密度呈连续变化的液体以连续的方式注入到密度梯度管里，无须通过液体分子的扩散来形成密度梯度，因此与前两种方法相比将更加简单迅速和行之有效。连续注入法制备密度梯度管是通过以下装置实现的(图 2)。在 1 号瓶里装的是重液，2 号瓶里装的是轻液，打开活塞后，轻液将不断地从 2 号瓶流出，而重液将不断地从 1 号瓶流入 2 号瓶，因此打开活塞后，2 号瓶中重液与轻液的比值在连续增加，这样一来，从 2 号瓶出口处流出的液体的密度连续增加，先流出的液体轻，后流出的液体重。先流出的液体首先到达试管的底部，后流出的重液体将把先流出的轻液体从试管的底部托起来，最终在试管中形成上轻下重、密度呈连续分布的液体柱。在水槽中恒温一段时间后，将密度已知的玻璃小球放入，稳定后，测量小球在管中的相对高度，以小球在管中的相对高度对其密度作图，得到一条直线，即为密度梯度标定曲线（如图3所示）。再将样品放入密度梯度管中，测定出样品的高度，从密度梯度标定曲线上即可确定出样品的密度值。

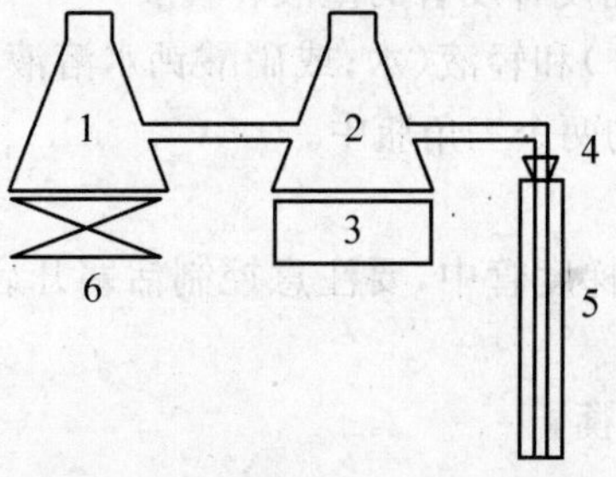

1. 重液体 2. 轻液体 3. 电磁搅拌器
4. 长颈漏斗 5. 密度梯度管 6. 升降台

图2 连续注入法制备密度梯度管装置示意图

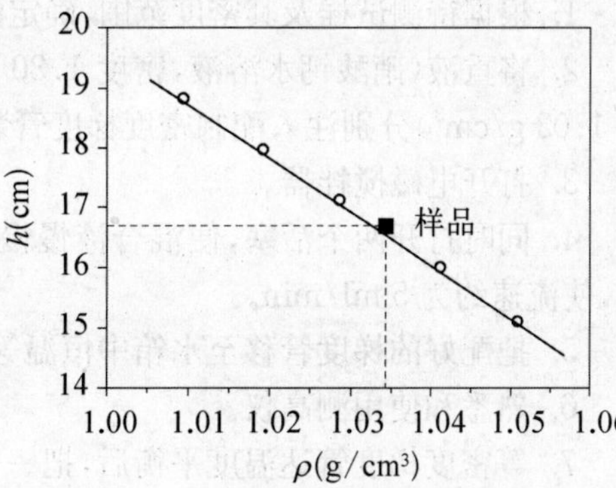

图3 小球在管中的相对高度对其密度作图

根据待测试样及其密度范围，确定配置密度梯度管的重液和轻液，选取的重液与轻液要能以任意比例混溶，能使被测试样浸润，但又不能溶胀、溶解或与之发生化学反应。常用的配制密度梯度的液体及形成的密度范围参见附录中表4。如对于密度较小（0.85～1.00 g/cm^3）的聚乙烯、聚丙烯，可选用乙醇-水体系；对于密度大于1.00 g/cm^{3}的尼龙等，可选用水-无机盐水溶液或二甲苯-四氯化碳体系；而对于密度更大的聚对苯二甲酸乙二醇酯（1.33～1.46 g/cm^3），则可选用正庚烷-四氯化碳体系。

三、仪器和试样

1. 制备密度梯度管的装置（图2）；
2. 精密密度的空心玻璃小球；
3. 测高仪；
4. 电磁搅拌器；
5. 恒温水槽；
6. 硝酸钙水溶液；
7. 待测样品（尼龙6、尼龙66）。

四、操作步骤

1. 根据待测试样及其密度范围，确定配制密度梯度管的重液和轻液。

2. 将重液(硝酸钙水溶液，密度 1.30 g/cm^3)和轻液(水；或硝酸钙水溶液，密度 1.03 g/cm^3)分别注入配制密度梯度管装置的两个三角瓶中。

3. 打开电磁搅拌器。

4. 同时打开两个活塞，便混合液慢慢流入梯度管中，要注意控制活塞开启大小，使流速约为 5 ml/min。

5. 把配好的梯度管移至水箱中恒温等待平衡。

6. 熟悉和使用测高仪。

7. 等密度梯度管达温度平衡后，把一系列已知密度的空心玻璃小球按照由大到小的次序轻轻投入密度梯度管中，平衡后，分别测得它们在密度梯度管中的悬浮高度，借助玻璃小球的已知密度画出密度梯度标定曲线。

8. 测定样品在密度梯度管中的相对高度。取同一种样品 3 块(或 3 粒)，大小约在 2～4 mm。将样品用轻液润湿以后(样品上不允许有小气泡附着)，投入梯度管中，待到高度稳定后测出样品在管中的高度，取 3 次测定的平均值，由标定曲线，求出样品的密度。对于结晶聚合物，根据样品的密度再计算出样品的结晶度。

五、数据记录和处理

试样：________

完全结晶样品的密度 ρ_c：________　　完全非晶样品的密度 ρ_a：________

轻液：________　　轻液密度：________

重液：________　　重液密度：________

1. 标定密度梯度管

小球序号	1	2	3	4	5	6
密度 ρ(g/cm^3)						
高度 h(mm)						

以小球在管中的相对高度 h 对其密度 ρ 作图，得到一条直线。

（附上 h 对 ρ 的作图）

2. 测出待测试样在密度梯度管中的高度

试　样	1	2	3
高度(mm)			
平均高度(mm)			

根据聚合物样品在管中的相对高度(取平均值)，从高度-密度的直线关系图上确定样品的密度，也可用内插法计算。

d：________

3. 计算样品的结晶度(从附表中查出完全结晶样品的密度 ρ_c 和完全非晶样品的密度 ρ_a)。

$X_{c,d}^{w}$：________

$X_{c,d}^{v}$：________

六、思考题

1. 密度法确定聚合物结晶度的原理是什么？需作哪些假定？

2. 如何选择重液和轻液？

3. 你还知道哪些测定聚合物结晶度的方法？为什么不同方法测得的聚合物结晶度不能相互比较？

七、参考文献

1. 何平笙，朱平平，杨海洋.谈谈聚合物的结晶形态问题[J].化学通报，2003，66(3)：210-212.

2. 徐种德，何平笙，周漪琴，等.高聚物的结构与性能[M].北京：科学出版社，1981；马德柱，何平笙，徐种德，2 版，1995.

3. 朱平平，何平笙，杨海洋.通过词义辨析讲透“高分子物理”课程中的基本概念[J].高分子通报,2007(9):59-61.

4. 冯开才,李谷,符若文,等.高分子物理实验[M].北京:化学工业出版社,2004.

5. 邵毓芳,嵇根山.高分子物理实验[M].南京:南京大学出版社,1998.

6. 北京大学化学系高分子化学教研室.高分子物理实验[M].北京:北京大学出版社,1983.

7. 复旦大学高分子科学系,高分子科学研究所.高分子实验技术[M].上海:复旦大学出版社,1996.

实验七　偏光显微镜法观察聚合物的球晶形态并测定球晶的径向生长速率

一、实验目的

1. 熟悉偏光显微镜的构造，掌握偏光显微镜的使用方法。

2. 观察聚丙烯或聚乙二醇在不同温度下结晶形成的球晶形态，并测量球晶大小。

3. 测定聚丙烯或聚乙二醇球晶的径向生长速率。

二、实验原理

结晶形态是指单个晶粒的大小、形状以及它们的聚集方式。聚合物由于其长链结构以及分子间相互作用等特点，其结晶形态受外界条件影响很大，即在不同条件下形成的结晶形态极为不同，主要有单晶、球晶、串晶、柱状晶、伸直链晶体、单链单晶等。除了球晶外，其他结晶形态都要在特殊的条件下或具有特殊结构的聚合物才能形成，而球晶是聚合物结晶的最常见也是最典型的一种形态。当结晶聚合物在不存在应力和流动的情况下，由熔融态冷却或由玻璃态升温或从浓溶液中析出结晶时，一般都形成呈现球形外观的晶体，故称为球晶。

图 1 显示的聚乙烯球晶照片很是形象，通过小心腐蚀本体聚乙烯的表面可以把聚乙烯的非晶部分剥蚀掉，留下聚乙烯的球晶形态。用扫描电镜在并不太高的放大倍数下就能观察到这种非常清晰的圆球状轮廓。

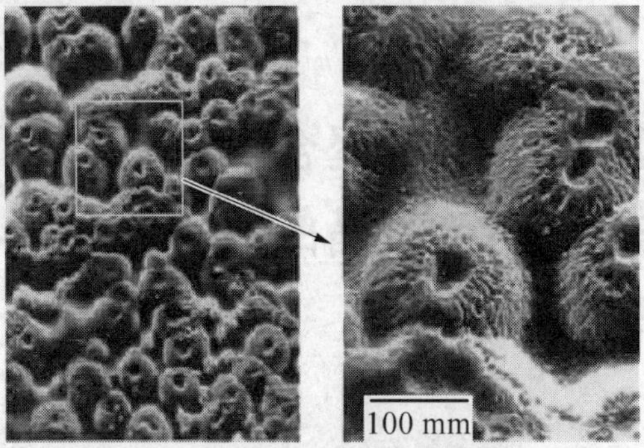

图1　聚乙烯球晶的扫描电镜照片。右图是局放放大的照片

一般认为球晶的生长过程是按下列顺序发生的：

(1) 具有相似构象的高分子链段聚集在一起，形成一个稳定的原始核；

(2) 随着更多的高分子链段排列到核的晶格中，核逐渐发展成一个片晶；

(3) 片晶不断地生长，同时诱导形成新的晶核，并逐渐生长分叉，原始的晶核逐渐发展成一束片晶；

(4) 这一束片晶进一步生长，并分叉生长出更多的片晶，最终形成一个球晶。

采用原子力显微镜(AFM)对聚合物结晶过程进行原位观测(见图2)，结果很好地证实了上面的描述。球晶在开始生长时经历了捆束状片晶的形成和发展并逐渐成为球晶。这个过程中，一个原始晶核发展成一个片晶，此片晶不断地诱导生成新的核并发展出许多分枝片晶，新的分枝片晶也会不断诱导成核和进一步生长，逐渐形成一捆束状片晶簇，片晶簇中的片晶不断生长、分枝和向外发散，片晶簇边缘的片晶生长合拢后，形成球状结构。

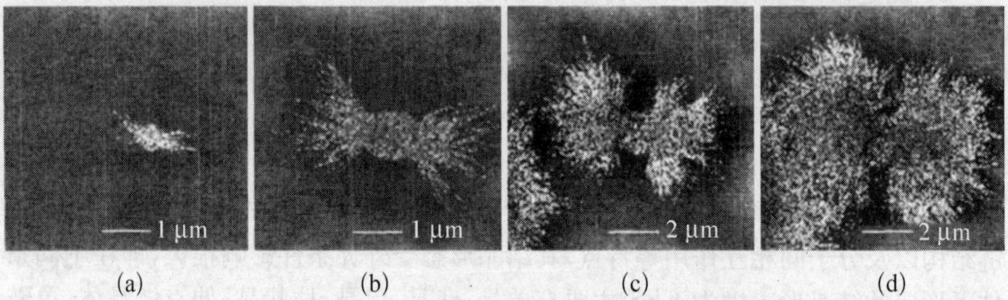

图2　原子力显微镜观察的聚双酚A正辛烷醚球晶生长过程

但是，在聚合物结晶过程中，所谓的球状外形只能在一定的生长时期内保持，即球晶间距离较大且没有相互接触时，如晶核较少、球晶较小时。当球晶生长扩大到相互接触时，它们之间就会形成非球形的界面。图3是原子力显微镜观察到的聚(双酚A2-正癸二醇醚)球晶的生长过程，(a)是生长中的两个球晶，随着片晶的发散生长，球晶的半径逐渐增大，导致两球晶之间的距离逐渐减小。由图(a)可见，片晶束的发散生长方向基本与半径方向一致，但由于不断地出现小角度分叉，使每

个片晶的生长方向和半径方向略有偏差，因此当两球晶相遇时，生长的片晶逐渐相交并相互终止，形成一个明显的界面，如图(b)所示。

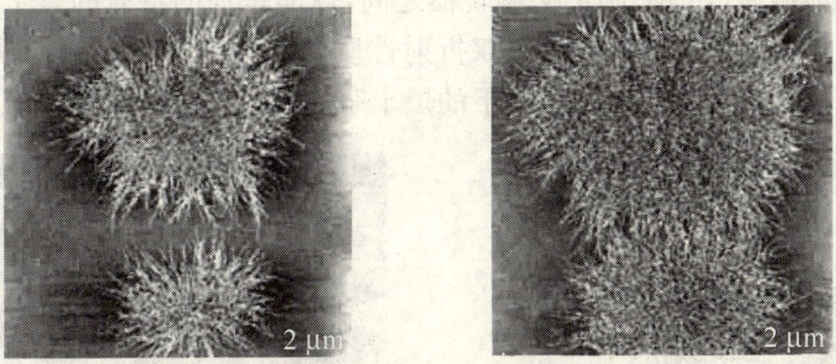

(a)　　　　　　(b)

图 3　原子力显微镜观察的聚(双酚 A2 -正癸二醇醚)球晶生长过程

(a) 生长的两个球晶；(b) 接触的两个球晶

球晶直径一般在 0.5～100 μm，大的甚至可达厘米数量级。5 μm 以上较大的球晶很容易在光学显微镜下观察到。如图 4 所示，在偏光显微镜下，也可以清楚地观察到球晶间形成了界面。不难想象，同时成核并以相同速率开始生长的两球晶之间的界面是一个平面，而且这个平面垂直平分两球晶核心的连线。而不同时间开始生长或生长速率不同的两球晶之间的界面是回转双曲面。当球晶生长到充满整个空间时，球晶将不再是球状的外形，而是一个不规则的多面体。

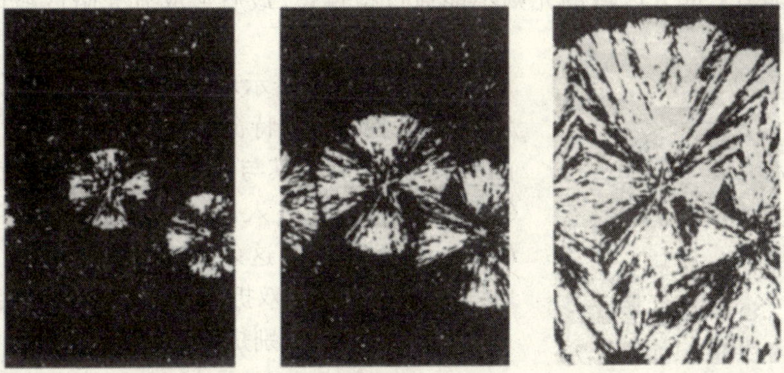

图 4　偏光显微镜观察的聚乙二醇球晶生长过程

对球晶内部结构细节的进一步研究表明，球晶中高分子链的链节是取向的。由于球晶是由径向发射生长的微纤组成的，这些微纤就是长条状的晶片，在这些晶片中，分子链取垂直于晶片平面方向排列，因而分子链总是与球晶的半径垂直，见图5。这样在平行和垂直于球晶半径的两个方向上，折射率是不一样的。

在偏光显微镜(PLM)两正交偏转器之间，球晶呈现的特有的黑十字(Maltese Cross)消光图像就是聚合物球晶的双折射性质和对称性的反映，图6所示的是全同立构聚苯乙烯球晶在偏光显微镜下的黑十字消光图像。

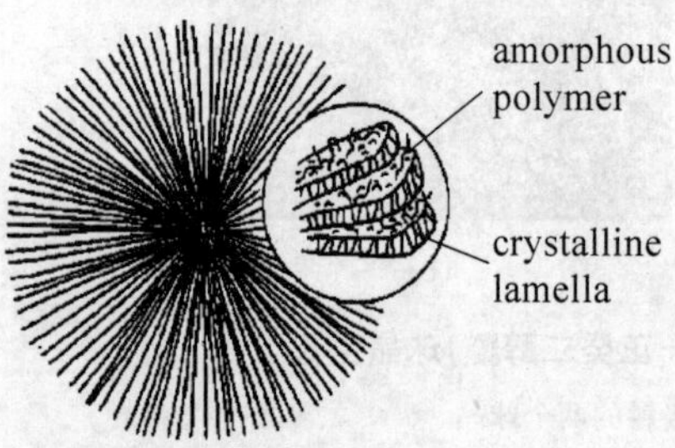

图5 球晶结构示意图

图6 全同立构聚苯乙烯球晶的偏光显微镜照片

一束自然光通过起偏镜后，变成平面偏振光，其振动方向都在同一个方向上。当这束偏振光通过球晶(各向异性)时，发生双折射，分成两束电矢量相互垂直的偏振光，即分别平行和垂直于球晶的半径方向。由于这两个方向上的折射率不同，这两束光通过样品的速率是不等的，必然要产生一定的相位差而发生干涉现象，结果使通过球晶的一部分区域的光可以通过与起偏镜正交的检偏镜，而通过球晶另一部分区域的光则不能通过检偏镜，最后形成有亮暗区域的图像。具体分析如下。

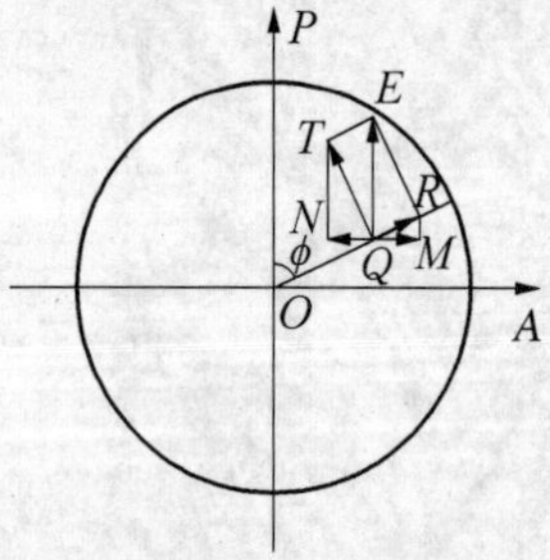

图7 偏光显微镜下球晶黑十字消光图像形成原理示意图

图7中，O 点表示球晶晶核，OP、OA 分别表示起偏镜、检偏镜的特征方向，$OP \perp OA$。考虑球晶中某处(Q 点)，其与晶核(O 点)的连线 OQ 与 OP 的夹角为 ϕ，进入 Q 点的偏振光 E 表示为 $E_0 \sin \omega t$(其中 E_0 为这束光的振幅，ω 为频率，t 为时间)，在 Q 点发生双折射后，分解为两束电矢量相互垂直的偏振光，分别是

$$R: R_0 \sin \omega t = E_0 \cos \phi \sin \omega t$$

$$T: T_0 \sin(\omega t - \delta) = E_0 \sin \phi \sin(\omega t - \delta)$$

这里，δ 为两束光之间的相位差。这两束光能通过检偏镜的电矢量分量分别是

$$M: M_0\sin\omega t = E_0\cos\phi\sin\phi\sin\omega t \ (QM /\!/ OA)$$

$$N: N_0\sin(\omega t - \delta) = E_0\sin\phi\cos\phi\sin(\omega t - \delta) \ (QN /\!/ OA)$$

则它们的合成波为

$$E_0\cos\phi\sin\phi\sin\omega t - E_0\sin\phi\cos\phi\sin(\omega t - \delta)$$
$$= E_0\sin 2\phi\sin\frac{\delta}{2}\cos\left(\omega t - \frac{\delta}{2}\right)$$

其强度为

$$I = E_0^2\sin^2(2\phi)\sin^2\left(\frac{\delta}{2}\right)$$

当 $\phi = 0$，$\frac{\pi}{2}$，π 和 $\frac{3}{2}\pi$ 时，$I = 0$；而当 $\phi = \frac{\pi}{4}$，$\frac{3}{4}\pi$，$\frac{5}{4}\pi$ 和 $\frac{7}{4}\pi$ 时，$I = E_0^2\sin^2\left(\frac{\delta}{2}\right)$，达到极大值。即，在与起偏镜和检偏镜的特征方向相平行的位置都发生消光，故称为黑十字消光，而在与它们成45°角的方向上光最为明亮。

而对于各向同性的非晶态聚合物，则不会发生上述的双折射现象，光线必然要被与起偏镜垂直的检偏镜完全阻挡，视场黑暗。

对于半结晶聚合物，由于在通常条件下很难达到100%结晶，根据两相结构模型，聚合物中是两相共存的，即含有晶区和非晶区，非晶区又可分为球晶间的非晶区和片晶间的非晶区，球晶间的非晶区可认为是“完全”的非晶态，而片晶间的非晶区通常包含链端、链的弯曲部分、两晶片间的链段、低分子量部分等，具有一定程度的有序结构。通过对半结晶聚合物的热分析和动态力学性能测试，可以检测到两种非晶区的存在。在图4和图6中，球晶间的黑暗区域可认为就是球晶间的非晶区，而在图5的示意图中也标出了片晶间的非晶区。

不同聚合物的结晶能力和速率相差较大，有的聚合物非常容易结晶，有的则不容易结晶，还有一些聚合物却不能结晶。聚合物的结晶过程与小分子物质类似，也包括晶核的形成、晶粒的生长两个步骤，结晶速率则包括成核速率、径向生长速率和总结晶速率。

影响聚合物结晶过程的因素很多，包括高分子结构、温度、溶剂、应力、杂质等，其中温度是一个非常重要的因素。聚合物在玻璃化温度与熔点之间的任意温度都能结晶，并且总结晶速率与温度的关系图呈单峰形曲线，在某一温度，结晶速率达极大，因此这一温度又被称为最大结晶速率温度 T_{max}。根据大量聚合物的结晶数

据，有人提出估算 T_{max} 的经验关系式

$$T_{max} = 0.63T_m + 0.37T_g - 18.5$$

以及

$$T_{max} \approx 0.85T_m$$

聚合物结晶速率与温度的这种关系，是由于成核速率和晶粒生长速率的温度依赖性不同而形成的。成核分均相成核和异相成核。均相成核是指高分子链段靠热运动形成有序排列的链束，只能在较低的温度下形成；而异相成核则是以外来杂质、未完全熔融的结晶高分子、分散的小颗粒固体或容器器壁为中心，吸附熔体中的高分子链作有序排列而形成晶核，可以在较高的温度下发生。随着温度降低，均相成核速率逐渐增大。晶粒生长速率则取决于链段向晶核扩散和规整堆砌的速率，随着温度升高，本体黏度减小，链段的活动能力增加，晶体生长速率要增加。因此在靠近玻璃化温度处，虽然晶核较易形成，但由于晶粒生长速率较小，因此聚合物总结晶速率较小；随着温度的升高，晶粒生长速率增大，因此结晶速率增大；到某一适当的温度时，成核和生长速率都较大，聚合物结晶速率出现极大值；此后，虽然晶粒生长速率仍然较大，但由于成核速率的逐渐降低，因此结晶速率也随之减小。当温度升到熔点以上，晶体将被熔融，而在玻璃化温度以下，链段运动被冻结，结晶也不可能发生。因此聚合物只在玻璃化温度与熔点之间的任意温度结晶。

本实验选取的聚合物为聚丙烯和聚乙二醇，并将熔体冷却后在不同温度下（选取玻璃化温度与熔点之间的三个温度）对聚合物进行热处理，用偏光显微镜观察结晶形成的球晶黑十字消光图像，以及测量球晶大小。再选取某一温度，在偏光显微镜下测量球晶的径向生长速率。

三、仪器和样品

1. XPT－7 偏光显微镜一台（图 8）和附件一盒；
2. 成像系统一套；
3. 恒温电热板、冰水浴；
4. 盖玻片、载玻片等；

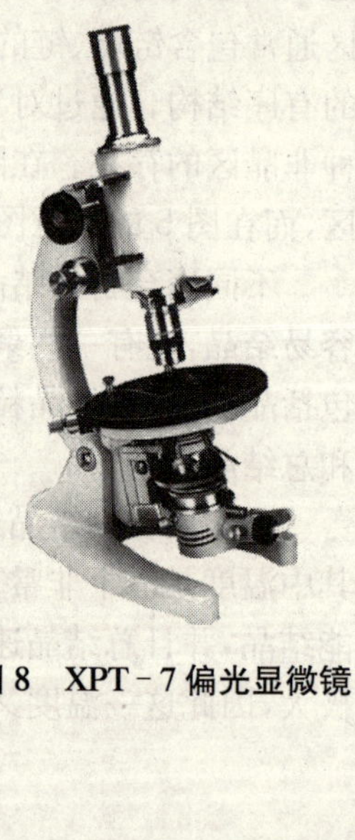

图 8　XPT－7 偏光显微镜

5. 聚丙烯、聚乙二醇。

四、实验步骤

1. 显微镜的调整及使用

(1) 起偏振镜特征方向的确定

将检偏振镜自仪器上推出，只留下起偏振镜并观察工作台上的黑云母切片。转动工作台，当黑云母解理与起偏振镜的特征方向平行时，黑云母吸收性最强，此时晶体呈现深棕色；当黑云母解理与起偏振镜的特征方向垂直时，黑云母吸收性微弱，此时晶体呈现浅黄色。本仪器上起偏振镜的特征方向为观察者的左右方向。

(2) 起偏振镜与检偏振镜特征方向正交位置的确定

为观察清楚，应取下目镜、物镜并拨开聚光镜。将检偏振镜推入，观察视场，转动起偏振镜至视场最暗，即为起偏镜与检偏镜特征方向处于正交位置。此时起偏振镜刻应对准 0°(或 180°)。

(3) 工作台中心与物镜光轴调至一条直线上(图 9)

观察工作台上样品，在样品上找一黑点，使其位于目镜十字线中心 O 点。转动工作台，若工作台中心不与物镜光轴在一条直线上，黑点即离开十字线中心绕一个圆转动。圆的中心 S 即为工作台中心。将小黑点转至 O_1，此时小黑点离 O 点最远，借助物镜座上两个调节螺丝调节使 S 点与 O 点重合，即 O_1点往 O 点方向靠近了 O_1点与 O 点间距的一半。如此循环进行上述操作，可使工作台中心与物镜光轴调至一条直线上。

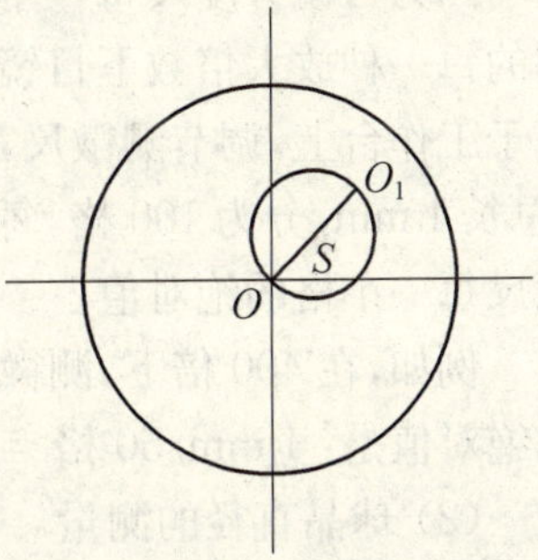

图 9　工作台中心与物镜光轴调至一条直线上

(4) 粗调手轮和微调手轮的使用

使用时，先旋转微调手轮，使微动处于中间位置，再转动粗调手轮，同时从侧面直接观察，将镜筒下降靠近样品盖玻片，然后在用目镜观察过程中慢慢提升镜筒至图像清晰为止。这样做可避免物镜碰到盖玻片而损坏镜头或压碎盖玻片。

(5) 关于拉索透镜

用低放大倍数物镜时，应将拉索透镜移出光路；只有在用高放大倍数物镜以及观察锥光图像时才把拉索透镜引入光路。

2. 聚合物样品的制备

将洗净的盖玻片放在恒温电热板上，在选定的温度（一般比聚合物熔点高30 ℃）下恒温 5 分钟左右，然后将少许聚合物放在盖玻片上，并盖上另一块盖玻片，恒温 10 分钟左右待聚合物完全熔融后，轻压盖玻片至试样成薄片。

将夹有试样的盖玻片迅速移到另外的恒温电热板上或冰水中(温度选取在聚合物玻璃化温度与熔点之间的三个温度)，并放置一段时间使试样结晶，计时。对于聚丙烯，结晶温度可选取 100 ℃，50 ℃和 0 ℃。

3. 聚合物结晶形态的观察

不同条件下(如结晶温度、结晶时间等)聚合物形成的球晶形态是不一样的，在正交偏振条件下观察形态，比较它们的差异，记录观察的结果。

将目镜换下，装上成像系统，将显示在计算机屏幕上的球晶形态图像保存并打印。

4. 球晶直径的测量

(1) 目镜分度尺的标定

因为目镜分度尺每一小格绝对值随显微镜放大倍数不同而不同，所以对于使用的每一种放大倍数下目镜分度尺的绝对值要预先标定。推出检偏镜，把测微尺置于工作台上，调节测微尺，使其基线与目镜分度尺的基线重合，观察测微尺 1 mm (总长 1 mm，分为 100 格，每格 0.01 mm)与目镜分度尺哪一小格重合，即可计算分度尺每一小格的绝对值。

例如，在 400 倍下，测微尺 100 格与目镜分度尺 50 格重合，则分度尺每一小格的绝对值是：1 mm/50 格 = 0.02 mm/格。

(2) 球晶直径的测量

将夹有试样的盖玻片放在载玻片上，置于工作台上，在正交偏振条件下观察球晶形态，读出相邻两球晶中心连线在分度尺上所占的格数，乘以分度尺每一小格的绝对值，即可估算球晶的直径。

5. 球晶径向生长速率的测量

选取一适宜的结晶温度，跟踪聚合物的结晶过程，即在偏光显微镜下观察晶核的形成、晶粒的生长，每隔 5 分钟(间隔长短取决于聚合物结晶速率)记录一次球晶直径，最后根据球晶直径对相应的结晶时间的作图，求得斜率，即为该温度下球晶的径向生长速率。

五、数据记录和处理

1. 制备球晶试样

样品：________

样品序号	熔融温度(℃)	熔融时间(min)	结晶温度(℃)	结晶时间(min)
1				
2				
3				

2. 观测球晶

偏光显微镜型号：________　　显微尺总长(100 格)：________

样品序号	物镜倍数	目镜倍数	总放大倍数	显微尺长度(mm)	分度尺读数(格)	分度尺比例(mm/格)	球晶直径(μm)
1							
2							
3							

3. 获取球晶的黑十字消光图像

采用显微镜成像系统实时摄录样品的黑十字消光图像，并保存于计算机中，打印图像。

4. 测定球晶的径向生长速率

样品：________　结晶温度：________　分度尺比例(mm/格)：________

结晶时间(min)	0	5	10	15	20	25	30
相邻球晶中心距离(格)							
球晶直径(μm)							

以球晶直径对相应的结晶时间作图，求得斜率，即为该温度下球晶的径向生长速率。

六、思考题

1. 在偏光显微镜两正交偏振片之间，球晶呈现特有的黑十字消光图像。简述其原理。

2. 结合聚合物结晶特点和本实验结果，讨论结晶温度对球晶尺寸的影响。

3. 球晶是一种最常见的聚合物结晶形态，视结晶条件的不同，聚合物还可能形成哪些结晶形态？

七、参考文献

1. 何平笙，朱平平，杨海洋. 谈谈聚合物的结晶形态问题[J]. 化学通报，2003，66(3)：210-212.

2. 徐种德，何平笙，周漪琴，等. 高聚物的结构与性能[M]. 北京：科学出版社，1981；马德柱，何平笙，徐种德，2 版，1995.

3. 罗艳红，姜勇，雷玉国，等. 原子力显微镜研究高聚物结晶的最新进展[J]. Chinese Science Bulletin(科学通报)，2002，47(15)：1121-1125.

4. 王曦，刘朋生，姜勇，等. 原子力显微镜原位观察球晶界面上片晶的生长[J]. 高分子学报，2003(5)：761-764.

5. 朱平平，杨海洋，何平笙. 在“高聚物的结构与性能”课程中应该引入的几个新概念[J]. 高分子通报，2003(3)：80-82.

6. 朱平平，何平笙，杨海洋. 高分子中的整体与局部[J]. 化学通报，2003，66(6)：w47.

7. 徐军，郭宝华，张增民，等. 聚羟基丁酸酯环带球晶的形貌研究[J]. 高等学校化学学报，2002，23(6)：1216-1218.

8. 范泽夫，王霞瑜，姜勇，等. 原子力显微镜研究环带球晶的形貌和片晶结构[J]. 中国科学 B 辑，2003，33(1)：40-46.

9. 何曼君，陈维孝，董西侠. 高分子物理[M]. 修订版. 上海：复旦大学出版社，1990.

实验八　用小角激光散射图像仪测定聚合物球晶尺寸

一、实验目的

1. 了解小角激光散射法的基本原理。
2. 用小角激光散射法测定聚合物的球晶半径。

二、实验原理

小角激光散射法(Small Angle Light Scattering,简称 SALS)是 20 世纪 60 年代发展起来的一种实验方法,研究范围在 0.5 微米到几十微米之间,与聚合物球晶大小相当,因此可以用于研究聚合物的结晶过程、测定球晶大小及球晶生长速率,球晶中分子链的取向和球晶的正负性,以及结晶聚合物在外力作用下球晶的变形过程、晶粒的取向等。本方法测量速度快且不破坏试样,特别是对偏光显微镜难以辨认的小球晶能进行有效的测量。

图 1 是小角激光散射法的测量原理,激光器发射的平行光束经过起偏镜照射到样品上,产生散射,散射光经检偏镜后显示在毛玻璃上,图 1 反映的是聚合物样品的一种散射图样。如果用照相机代替毛玻璃,就可以把样品散射图样拍摄保存,然后进行进一步测量分析。而如果用 CCD 摄像机来代替传统的照相底片,这样就能够达到实时测量的目的,进一步对 CCD 摄取的图片进行数字化处理,可以使测量更加简单、准确。

根据光散射理论,当光波进入物体时,在光波电场作用下,物体产生极化现象,出现由外电场诱导而形成的偶极矩。光波电场是一个随时间变化的量,因而诱导

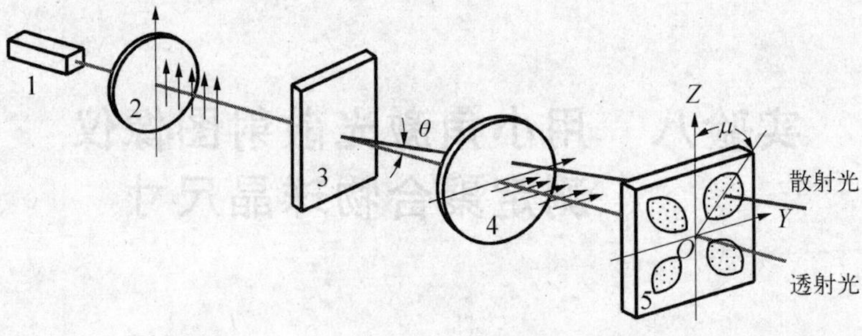

1. 激光器　2. 起偏镜　3. 样品　4. 检偏镜　5. 毛玻璃

图 1　小角激光散射法原理示意图

偶极矩也就随时间变化而形成一个电磁波的辐射源，由此产生散射光。光波在物体中的散射，根据谱频的 3 个频段，可分为瑞利（Rayleigh）散射、拉曼（Raman）散射和布里渊（Brillouin）散射等。而 SALS 方法是可见光的瑞利散射。它是由于物体内极化率或折射率的不均一性引起的弹性散射，即散射光的频率与入射光的频率完全相同（拉曼散射和布里渊散射都涉及到频率的改变）。

如图 1 所示，当在起偏镜和检偏镜之间放入一个聚合物的球晶样品时，入射偏振光将被样品散射成某种花样图。当起偏镜与检偏镜的偏振方向均为垂直方向时，得到的光散射图样叫做 V_v 散射；当两偏光镜正交时，得到的光散射图叫做 H_v 散射，图 1 所示的四叶瓣状图形即为 H_v 散射图样。图中的 θ 为入射光方向与散射光方向之间的夹角，称为散射角，μ 为散射光方向在 YOZ 平面（底片平面）上的投影与 Z 轴方向的夹角，称为方位角。

对球晶的小角激光光散射图形的理论解释目前有模型法和统计法两种。其中，用模型法来处理较为简单。所谓模型法，是斯坦和罗兹从处于各向同性介质中的均匀的各向异性球的模型出发来描述聚合物球晶的光散射，根据瑞利-德拜-甘斯（Rayleigh - Debye - Gans）散射的模型计算法可以得到如下的散射光强度公式：

$$I_{V_v} = AV_0^2\left(\frac{3}{U^3}\right)^2\left[(\alpha_t - \alpha_s)(2\sin U - U\cos U - \mathrm{SiU}) + (\alpha_r - \alpha_s)(\mathrm{SiU} - \sin U) + (\alpha_r - \alpha_t)\cos^2\frac{\theta}{2}\cos^2\mu \times (4\sin U - U\cos U - 3\mathrm{SiU})\right]^2 \tag{1}$$

$$I_{H_v} = AV_0^2\left(\frac{3}{U^3}\right)^2\left[(\alpha_t - \alpha_r)\cos^2\frac{\theta}{2}\sin\mu\cos\mu \times (4\sin U - U\cos U - 3\mathrm{SiU})\right]^2 \tag{2}$$

式中 I 为散射光强度，V_0 为球晶体积，α_t 和 α_r 分别为球晶在切向和径向的极化率，α_s 为环境介质的极化率，A 为比例常数。SiU 为一正弦积分，定义为 $\mathrm{SiU}=\int_0^U \frac{\sin x}{x}\mathrm{d}x$，$U$ 为形状因子。对于半径为 R_0 的球晶

$$U=\left(\frac{4\pi R_0}{\lambda'}\right)\sin\left(\frac{\theta'}{2}\right) \tag{3}$$

式中 λ'和 θ'分别为光在聚合物中的波长和散射角。

从式(1)和(2)可以看出 V_v 散射强度与 $(\alpha_t-\alpha_s)$，$(\alpha_r-\alpha_s)$ 和 $(\alpha_r-\alpha_t)$ 三项都有关，H_v 散射强度只与球晶的光学各向异性项 $(\alpha_t-\alpha_r)$ 有关，而与周围介质无关。此外，H_v 散射强度还与方位角 μ 和散射角 θ 有关，H_v 散射图样呈对称的四叶瓣形。对于某一散射角 θ，当 $\mu=90°$、180°、270°、360°时，$\sin\mu\cos\mu=0$，因此在这四个方位的散射光强 $I_{H_v}=0$；而当 $\mu=45°$、135°、225°、315°时，$\sin\mu\cos\mu$ 有极大值，因此在这四个方位(即在叶瓣中间)的散射光强也将出现极大值。同理，V_v 散射图样呈二叶瓣形状。而当各向异性项贡献很小时，也可呈圆对称性。塞缪尔斯(Samuels)计算了全同立构聚丙烯薄膜 SALS 的理论值，并用等强度线画出，理论花样和实验 SALS 花样取得了很好的一致。当然，实际的测定和理论的计算总会有些偏差。由于在进行理论上的计算时既没有考虑球晶间的相互作用，也没有考虑球晶内部密度和各向异性起伏对散射的影响，在 θ 角很小或较大时，实验光强值比理论光强值要大些。

通过实验得到的 H_v 散射花样，可以方便地计算出球晶半径 R_0。对于某一固定方位角 μ 而言，(2)式中的 V_0、$(\alpha_t-\alpha_r)$、$\cos\mu$ 和 $\sin\mu$ 为常数，并在小角度测定的情况下，$\cos^2\left(\frac{\theta}{2}\right)$接近于1，于是式(2)可改写为

$$I_{H_v}=B\left[\frac{1}{U^3}(4\sin U-U\cos U-3\mathrm{SiU})\right]^2 \tag{4}$$

式中 B 为常数。从式(4)可以得散射光强 I_{H_v} 在极大值时，$U_m=4.09$，代入式(3)，得

$$U_m=\left(\frac{4\pi R_0}{\lambda'}\right)\sin\left(\frac{\theta'_m}{2}\right)=4.09 \tag{5}$$

或

$$R_0 = \frac{4.09\lambda'}{4\pi\sin\left(\frac{\theta'_m}{2}\right)} \tag{6}$$

根据折射定律，$\sin\left(\frac{\theta'_m}{2}\right) = \frac{1}{n}\sin\left(\frac{\theta_{m,a}}{2}\right)$，$\lambda' = \frac{1}{n}\lambda_a$，其中 n 为聚合物的折射率；$\theta_{m,a}$为经聚合物折射后的散射角(空气中)，λ_a 为光在空气中的波长。改写式(6)为

$$R_0 = \frac{4.09\lambda_a}{4\pi\sin\left(\frac{\theta_{m,a}}{2}\right)} \tag{7}$$

因此，通过对 H_v 散射花样图进行光密度的测定求取最大散射光强位置所对应的散射角 $\theta_{m,a}$，即可根据式(7)计算出球晶半径 R_0。按下式计算 $\theta_{m,a}$，$\theta_{m,a} = \arctan\frac{d}{L}$，这里 d 为H_v 图像中心到最大散射强度位置的距离，L 为样品到图像中心的距离。当采用氦氖激光器作光源时，$\lambda_a = 0.632\,8\ \mu\text{m}$，则有

$$R_0 = \frac{4.09\lambda_a}{4\pi\sin\left(\frac{\theta_{m,a}}{2}\right)} = \frac{0.206}{\sin\left(\frac{\theta_{m,a}}{2}\right)}(\mu\text{m}) \tag{8}$$

从式(8)可看到，球晶越小，$\theta_{m,a}$则越大，对应的四叶瓣图形也越大。因此对于尺寸在 5 微米以下的小球晶，在用偏光显微镜已难以观察时，用小角激光散射法可以方便地获得其大小、形态和内部结构的大量信息。本实验采用 CCD 数字摄像机实时摄录样品 H_v 和 V_v 等光散射图像的变化并显示或保存于计算机中，然后选取样品散射图片，根据电子标尺对散射图片进行矫正，输入必要的测量参数就可以自动计算出样品 R_0 的值。

若在聚合物结晶过程中(球晶生长过程中)摄取散射图形随时间的变化，还可求得球晶的生长速率。通过观察球晶的 V_v 图像，还可确定球晶的双折射正负性。

三、仪器和试样

本实验所用仪器为中国科学技术大学和中国科学院合肥物质科学研究院共同

研制的小角激光散射图像仪，图 2 为它的光路图。

试样：聚丙烯颗粒。

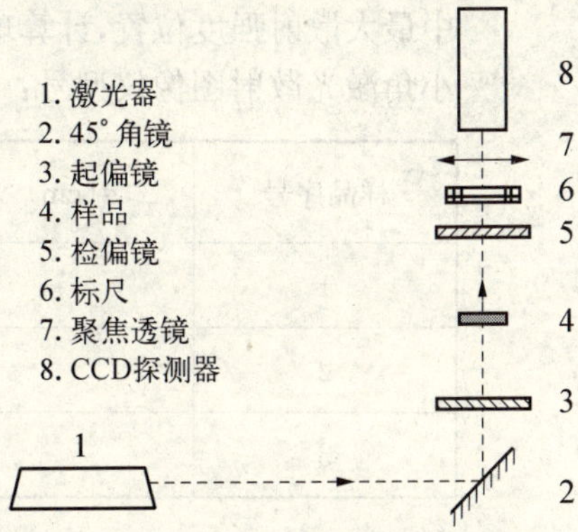

图 2　小角激光散射图像仪光路图

四、实验步骤

1. 制备聚丙烯球晶样品（参看实验七相关内容）。

2. 开启激光电源，选择激光器最佳工作电流，即激光输出稳定，而放电电流尽量小。

3. 将样品置于样品台上，调整检偏镜，使其振动方向与起偏镜振动方向垂直，观察 H_v 散射图像。

4. 根据电子标尺对 H_v 散射图像进行矫正，并进行光密度的测定，确定最大散射强度位置，记录 H_v 图像中心到最大散射强度位置的距离 d 以及样品到图像中心的距离 L。

5. 调整检偏镜，使其振动方向与起偏镜振动方向平行，观察球晶的 V_v 散射图像，确定球晶的双折射正负性。

五、数据记录和处理

1. 制备球晶试样

样品：________

样品序号	熔融温度(℃)	熔融时间(min)	结晶温度(℃)	结晶时间(min)
1				
2				
3				

2. 记录球晶的小角激光散射的 H_v 图像，并进行光密度的测定，确定 H_v 图像

中最大散射强度位置，计算球晶的平均半径 R_0。记录如下。

小角激光散射图像仪型号：________　　激光波长：________

样品序号	d(cm)	L(cm)	θ_m	R_0(μm)
1				
2				
3				

3. 观察球晶的小角激光散射的 V_v 图像，确定球晶的双折射正负性

正球晶：________(列入样品序号)

负球晶：________(列入样品序号)

4. 打印各个样品的小角激光散射图像(附 H_v 和 V_v 图)。

六、思考题

1. 小角激光散射图像仪是研究聚合物球晶(形态、平均尺寸、正负性、结晶速率等)的有效工具。它适合测量的球晶尺寸大约是多少?

2. 当球晶较小时，用偏光显微镜研究已很困难，然而球晶愈小，小角激光散射图像愈大。简述其原因。

七、参考文献

1. R.S. 斯坦.散射和双折射方法在高聚物织构研究中的应用[M].徐懋等，译.北京：科学出版社，1983.

2. 左架.激光光散射原理及在高分子科学中的应用[M].郑州：河南科学技术出版社，1994.

3. 何曼君，陈维孝，董西侠.高分子物理[M].修订版.上海：复旦大学出版社，1990.

4. 何平笙，朱平平，杨海洋.谈谈聚合物的结晶形态问题[J].化学通报，2003，66(3)：210-212.

实验九　合成纤维取向度的测定

一、实验目的

1. 了解取向工艺在纤维和薄膜加工过程中的重要性。
2. 深入理解纤维取向结构及性能特点。
3. 了解和掌握测定纤维取向度的方法及原理。

二、实验原理

取向是指在外力场(机械力场、电场、磁场等)的作用下,材料的结构单元沿外场方向作较为规整的排列的过程。取向形成的凝聚态结构称为取向态。

小分子物质在形成晶态时,一般都生成体积较大的晶体,往往就是三维有序的材料,性能具有各向异性,无需使用外场以获得各向异性。而对于聚合物,取向态则是一种非常重要的凝聚态。这是因为当线形高分子链充分伸展时,其长度是其宽度的几百、几千甚至几万倍,这种结构上悬殊的不对称性,使得高分子链很容易在外场作用下沿着外场方向作择优排列,即形成取向结构。又由于高分子结构的特点,其取向单元是多重的,可以是分子链、链段、晶片、球晶等。

与取向前性能上的各向同性相比,取向后,高分子材料的性能(力学性质、光学性质、热性能等)呈现明显的各向异性。如,抗张强度在取向方向上显著地增加,而在与取向方向垂直的方向上则降低;光波射入取向的高分子材料,将产生双折射现象,呈现光学各向异性。取向后,聚合物的玻璃化温度升高,同时取向易诱导聚合物结晶,因此密度、结晶度也随之增加,材料的使用温度也得到了提高。

对于高分子材料,取向方式有两种,一种是单向取向,另一种是双向取向。最典型的单向取向应用就是合成纤维的拉伸处理。一般在合成纤维纺丝时,对喷丝孔喷出的丝要拉伸若干倍,使高分子链沿着拉伸方向进一步取向,纤维的强度会得到大幅度的提高。而对于单向取向的薄膜,在薄膜平面取向方向上的强度虽然有所提高,但是垂直于取向方向上的强度却降低了,实际使用时,薄膜将在最弱的方向上先发生破坏,这种薄膜非常适用于商品的包装,因为在某个方向的撕裂强度很小,开封十分方便。而在其他大多数情况下,通常则是需要采用双向拉伸方式,使高分子链沿着薄膜平面的任意方向排列,在这个平面,性能是各向同性的,实际强度比未取向膜提高。如用以制作战斗机机舱盖(图1)的有机玻璃就是要经双向拉伸的,这是因为未取向的有机玻璃板经不起冲击,而取向后的材料强度得到提高,抗冲击能力也提高了,确保一般的冲击可以不破,甚至不发生严重的开裂。对于安全帽、中空塑料制品大都要采取这种方式。

图1　战斗机机舱盖

因此,在纤维和薄膜的加工过程中,取向是一重要的工艺。本实验重点讨论纤维的取向。在实际使用中,一般要求纤维同时具有高强度和适当的弹性。例如,涤纶经过纺丝时的牵伸处理,4倍的拉伸比就可以使抗张强度提高6倍,结晶度增加10倍多,但是同时,断裂伸长率却降低了几十倍,这样的纤维呈现脆性,缺乏必要的弹性。这是由于取向后,分子链排列规整,分子间作用力增大,分子链显得僵硬。

为了使纤维同时具有这两种性能,在纤维加工过程中,要充分利用高分子多重取向单元及单元运动的特点(整链的弛豫时间要比链段的弛豫时间长得多),即先用慢的牵伸过程使整个高分子链取向,使纤维获得高强度;再用快的"热处理"方式使链段解取向,使纤维获得适当的弹性,因为链段取向和解取向都要明显快于整个高分子链,在用热空气或水蒸气对纤维进行短时间的热处理过程中,链段很快解取向了,而整链还来不及解取向,这种工艺处理就使得纤维中分子链是取向的,而链段却是解取向的,分子获得了一定的活动性,这样纤维就同时具有了高强度和适当的弹性。图2反映了在干法

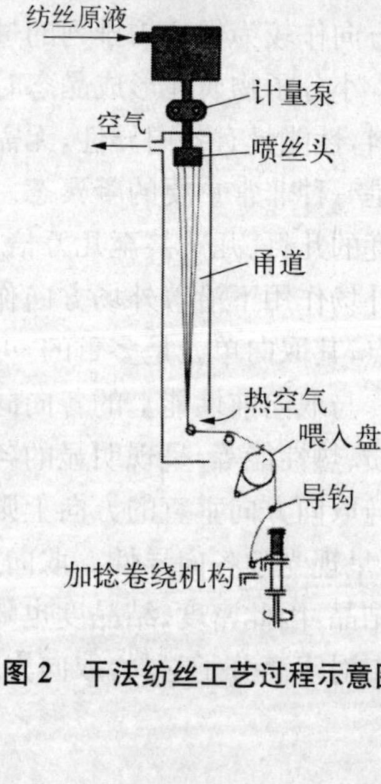

图2　干法纺丝工艺过程示意图

纺丝过程中采用热空气对纤维进行“热处理”。

上面提到的解取向是取向的逆过程。取向是高分子链伸长取向、同时由无序排列到有序排列的过程，是熵减过程，不可能自发进行，需要外力场的作用才能实现，因此取向态在热力学上是一种非平衡态，热运动使分子趋于无序，即解取向过程总是自发进行的。为了使材料的取向结构稳定，必须降温以降低分子的活动性，通常是把温度降到玻璃化温度以下，冻结链段和整链的运动。但是高分子热运动是一个松弛过程，时间长了，解取向仍然会发生。

对于取向纤维，还要解决两种趋势的矛盾，一方面，为使取向态稳定就必须降低分子的活动能力，另一方面，要获得一定的弹性必须增加分子的活动性。对非晶态聚合物来说，无论刚性分子或柔性分子都不能解决这个矛盾。而对于结晶聚合物，取向态的稳定性是靠晶态结构来维持的。如果要解取向，必须破坏原始的和再生的晶态结构，这在熔点以下是困难的，所以体系比较稳定；另一方面聚合物晶体的复杂结构、缺陷以及无序区的存在，使聚合物具有一定的弹性。因此大多数合成纤维都是用结晶性聚合物制得的。如涤纶（聚对苯二甲酸乙二醇酯纤维）、尼龙（聚酰胺纤维）、腈纶（聚丙烯腈纤维）、丙纶（聚丙烯纤维）等。

取向是外场作用使得高分子链沿着外场方向作择优排列，然而这并不意味着高分子链完全顺着外场方向排列，因此需要引入取向度的概念以反映材料的取向程度。取向度是体现取向材料结构特点的重要指标之一，其大小对聚合物的力学性能、热性能、光学性质等都有着非常显著的影响。

一般用取向函数 F 来表示取向度，

$$F = \frac{1}{2}(3\,\overline{\cos^2\theta} - 1) \tag{1}$$

这里，θ 是分子链主轴与外场方向间的夹角。如果是理想的单向取向，$\theta = 0°$，$\overline{\cos^2\theta} = 1$，则 $F = 1$。如果是完全无规，$F = 0$，$\overline{\cos^2\theta} = \frac{1}{3}$，$\overline{\theta} = 54°44'$。

所有在取向后发生显著变化的物理性质都可以利用来测定聚合物的取向度，如光学双折射法、声速法、红外二色性法、X 射线衍射法、偏振荧光法等。本实验使用前两种方法。

1. *光学双折射法*

光在取向的纤维中双折射现象的产生是纤维各向异性的表现，由于在平行于和垂直于纤维轴两个方向上原子的排列和相互作用情况大不相同，极化率不同，因而折射率也不同，即两束光的折射程度不同。

设纤维轴方向上折射率为 $n_{\parallel}$，垂直于纤维轴方向上的折射率为 $n_{\perp}$，定义双折射率 Δn 为这两个相互垂直方向上折射率之差，即

$$\Delta n = n_{\parallel} - n_{\perp} \tag{2}$$

取向前，材料各向同性，$\Delta n = 0$；取向后，$n_{\parallel}$ 与 $n_{\perp}$ 不再相等，Δn 增加。由于高分子链并不是沿纤维轴成理想取向状态，取向程度愈高，$n_{\parallel}$ 与 $n_{\perp}$ 相差愈大，即 Δn 值愈大，因此 Δn 可作为衡量取向度的指标。

测定双折射率的方法较多，常用的有浸油法和光程差法。

(1) 浸油法

根据式(2)，只要分别测出 $n_{\parallel}$ 和 $n_{\perp}$，即可算出 Δn 值。固体的折射率不容易直接测定，但可采用浸油法作间接测定。

配备一套折射率已知的液体，把纤维浸入液体介质中，通过偏光显微镜观察纤维与液体的界面，并比较它们折射率的相对大小。如果纤维和液体的折射率相等，则光线在它们的界面上不产生折射现象，在偏光显微镜下观测不到它们之间的界线，好像纤维"溶解"在液体里一样。如果纤维与液体的折射率不同，在偏光显微镜下可观察到纤维与液体的界面有一条明亮的光带，即贝克线。如果纤维的折射率大于浸油，光线通过纤维的边缘时，向纤维一侧倾斜，自纤维边缘倾斜的光线和通过纤维中部未发生倾斜的光线，在纤维上部相交，使得纤维边缘靠近纤维(折射率较大的)的一侧光被光增强了，而纤维边缘本身光却变弱了，因此显微镜下可以清楚地看到纤维的黑暗边缘以及一条亮线，当提高镜筒时亮线向折射率较大的纤维方向移动。反之，则向相反方向移动。也就是说，不管哪种介质的折射率高，提高镜筒时贝克线总是向折射率高的介质移动，依此就很容易判断纤维与浸油折射率的相对大小。

利用这一特点，我们可以找到折射率与纤维相同的液体(也就是分别找到折射率与纤维 $n_{\parallel}$，$n_{\perp}$ 相同的液体)，该液体的折射率就是纤维的折射率。

液体即浸油的折射率用阿贝折光仪来测定，阿贝折光仪是通过测定全反射临界角来计算折射率的。

设 n_1，n_2 为两种媒质的折射率，i_1，i_2 分别是入射角和折射角。根据斯涅尔折射定律，$n_1 \sin i_1 = n_2 \sin i_2$。当 $n_2 < n_1$ 时，$i_2 > i_1$。当入射角增至某一数值

$$i_c = \arcsin\left(\frac{n_2}{n_1}\right) \tag{3}$$

时，$i_2 = 90°$。当 $i > i_c$ 时，折射线消失，光线全部反射。这现象称为全反射，i_c 称为全反射临界角。若 n_1 已知，测定 i_c 后，即可计算待测物质的折射率 n_2，即

$$n_2 = n_1 \sin i_c \tag{4}$$

实际测量中，阿贝折光仪已将临界角的值通过连动装置转换成了待测物质的折射率，可以直接读取。

(2) 光程差法

由于光在媒质中的传播速率与折射率有关，因此纤维轴方向上的光速与垂直于纤维轴方向上的光速是不一样的。纤维轴方向上极化率大，折射率 $n_{\parallel}$ 也大，光速 $V_{\parallel}$ 则较慢；而垂直于纤维轴方向上极化率小，折射率 $n_{\perp}$ 也小，光速 $V_{\perp}$ 则较快。这样振动面平行于纤维轴的偏振光与振动面垂直于纤维轴的偏振光通过纤维的时间（分别用 $t_{\parallel}$，$t_{\perp}$ 表示）就不等。设纤维厚度为 d，则 $t_{\parallel} = \dfrac{d}{V_{\parallel}}$，$t_{\perp} = \dfrac{d}{V_{\perp}}$，且 $t_{\parallel} > t_{\perp}$。当后一束偏振光透出纤维时，前一束偏振光仍在纤维中，因此后一束光比前一束在空气中多传播的距离就相当于两束光的光程差 R，故有

$$\begin{aligned} R &= V_0(t_{\parallel} - t_{\perp}) = V_0\left(\frac{d}{V_{\parallel}} - \frac{d}{V_{\perp}}\right) = d\left(\frac{V_0}{V_{\parallel}} - \frac{V_0}{V_{\perp}}\right) \\ &= d(n_{\parallel} - n_{\perp}) = d\Delta n \end{aligned} \tag{5}$$

式中，V_0 为光在空气中的传播速率，由此得

$$\Delta n = \frac{R}{d} \tag{6}$$

根据式(6)，如果测出光程差 R 和纤维的厚度 d，也就可以算出 Δn 值。

本实验采用浸油法测定纤维的双折射率。

2. *声速法*

通过测定声波在材料中的传播速度来计算材料的取向度以及模量。声波沿纤维中高分子主链方向传播要比沿垂直于主链方向上的传播快得多，这是因为主链方向上，声波的传播是依靠化学键来实现的，传播快；而在垂直于主链方向上，声波传播则是依靠分子间次价键来实现，速度慢。但是高分子链并不是完全顺着纤维轴方向排列，所以纤维中的声速 C 与取向度有关，取向度愈高，声速愈大。如果无

规聚合物中的声速为 C_u，则按下式计算取向函数

$$F = 1 - \left(\frac{C_u}{C}\right)^2 \tag{7}$$

对于纤维，$C > C_u$。如果是理想的单向取向，$C \gg C_u$，$F = 1$。表中列出了几种主要纤维品种聚合物的 C_u 值。

表 1　在频率为 10 kHz 下几种聚合物中的声速

聚　合　物	C_u(km/s)
聚对苯二甲酸乙二醇酯	1.35
聚己二酰己二胺	1.30
黏胶纤维	2.00
聚丙烯腈	2.10
聚丙烯	1.45

本实验采用声速仪测定声波通过一定长度纤维的时间，再计算纤维中的声速 C。例如分别测定声波通过长度为 20 cm、40 cm 纤维的时间 $t_{20}(\mu s)$、$t_{40}(\mu s)$，则声速 $C = \frac{(40-20)\times 10^{-5}}{(t_{40}-t_{20})\times 10^{-6}} = \frac{200}{t_{40}-t_{20}}$(km/s)。再按照式(7)即可算出 F。

三、仪器和试样

1. XPT-7 偏光显微镜(同实验七)；
2. 阿贝折光仪；
3. 声速仪；
4. 浸油一套(折光指数在 1.40～1.75 之间)；
5. 载玻片，盖玻片；
6. 合成纤维。

四、实验步骤

(一)浸油法

1. 显微镜的调整及使用(参见实验七)

除了参见实验七中相关内容外,还要校正起偏镜的振动方向。具体方法如下:

在确定起偏镜与检偏镜特征方向处于正交位置后,将一段合成纤维单丝放在载玻片上,并压上盖玻片,一起放到载物台中央,选择合适的放大倍数观察纤维。如果视场黑暗,表明起偏镜、检偏镜特征方向分别与目镜十字线方向一致。如果视场黑暗而纤维明亮,或者视场和纤维都明亮,表明起偏镜与检偏镜特征方向与十字线方向不一致,需要校正,使起偏镜的振动方向与十字线中的一个方向平行,这样才能确定纤维轴是与起偏镜振动方向平行还是垂直,从而确定得到的值是 $n_{\parallel}$ 还是 $n_{\perp}$。

2. $n_{\parallel}$ 的测定

在纤维上滴上浸油,推开检偏镜(只用起偏镜),先在纤维轴方向上观察。上下移动镜筒,观测贝克线移动方向,从而鉴定纤维折射率是大于或小于浸油,然后再决定选用折射率更大或更小的浸油。当你在显微镜下,看不清贝克线,即纤维好像“溶解”在浸油里时,说明浸油的折射率与纤维的折射率已很接近了,要小心观测,选出两个相邻号码的浸油(折射率相差在0.003~0.005之间),其中一种浸油的折射率 n_1 比纤维的高,而另一种浸油的折射率 n_2 比纤维的低,取它们的平均值作为纤维的折射率 $n_{\parallel} = \dfrac{n_1 + n_2}{2}$。

3. $n_{\perp}$ 的测定

把载物台旋转90°,测定另一方向上纤维的折射率,方法同上。最终选出的浸油折射率分别是 n_1' 和 n_2',则有 $n_{\perp} = \dfrac{n_1' + n_2'}{2}$。

4. 用阿贝折光仪测定 n_1、n_2、n_1' 和 n_2'

(二)声速法

1. 确定恒温恒湿条件

温度、湿度对声速有一定的影响,记录相关数据以供比较。

2. 接通声速测定仪和示波器电源。

3. 将声速测定仪“准备-测量”开关置于“准备”位置，预热5分钟。

4. 当测量仪显示2 000时，将一段纤维置于样品架上，并将标尺移至20 cm处。

5. 将“准备-测量”开关置于“测量”位置，按下“20”触摸键(指示灯已亮)，测定仪测量光波通过20 cm纤维的时间，并自动记录。

6. 待“40”触摸键指示灯亮后，将“准备-测量”开关置于“准备”位置，并将标尺移至40 cm处，再将“准备-测量”开关置于“测量”位置，按下“40”触摸键(指示灯已亮)，测定仪测量光波通过40 cm纤维的时间，并记录。待“20”触摸键指示灯亮后，将“准备-测量”开关置于“准备”位置。

7. 再按步骤3、4、5重复4次，最终记录仪打印出5次的测量结果，包括每次光波的传播时间、声速等。

8. 按下复位开关，关掉电源。

五、数据记录和处理

(一) 浸油法

样品：________

偏光显微镜型号：________

阿贝折光仪型号：________

1. 纤维中平行于纤维轴方向上折射率的测定

n_1：________ n_2：________

$n_\parallel$：________ $\left(n_\parallel = \dfrac{n_1 + n_2}{2}\right)$

2. 纤维中垂直于纤维轴方向上折射率的测定

n_1'：________ n_2'：________

$n_\perp$：________ $\left(n_\perp = \dfrac{n_1' + n_2'}{2}\right)$

3. 双折射率 Δn 的计算

Δn：________ $(\Delta n = n_\parallel - n_\perp)$

（二）声速法

样品：________ C_u：________ 温度：________ 湿度：________

声速仪型号：________

1. 记录声波通过一定长度纤维的时间 t_{20} 和 t_{40}（μs）：

测量次数	纤维长度（cm）	
	20	40
1		
2		
3		
4		
5		
平均值		

2. 计算纤维中的声速 C(km/s)

$$C：\underline{\qquad\qquad}\left(C=\frac{(40-20)\times10^{-5}}{(t_{40}-t_{20})\times10^{-6}}=\frac{200}{t_{40}-t_{20}}\right)$$

3. 计算取向函数 F

$$F：\underline{\qquad\qquad}\left(F=1-\left(\frac{C_u}{C}\right)^2\right)$$

六、思考题

1. 聚合物的取向结构稳定吗？简述理由。
2. 如何控制纤维中高分子链的形态，使得纤维的强度高又具有适当的弹性？
3. 本实验两种方法测定的取向度各反映的是高分子哪种单元的取向程度？

七、参考文献

1. 赵凯华，钟锡华. 光学[M]. 北京：北京大学出版社，1984.

2. 复旦大学高分子科学系，高分子科学研究所. 高分子实验技术[M]. 修订版. 上海：复旦大学出版社，1996.

3. 冯开才，李谷，符若文，等. 高分子物理实验[M]. 北京：化学工业出版社教材出版中心，2004.

4. 平郑骅，汪长春. 高分子世界[M]. 上海：复旦大学出版社，2001.

5. 朱平平，何平笙，杨海洋. 高分子中的整体与局部[J]. 化学通报，2003，66(6)：w47.

6. 朱平平，杨海洋，何平笙. 从高分子运动的温度依赖关系看高分子运动特点[J]. 高分子通报，2005(5)：147-150.

7. 何曼君，陈维孝，董西侠. 高分子物理[M]. 修订版. 上海：复旦大学出版社，1990.

实验十　膨胀计法测定聚合物的玻璃化转变温度

一、实验目的

1. 掌握膨胀计法测定聚合物玻璃化温度的方法。
2. 了解升温速度对玻璃化温度的影响。
3. 深入理解自由体积概念在高分子学科中的重要性。

二、实验原理

某些液体在温度迅速下降时被固化成为玻璃态而不发生结晶作用就叫做玻璃化转变,其发生转变时的温度称玻璃化温度,记作 T_g。聚合物具有玻璃化转变现象。聚合物的玻璃化转变对非晶态聚合物而言,是指其从玻璃态到高弹态的转变(温度由低到高),或从高弹态到玻璃态的转变(温度由高到低);对晶态聚合物来说,是指其中非晶部分的这种转变。玻璃化温度 T_g是聚合物的特征温度之一,它是高分子链柔性的指标,可以作为聚合物的特征指标。从工艺角度来看,T_g是非晶态热塑性塑料(如聚苯乙烯、聚甲基丙烯酸甲酯和硬质聚氯乙烯等)使用温度的上限,是橡胶使用温度的下限,具有重要的工艺意义。当聚合物由玻璃态转变为高弹态时,模量下跌 3～4 个数量级,材料从坚硬的固体转变成柔软的弹性体。许多其他物理性质,如体积(比容)、热力学性质(比热、焓) 和电磁性质(介电系数、介电损耗、核磁共振吸收谱线宽度等)都有明显的变化。

聚合物的玻璃化转变现象是一个极为复杂的现象,它的本质至今还不完全了解。对聚合物玻璃化转变本质的看法集中起来有两种,一种观点认为玻璃化转变本质上是个动力学问题，是一个弛豫过程。聚合物有自己的分子内部时间尺度，当外力作用时间（或实验观察时间，或实验时间）与这内部时间尺度同数量级时即发生松弛转变。玻璃化转变就是外力作用时间与聚合物链段运动的松弛时间同数量级时的松弛转变。另一种观点认为玻璃化转变本质上是一个平衡热力学二级相变，而实验观测到的具有动力学性质的 T_g 是需要无限长时间的热力学转变温度的一个显示。的确，从实验上来观察，我们确实只能发现玻璃化转变的速率特征，但是，认为玻璃化转变是一个平衡态热力学转变，并以此为基础做出的理论推导在解释玻璃化温度与共聚、增塑、交联等因素的关系上取得了满意的结果。这两种看来十分矛盾的观点很可能说明同一现象的不同方面，与其说是相互矛盾的，还不如说是相互补充的。

在玻璃化转变过程中物理性质的显著变化，都可用来研究玻璃化转变的本质和测量玻璃化温度，其中利用体积变化来测定 T_g 的方法——膨胀计法是一种简单和经典的方法。与刺激为交变量的动态方法（黏弹谱仪、动态振簧法、扭摆法和扭辫法）相比，膨胀计法属于静态测定方法中的一种。事实上，最标准的 T_g 正是由聚合物的比容-温度曲线的转折来确定的，并最容易用自由体积理论来解释。

从分子运动观点来看，玻璃化转变与约含 20～50 个主链碳原子的链段运动有关，是高分子的链段运动被激发的过程。聚合物在 T_g 以下时，链段的运动被冻结，此时聚合物的热膨胀机构主要是克服原子间的主价力和次价力，膨胀系数较小。当温度升高到 T_g 以上时，链段开始运动，同时分子链本身由于链段的扩散运动也发生膨胀，这时膨胀系数较大，若以比容对温度作图，在 T_g 就要发生斜率的变化。图 1 为聚苯乙烯的比容-温度曲线，从中可以看出在 T_g 处，曲线的斜率值发生了明显的变化。

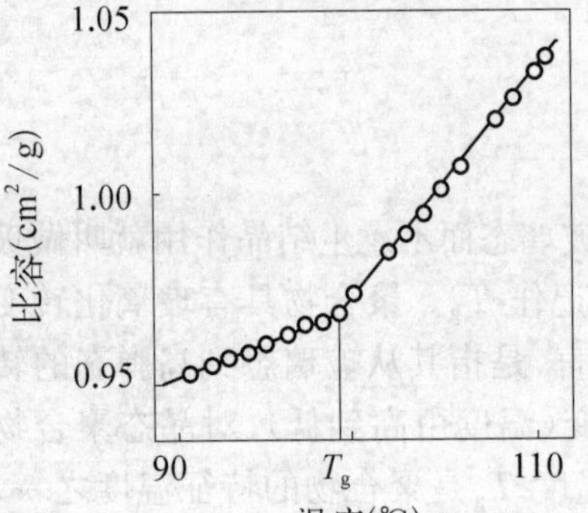

图 1　无规聚苯乙烯的比容-温度曲线

自由体积理论认为，在玻璃态下，由于链段运动被冻结，自由体积也被冻结，聚合物随温度升高而发生的膨胀只是由于正常的分子膨胀过程造成的，而在 T_g 以上，除了正常的分子膨胀过程外，还有自由体积的膨胀，因此高弹态的膨胀系数比玻璃态的膨胀系数来得大。当自由体积分数达到一临界下限值（2.5%）时，链段运动正好能发生（这就是玻璃化转变的等自由体积理论）。由于在玻璃化转变时，除了体膨胀系数外，聚合物的热容和压缩系数也发生不连续的变化，而这些量正好是 Gibbs 自由能的二级偏导数。根据热力学理论，体系 Gibbs 自由能的一级偏导数不连续的过程被称为一级转变，则二级转变可定义为体系 Gibbs 自由能的二级偏导数不连续的过程。因此玻璃化转变有时也被称作二级转变，T_g被称为二级转变点。但是许多实验事实表明玻璃化转变过程没有达到真正的热力学平衡，T_g依赖于测定方法和升温（或降温）速度，例如升温速度慢，T_g较低，升温速度快，T_g就较高。即链段运动对外界变化的响应达不到平衡，是一个速率过程。这些是由于高分子运动特点所决定的，从分子运动观点看，高分子的运动单元在运动时所受到的内摩擦力较大，因此高分子的运动过程是一个弛豫过程，即在一定的外界条件下，聚合物从一种平衡态，通过分子的运动，达到新的平衡态可能需要较长的时间，并且不同大小的运动单元具有不同的弛豫时间。

本实验采用体膨胀计直接测量聚合物的体积随温度的变化，以体积变化对温度作图（图 1），从曲线的两个直线段外推得一交点，此交点对应的温度即为该聚合物的玻璃化温度 T_g。由于观察到的玻璃化转变不是热力学平衡过程，而是一个松弛过程，因此 T_g值的大小和测试条件有关。图 2 为快速冷却和缓慢冷却时聚乙酸乙烯酯的比容曲线，从中可以看出，降温速率越快，T_g越是向高温方向移动。根据自由体积理论，在降温过程中，分子通过链段运动进行位置调整，多余的自由体积腾出并逐渐扩散出去，因此在聚合物冷却，体积收缩时，自由体积也在减少。考虑到黏度随温度的降低而增大，这种位置的调整不能及时进行，所以聚合物的实际体积总比该温度下的平衡体积来得大，表现为比容-温度曲线上在 T_g处发生转折。降温速率越快，聚合物的实际体积就比该温度下的平衡体积大得越多，比容-温度曲线转折得越早，T_g就偏高。反之，降温速率太慢，则所得 T_g偏低，以至于测不到 T_g。一般控制在 1～2 ℃/min 为宜。升温速率对 T_g的影响也是如此。T_g的大小还和外力有关：单向的外力能促使链段运动，外力越大，T_g降低就越多；外力的频率变化引起玻璃化转变点的变化，频率增加则 T_g升高，所以作为静态法的膨胀计法比动态法测定的 T_g要低一些。

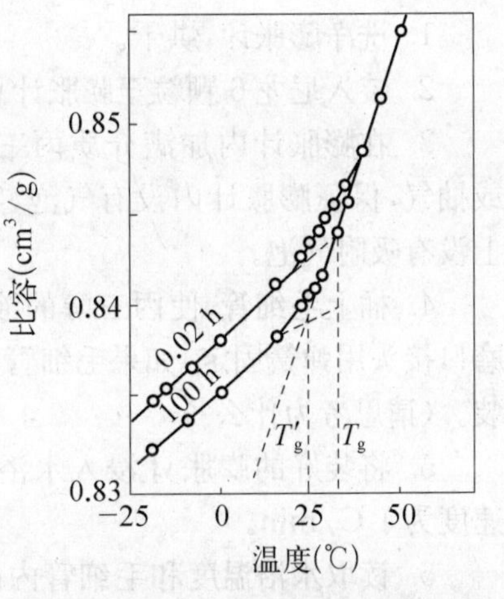

图 2　聚乙酸乙烯酯的比容曲线

除了外界条件的影响外，T_g主要受到聚合物本身化学结构的支配，同时也受到其他结构因数的影响，例如共聚、交联、增塑以及

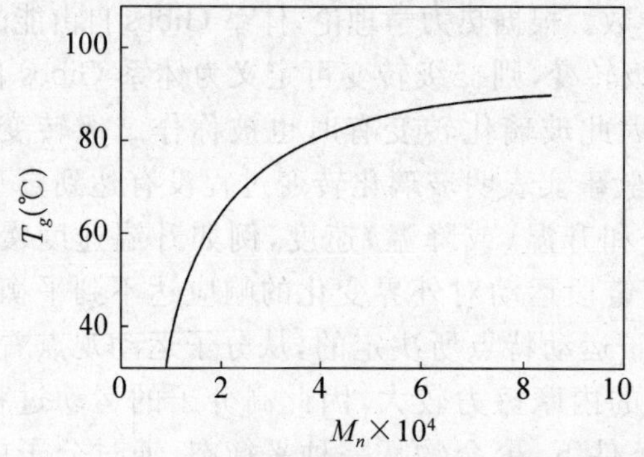

图 3　PS 的分子量与 T_g 的关系

分子量等。图 3 即为聚苯乙烯的 T_g 随分子量的变化，从中可以看出，随着分子量的增大，聚苯乙烯的玻璃化温度 T_g 随之升高，两者之间的关系可以表示为：

$$T_g = T_g(\infty) - \frac{K}{\overline{M_n}}$$

其中，$T_g(\infty)$ 为当分子量为无穷大时聚合物的玻璃化转变温度，K 为一常数，$\overline{M_n}$ 为数均分子量。

三、仪器和试样

膨胀计、水浴及加热器、温度计(0～250 ℃)、颗粒状尼龙 6、丙三醇。图 4 为膨胀计示意图。

四、操作步骤

1. 洗净膨胀计，烘干。

2. 装入尼龙 6 颗粒至膨胀计总体积的 4/5 左右。

3. 在膨胀计内加满介质丙三醇，用玻璃棒搅动或抽气，保证膨胀计内没有气泡，特别是尼龙 6 颗粒上没有吸附气泡。

4. 插上毛细管，使丙三醇的液面在毛细管下部，磨口接头用弹簧固定，如果毛细管内发现有气泡要重装。(请思考为什么?)

5. 将装好的膨胀计浸入水浴中，控制水浴升温速度为 1 ℃/min。

6. 读取水浴温度和毛细管内丙三醇液面的高度(在 30～55 ℃之间每升温1 ℃读数一次)，直到 55 ℃

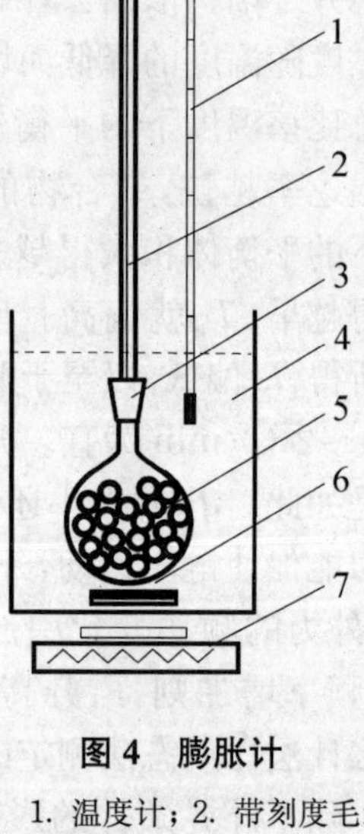

图 4　膨胀计

1. 温度计；2. 带刻度毛细管，直径约 1 mm，长 30 cm；3. 标准磨口；4. 水浴；5. 玻璃膨胀计，体积约 10 mL；6. 磁子

为止。

7. 将已装好样品的膨胀计经充分冷却后，重复步骤 4 和 5，但升温速率改为 2℃/min。

8. 用毛细管内液面高度对温度作图。从两直线段分别外延，交点即为该升温速率下尼龙 6 的玻璃化温度 T_g 值。如图 5 所示。

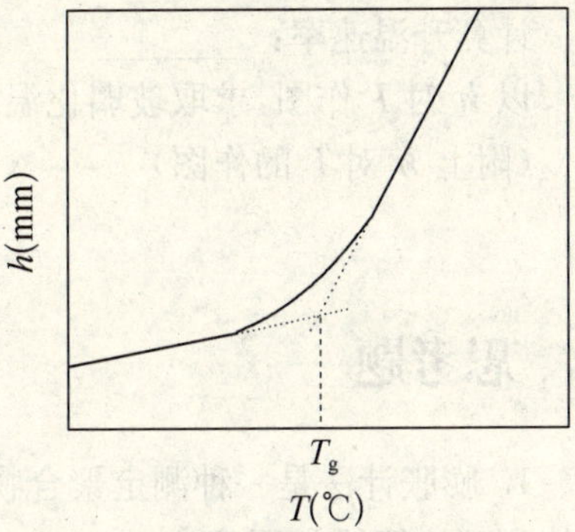

图 5　毛细管内液面高度对温度作图

五、数据记录和处理

聚合物：________

1. 第一次升温测试

电压：________　　起始时间：________　　终止时间：________

温度 T(℃)												
高度 h(cm)												
温度 T(℃)												
高度 h(cm)												

计算升温速率：________

以 h 对 T 作图，求取玻璃化温度，T_g = ________。

（附上 h 对 T 的作图）

2. 第二次升温测试

电压：________　　起始时间：________　　终止时间：________

温度 T(℃)												
高度 h(cm)												
温度 T(℃)												
高度 h(cm)												

计算升温速率：________

以 h 对 T 作图，求取玻璃化温度，T_g = ________。

（附上 h 对 T 的作图）

六、思考题

1. 膨胀计法是一种测定聚合物玻璃化温度的经典方法，试用玻璃化转变的自由体积理论简述其原理。

2. 为什么采用不同的升温速率测得的聚合物玻璃化温度不同？这一实验事实说明了高分子运动的哪些特点？

3. 本课程还开设了采用差示扫描量热计、动态黏弹谱仪测定聚合物玻璃化温度的实验，请再列举出两种表征聚合物玻璃化温度的方法。

七、参考文献

1. 何平笙，朱平平，杨海洋. 对聚合物玻璃化转变的几点新认识[J]. 化学通报，2006，69(2)：154.

2. 徐种德，何平笙，周漪琴，等. 高聚物的结构与性能[M]. 北京：科学出版社，1981；马德柱，何平笙，徐种德，等. 2 版，1995.

3. 何平笙. 高聚物的力学性能[M]. 合肥：中国科学技术大学出版社，1997.

4. 朱平平，杨海洋，何平笙. 从高分子运动的温度依赖关系看高分子运动特点[J]. 高分子通报，2005(5)：147.

5. 何平笙. WLF 方程——链段运动的特殊温度依赖关系[J]. 高分子通报，2002(2)：75.

6. 漆宗能. 高聚物的玻璃化转变[J]. 化学通报，1961(7)：1.

7. 漆宗能. 高聚物化学结构与玻璃化转变温度间的关系[J]. 化学通报，1965(5)：1.

实验十一　聚合物的形变-温度曲线

一、实验目的

1. 正确理解聚合物的三个力学状态和两个转变，并由实验确定非晶态聚合物的玻璃化温度 T_g，黏流温度 T_f。

2. 估计被测试样的使用温度上限，了解聚合物力学性能的温度依赖性。

3. 了解分子量、结晶、交联等结构因素对形变-温度曲线的影响和规律。

二、实验原理

温度对聚合物物理力学性能的影响是每一个聚合物材料制造和使用者都十分熟知的现象。像作用时间一样，温度 T 是影响聚合物物理力学性能的重要参数。随着温度从低到高，聚合物的许多性能，诸如热力学性质、动力学性质、力学性能和电磁性能都将发生很大的变化。在玻璃态向高弹态的转变温度区域——玻璃化转变温度 T_g 甚至会发生突变。事实上，聚合物的三种力学状态——玻璃态、橡胶态和黏流态，就是依据温度（或外力作用时间）不同而呈现的。特别是聚合物性能的温度敏感区正好在室温上下几十度范围内。我国地域辽阔，各地气温相差颇大，就是在某一地方，冬季零下 10～20 ℃的室外气温和 90 ℃以上的烫水都是日常生活中容易遇到的温度范围。因此了解聚合物性能的温度依赖性对聚合物制品的实际使用也是极为重要的。

此外，聚合物力学性能的温度依赖性也为我们探究聚合物各种力学性能的分子机理提供大量资料，使我们有可能把纯现象的讨论提高到分子解释的水准上去。因为聚合物的力学性能是它的各种分子运动在宏观上的表现，而温度对分子运动的影响是不言而喻的。这样，通过温度对聚合物力学性能影响的研究可了解聚合物力学性能的分子本质，并以这些实验事实来建立聚合物力学性能的分子理论。

工业上有许多实验方法可用来测定温度对聚合物力学性能的影响，如马丁耐热（测定试样在等速升温环境中，在规定作用力下，试样一端弯曲达规定值时的温度）和维卡耐热（测定在等速升温环境中，受规定载荷作用，一定截面积的小圆柱垂直压入试样达规定值时的温度）等，并以此来订定聚合物材料的耐热指标，这些方法基本上属于人为的规定，对统一产品检验和质量控制有很大帮助，但它们的物理意义都不可能说清楚，也就不能用它们来全面反映聚合物力学性能温度依赖性。研究聚合物力学性能温度依赖性的方法有形变-温度曲线（也叫温度-形变曲线）、模量-温度曲线和动态力学性能。其中模量-温度曲线和动态力学性能的温度依赖性更能反映聚合物力学性能的分子运动本质。但形变-温度曲线则因其实验方法简单易行，也常在工业部门和大学试验室中使用。

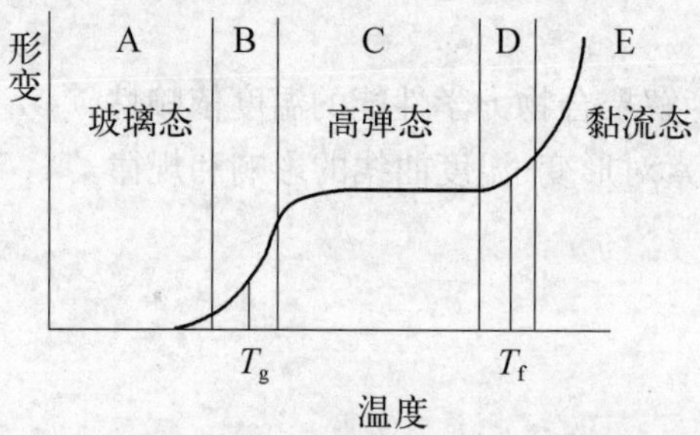

图 1　线形非晶态聚合物典型的形变-温度曲线

当线形非晶态聚合物受到一定的载荷（外力）作用时，受载聚合物的形变与温度的关系就是聚合物的形变-温度曲线。以试样的形变对温度作图，可得到非晶态聚合物典型的形变-温度曲线，如图 1 所示。整个曲线可以分成五个区，即三种不同的力学状态和两个转变。分别介绍如下：

在温度足够低的 A 区，聚合物分子链及其链段的运动均被冻结在完全解取向的准晶格位置上。它们只能在其固定的位置附近作振动，就像真正分子晶格的分子所作的振动一样。链段从一个位置到另一个位置的扩散运动是很少的，只有键长的伸缩和键角的改变。在力学性能上聚合物表现得像玻璃一样，硬而脆，模量在 $10^9 \sim 10^{9.5}$ N/m^2，且这个玻璃态区域与聚合物的链长无关（只要聚合物的链长足够长），聚合物处于玻璃态，表现出塑料在常温下所具有的物理力学性能，一旦加上外力，相应的形变马上就发生，外力除去后，形变马上回复，这是一般固体共有的性质，一般称为普弹形变。温度升高到一定值后（C 区），聚合物链段的短程扩散运动非常迅速，但高分子链之间的缠结起着瞬时交联的作用，分子链的整体运动（包括许多链的联合运动）仍是受阻的。聚合物的力学状态就像交联橡胶一样，具有长程的可逆行为。其模量几乎不随温度改变而改变，保持在 $10^{5.4} \sim 10^{5.7}$ N/m^2。这一般称之为高弹态平台。并且聚合物在玻璃化转变和高弹态平台时都只是它们的链段参加运动，因此玻璃化转变区域和高弹态的出现也是与聚合物分子的链长无关的。但是高弹态平台的大小是与链长的分子量有关的(实际上，链长是比分子量更为重要的量，因为从研究一个聚合物转换到研究另一个聚合物时，它更有意义)。由于热运动量的增加，虽然整个分子链还不能移动(整链的质量中心没有移动)，但链段已经能发生运动，聚合物处于高弹态，表现出类橡胶的物理机械性能。加上外力，除了键长和键角变形外，大分子的链段发生相对位移，尽管整个大分子链的质量中心并没有发生运动。大分子链会通过 C—C 单键的内旋转(链段运动)被拉长，构象熵减小。除去外力，除了普弹性马上回复外，因链段运动而引起的大形变也会由于熵的作用而完全回复。这就是所谓的橡胶弹性或高弹性。

在玻璃态和橡胶态之间的 B 区，就是从玻璃态到橡胶态的过渡区，即玻璃化转变区，尽管大分子链的整体运动仍属不可能，但其链段已开始有短程的扩散运动。从一个“晶格位置”扩散到另一个的时间在 10 s 数量级(10 s 为任意选择的参考时间)，聚合物分子链段的这种扩散不依赖于分子量。在这个从玻璃态开始向高弹态转变的区域，模量变化迅速，从 $10^{9.5}$ N/m^2 变为 $10^{5.4}$ N/m^2，达 4 个数量级。形变呈现明显的松弛性质，由此确定玻璃化转变温度，玻璃化温度 T_g 在高分子科学中非常重要。

温度继续升高，高分子链间的缠结开始被更激烈的热运动所解除，分子间的整体运动已变得重要起来。尽管聚合物还是弹性的，但已有明显的流动。聚合物开始从高弹态向黏流态转变。这时模量在 $10^{5.4}$～$10^{4.5}$ N/m^2 之间。最后当温度更高时，分子链已能整体发生运动，聚合物呈现出明显的流动性，模量降低到 $10^{4.5}$N/m^2。显然，在此流动转变和黏流态中，分子链整体参加了运动，高弹态平台延展的区域与聚合物分子的链长有明显的依赖关系。整个大分子链的质量中心能够发生移动，聚合物能像黏性液体一样发生黏性流动，呈现出随时间不断增大的形变，聚合物变为黏流态(E 区)，去除外力，形变不再回复，表现出黏流液体的性质。

从橡胶态 C 到黏流态 E 的是流动转变区 D，由此可以确定出聚合物的黏流温度 T_f。这就是线性非晶态聚合物的三个力学状态和两个转变。

三、聚合物形变-温度曲线的应用

聚合物的形变-温度曲线不但用来了解聚合物的三个力学状态和确定 T_g 和 T_f，还可以用来定性判定聚合物的分子量大小、聚合物中增塑剂的含量、交联和线形聚合物、晶态和非晶态乃至聚合物在高温下可能的热分解、热交联等，分述如下：

1. 不同分子量的聚合物

不同分子量的线性非晶态聚合物的形变-温度曲线有不同的性状。图 2 是不同分子量聚苯乙烯的形变-温度曲线(示意图)。当分子量较低时,整个大分子链就是一个链段,链段运动就是整个大分子链的运动,玻璃化温度 T_g 就是它的流动温度 T_f。这样低分子量的聚苯乙烯(低聚物)不存在橡胶态,但其流动温度随分子量的增大而升高(曲线 1~7)。以后随分子量进一步增大,一根分子链已可分成许多链段,在整链运动还不可能发生时,链段运动就已被激发,呈现出了橡胶态,从而有了玻璃化温度 T_g,并且由于是链段运动,反映它的 T_g 就不再随分子量的增大而增高。这时反映整链质心运动的流动温度 T_f 将随分子量的增大而增高。因此橡胶态平台区将随分子量的增大而变宽。

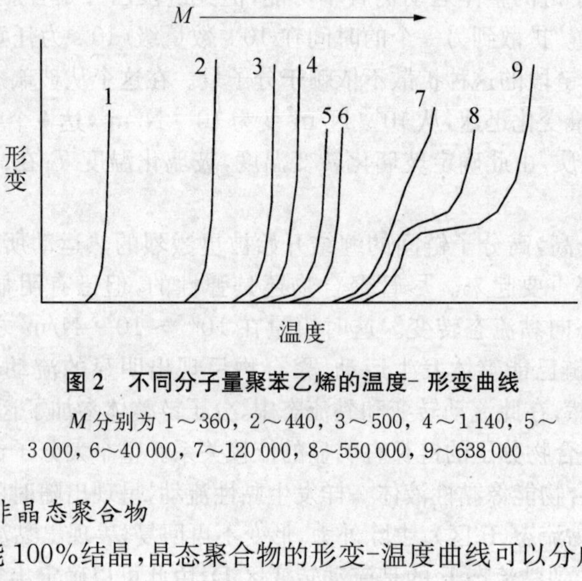

图 2　不同分子量聚苯乙烯的温度-形变曲线

M 分别为 1~360,2~440,3~500,4~1 140,5~3 000,6~40 000,7~120 000,8~550 000,9~638 000

2. 晶态和非晶态聚合物

由于不可能 100%结晶,晶态聚合物的形变-温度曲线可以分成两种情况。一种是一般分子量的晶态聚合物的形变-温度曲线(图 3 中曲线 1)。在低温时,晶态聚合物受晶格能的限制,高分子链段不能活动(即使温度高于 T_g),所以形变很小。一直维持到熔点 T_m,这时由于热运动克服了晶格能,高分子突然活动起来,便进入了黏流态,所以 T_m 又是黏性流动温度,如曲线 1。如果聚合物的分子量很大,如曲线 2,温度到达 T_m 时,还不能使整个分子发生流动,只能使之发生链段运动。于是进入高弹态,等到温度升至 T_f 时才进入黏流态。由此可知,一般晶态聚合物只有两个态,在 T_m 以下处于晶态,这时与非晶态聚合物的玻璃态相似,可以作塑料或纤维用;当温度高于 T_m 时,聚合物处于黏流态,便可以加工成形。而分子量很大的晶态聚合物则不同，它在温度到达 T_m 时进入高弹态，到 T_f 才进入黏流态。因此这种晶态聚合物有三个态温度：在 T_m 以下为晶态，温度在 T_m 与 T_f 之间时为高弹态，温度在 T_f 以上为黏流态，这时才好加工成形。因为高弹态一般不便于成形。而温度高了又容易分解，使成形产品的质量降低，所以晶态聚合物的分子量不宜太高。

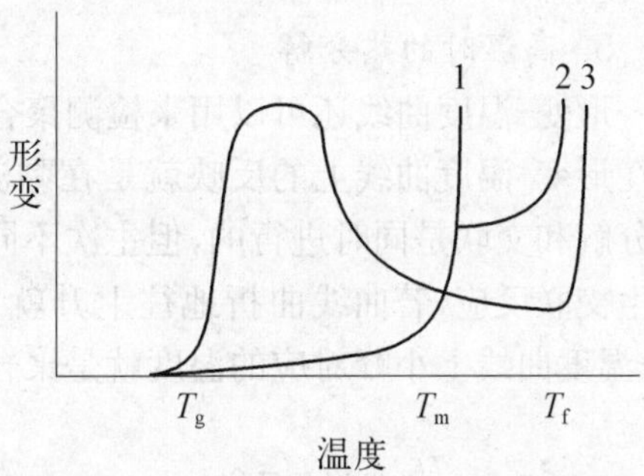

图 3　晶态聚合物的形变-温度曲线

1. 一般分子量的晶态聚合物；2. 分子量很大的晶态聚合物；3. 非晶态等规聚苯乙烯

结晶性聚合物由熔融状态下突然冷却（淬火），能生成非晶态结晶性聚合物（玻璃态）。在这种状态下的聚合物的形变-温度曲线如图 3 中的曲线 3。在温度达到 T_g 时，分子链段便活动起来，形变突然变大，同时链段排入晶格成为晶态聚合物。于是在 T_m 与 T_g 间，曲线出现一个峰后又降低，一直到 T_m，如果分子量不太大就与图 3 中的曲线 1 后部一样，进入黏流态。如果分子量很大就与图 3 中的曲线 2 后部一样，先进入高弹态，最后才进入黏流态。

3. 交联和线形聚合物

线形聚合物的形变-温度曲线已如上述。由于大分子链之间有化学键相连，交联聚合物的流动已不能发生，因此交联聚合物就没有黏流态，也就没有流动转变温度 T_f。反映在形变-温度曲线上就是高弹态的平台线一直延伸下去而不向上跷（图 4）。不同交联度的聚合物由于其高弹形变大小不一，交联度增加形变就逐渐减小。因此，通过形变-温度曲线的形状就能区分所测聚合物是线形聚合物还是交联聚合物，以及聚合物交联度的高低。

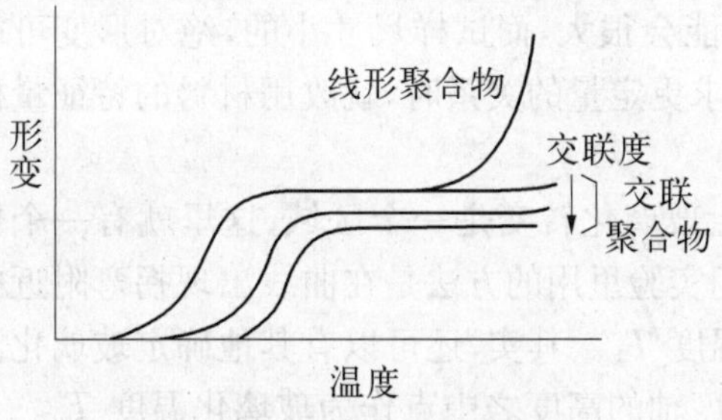

图 4　线形和不同交联度聚合物的形变-温度曲线

4. 增塑聚合物

从实用角度，为使聚合物更适用于不同需求的使用要求，往往在聚合物中添加不同含量的增塑剂来改变它们的玻璃化温度。由于聚合物中的增塑剂，其玻璃化温度会有不同程度的降低，从而在它的形变-温度曲线上反映出来，如图 5 所示。

随增塑剂含量的增加，聚合物的玻璃化温度和流动温度都降低，它的形变-温度曲线向左移动。

5. 高温时的热分解

形变-温度曲线还可以用来检测聚合物在高温下可能的热分解或热交联反应，它在形变-温度曲线上的反映就是在黏流态的曲线上出现各种形状的起伏。有时热分解和交联是同时进行的，但主次不同。一般说来，曲线曲折地往下降就主要是发生交联反应，若曲线曲折地往上升就主要是发生热分解反应，如图 6 所示。形变-温度曲线上小峰对应的温度就是聚合物的分解温度 T_d。

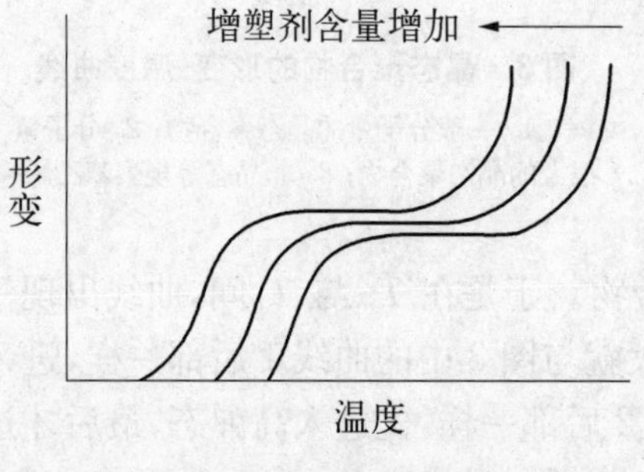

图 5　不同增塑剂含量聚合物的形变-温度曲线

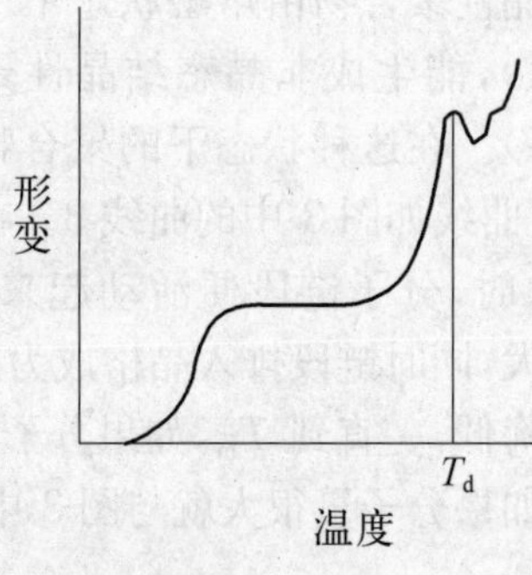

图 6　聚合物高温时发生热分解在形变-温度曲线上的反映

需要指出的是，形变不是特征量，它与试样的尺寸有关。试样尺寸大的，尽管相对形变不一定很大，但其绝对形变可能会很大，而试样尺寸小的，绝对形变可能不大，而相对形变已相当大。因此在要求更定量的关系时，就改用材料的特征量模量-温度曲线了。

另外，在聚合物的形变-温度曲线上玻璃化转变是一个区域，这里就有一个如何确定玻璃化温度的具体问题。在我们实验里用的方法是在曲线出现拐弯附近的直线部分分别延长的交点作为玻璃化温度 T_g。其实，还可以有其他确定玻璃化温度的办法，譬如可以取橡胶态平台与温度轴的高度之中点作为玻璃化温度 T_g。显然用不同办法求取的玻璃化温度 T_g是不完全一样的。加上不同升温速率下求得的玻璃化温度不同，所以在使用文献上聚合物的玻璃化温度数据时，一定要了解是用什么实验手段测定的，又是用什么办法求取的。

由于聚合物分子运动的松弛特性，用各种不同实验方法或不同实验条件（升温速率，负载大小等）测定出来的 T_g和 T_f值也往往不尽一致，如果要对不同试样的 T_g和 T_f加以比较的话，须用同一实验方法和采用相同的实验条件。

四、仪器和实验器材

本实验使用我们实验室自己制作的简易型形变-温度仪，其装置原理如图 7 所示。有机玻璃薄版试样上压上由连杆传来的砝码载荷。用调压变压器调至一定电压使能满足等速升温要求，用镍铬-考铜热电偶测量温度，用双笔记录仪的一个通道记录。加热炉用广口保暖瓶保温。试样的形变由差动变压器测试，信号经整流器后输入双笔记录仪的另一个通道记录。因此，实验器材包括：

1. 简易型形变-温度仪(包括样品架和差动变压器)；2. 音频信号发生器；3. 调压变压器；4. 双笔记录仪；5. 相敏整流器；6. 镍铬-考铜热电偶；7. 1～2 mm 厚有机玻璃板样品。

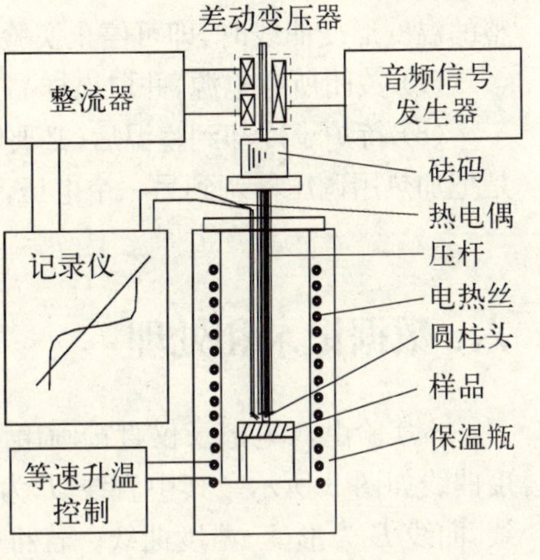

图 7　自制形变-温度仪示意图

五、实验步骤

1. 确定测量条件

(1) 准确测量与样品接触的压杆端面积，根据砝码重量，算得载荷，本实验为 7 kg/cm^2。

(2) 选择升温系统调压变压器的电压，使升温速度为 2.5 ℃/min。

2. 实验步骤

(1) 按图正确接好线路，检查无误。

(2) 用台秤称量砝码的重量作为载荷，截取厚约 1～2 mm 的有机玻璃小块作为样品，在炉子中取出样品支架，将样品放入样品池中央，压杆平稳压在样品上，并注意把热电偶尽量靠近被测样品，将样品支架小心地放入炉子中，在压杆顶部托台上压上已称过重量的砝码，转动差动变压器支架，使差动变压器铁芯连杆落在砝码中央。

(3) 接通音频信号发生器电源，并调整出 4 V、2 000 Hz 的输出。

(4) 记录仪走纸速度放在 30 mm/min 处，接通记录仪电源，调节衰减电位器，使形变测量系统有合适的灵敏度。如是 2 mm 厚的样品，可把记录仪形变指针满刻度对应于这 2 mm 的位移。微动差动变压器微调螺母，使差动变压器的铁芯位置在零点偏下，把记录仪记录形变的笔调在记录仪右侧约 5 格位置上。

(5) 接通加热电源，加热用调压器调到 100 V。

(6) 放下记录仪笔开始记录，并记下升温的起始时间。当双笔记录仪画出完整的温度形变曲线时，即可停止实验，并再一次记下时间。

(7) 关闭所有电源，并取出样品支架，观察样品变形情况。

(8) 待炉子冷却到室温后(必要时可以用少量液氮冷却)，重复以上实验，这次是把加热用调压器调到另一个电压，譬如 120 V。

六、数据记录和处理

本实验由双笔记录仪直接画出的形变-温度曲线如图 8 所示。其中直线 T 为等速升温线，曲线 E 为形变-温度曲线。若将曲线 E 两次出现拐弯附近的直线部分 1 和 2，3 和 4 分别延长，则分别交于两点 A 和 B，过 A 和 B 作记录仪上温度线的平行线，则在等速升温线 T 上的交点分别为玻璃化温度 T_g 和黏流温度 T_f。

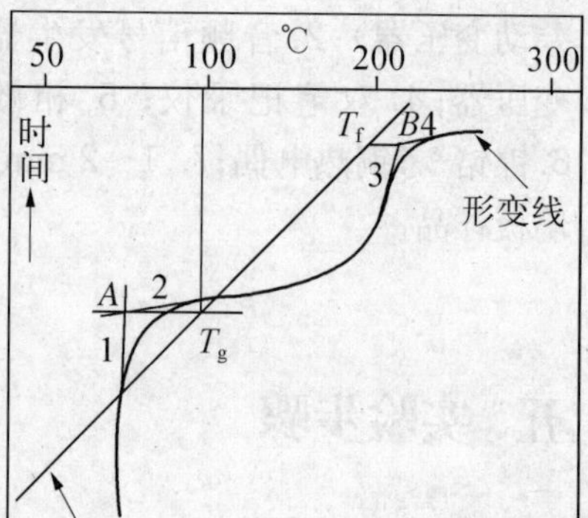

图 8　实验得到的原始形变-温度曲线

A 和 B 分别是曲线上两个拐弯处线段切线 1,2 和 3,4 的交点，分别对应于聚合物的玻璃化温度 T_g 和流动温度 T_f

对于测得的每一个 T_g 和 T_f 都应注上测试条件：

样品：________

载荷：________

压杆断面直径：________________(测量 3 次取平均值)

施加压强：________

起始时间：________　终止时间：________

起始温度：________　终止温度：________

记录每一时刻的温度和形变，以形变对温度作图(附图)

1. 计算升温速度。

2. 根据实验所得的形变-温度曲线，按定义求出该聚合物的玻璃化温度 T_g 和

黏流温度 T_f。

七、思考题

1. 在实测聚合物形变-温度曲线时，你会发现聚合物不但没有被压缩，反而在形变-温度曲线上表现为在刚开始不久会出现有一个平坦的下凹，这是为什么？

2. 为什么由形变-温度曲线测得的 T_g 和 T_f 值只是一个相对参考值？T_g 和 T_f 值受哪些实验因素的影响？有何影响？

3. 聚合物的形变-温度曲线与其分子运动有什么联系？不同分子结构和不同聚集态结构的聚合物应有什么样的形变-温度曲线？

八、参考文献

1. 朱平平，杨海洋，何平笙. 从高分子运动的温度依赖关系看高分子运动特点[J]. 高分子通报，2005(5)：147-150.

2. 何平笙，朱平平，杨海洋. 对聚合物玻璃化转变的几点新认识[J]. 化学通报，2006，69(2)：154-157.

3. 何平笙. 高聚物的力学性能[M]. 合肥：中国科学技术大学出版社，1997.

4. 徐种德，何平笙，周漪琴，等. 高聚物的结构与性能[M]. 北京：科学出版社；马德柱，何平笙，徐种德，等. 2 版，1995.

5. 吴人洁. 高聚物温度-形变曲线全自动测定仪[J]. 化学通报，1962(1)：39.

6. 漆宗能. 简易型温度-形变仪[J]. 化学通报，1962(5)：46.

7. 潘鉴元，席世平，黄少慧. 高分子物理[M]. 广州：广东科技出版社，1981.

附录　差动变压器及其测量电路

差动变压器是一种电感量的传感器，靠它来把非电量的位移转换成电量。由于差动变压器构造简单并已商品化，灵敏度高(可测到 10^{-4} mm)，其测量线路也比较简单，更不必考虑温度补偿问题，加之在通常测量范围内，位移与输出的电量线性关系良好，特别适合于微小位移的测定，广泛用于热天平、应力松弛仪、热膨胀和形变-温度曲线测定仪上。

差动变压器的结构原理如图 9 所示。它是由一组初级线圈 L 和两组相同而反相串联的次级线圈 L_1 和 L_2 组成，在线圈中心放入可沿 AB 方向移动的软铁芯。工作时，由音频信号发生器向初级线圈 L 输入一音频信号。当铁芯中心位于 O 点处，铁芯对次级线圈 L_1 和 L_2 的互感 M_1 和 M_2 相等，即 $M_1 = M_2$，两个次级线圈的感应电动势大小相等、相位相反，互相抵消，输出为零。如果把铁芯向 A 方向作一定的位移，则 $M_1 > M_2$，次级线圈 L_1 和 L_2 上的电压分别为

$$e + \Delta e = i_o\omega^2 M_o M_1 / Z_c \tag{1}$$

$$e - \Delta e = i_o\omega^2 M_o M_2 / Z_c \tag{2}$$

这里 i_o 为初级线圈中的电流、ω 为所用的讯号电源的角频率、M_o 为铁芯与初级线圈中的互感，Z_c 为铁芯的阻抗，由于次级线圈 L_1 和 L_2 反向串联，所以总的输出为式(1)减式(2)，即

$$\Delta e = \frac{i_o\omega^2 M_o}{2Z_c}(M_1 - M_2) \tag{3}$$

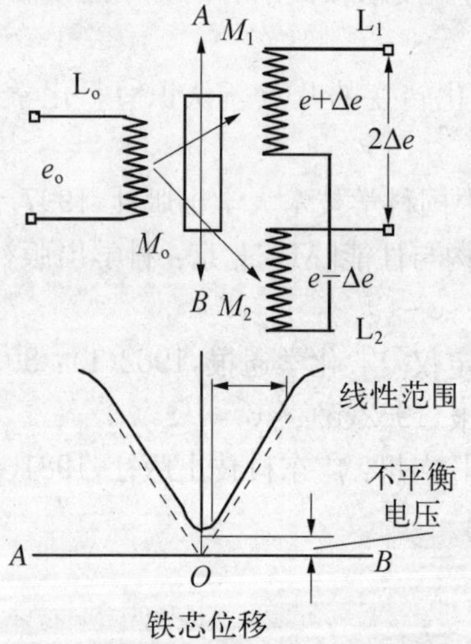

图 9　差动变压器结构原理及铁芯位移与输出电压关系

M_o、M_1、M_2 分别是线圈 L_o、L_1、L_2 的电感，AB 是铁芯的移动方向。在输入端有电压 e_o，在输出端就有 Δe 的输出

(3)式即是输出电压的电压差。因此差动变压器的灵敏度与使用的讯号电源频率、铁芯和 L_o 的互感以及铁芯的阻抗有关。当然式(3)是最简单的理想情况，实际情况要复杂得多。

差动变压器的输出电压与铁芯位移的关系在图 9 下部中有示，图中的虚线为理想特性，可以看到在零点两旁电压分别直线上升，但其相位差为 180°，实线表示实际特性，在铁芯位于零位附近，曲线弯曲而不通过零点 O，这是由初级线圈线间电容所产生的输入电压成 90°相位差的电压分量等因素构成的不平衡电压。另一个极端是当铁芯超出一定位移时，由于对较远线圈的互感变得很小，曲线的斜率也逐渐减小，在两端弯曲部分的大部分中段基本上呈线形关系，这段直线就是我们用来位移测量的线形范围。

差动变压器工作时，音频讯号发生器向初

级线圈输入一音频讯号。在一定范围内增加输入讯号的频率,可以提高灵敏度,但增加到某一频率值后,频率继续增加灵敏度不再增加,一般使用输入讯号频率约 2 kHz。

差动变压器的测量电路很多。我们实验室用的是相敏整流电路,它既可以甄别铁芯由零位上下移动的方向,还有助于增加测量的稳定度。

测量电路如下(图 10):图中用两个二极管作相敏整流,W 可调节记录仪的灵敏度。

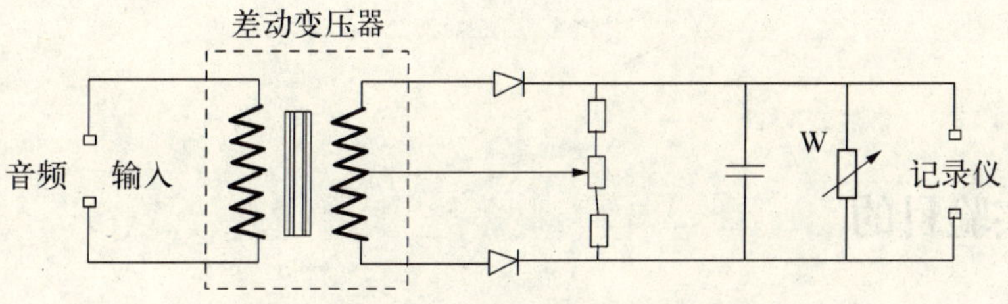

图 10　差动变压器的相敏整流测量电路

实验十二　用差示扫描量热法观测聚合物的热转变

一、实验目的

1. 了解差示扫描量热计(DSC)的基本工作原理。

2. 了解差示扫描量热法在聚合物凝聚态结构、分子运动以及性能研究中的应用。

3. 了解 Diamond DSC 的基本操作步骤及相关注意事项。

4. 观测聚对苯二甲酸乙二醇酯的热转变,并使用 Pyris Software 软件进行谱图分析,求取玻璃化温度、结晶温度、熔融温度以及结晶度。

二、实验原理

热分析是在规定的气氛中测量样品性质随温度或时间变化的一类技术,其中温度是按照一定的程序来控制的。热分析法广泛应用于研究物质的各种物理转变与化学反应,还可测定物质组成、特征温度等,也是研究聚合物结构、分子运动、热性能的有效手段。根据观测的物理量的不同,可以对热分析方法进行分类和定义,在朱诚身主编的《聚合物结构分析》一书中有较为详细的介绍。如,热机械分析和动态热机械分析都是测量力学性质与温度关系的热分析技术,前者是在程控温度下,测量物质在非振动负荷下的形变与温度关系的技术,其中负荷方式有拉、压、弯、扭等,后一种方法是在程控温度下,测量物质在振动负荷下的动态模量、力学损耗与温度关系的技术,包括悬臂梁法、振簧法、扭摆法、扭辫法以及黏弹谱法等;热重法、逸出气体分析和放射性热分析等则都是测定质量与温度关系的热分析法,其中热重法是在程控温度下，测量物质的质量与温度的关系的技术，逸出气体或放射性热分析则是在程控温度下，测量从物质中释放出的挥发性产物或放射性气体的性质或量与温度的关系；差热分析方法是在程控温度下，测量物质和参比物之间的温度差与温度关系的技术；而差示扫描量热法则是在程控温度下，测量维持物质与参比物温度一致的情况下输入到物质和参比物之间的功率差与温度关系的技术；热膨胀法是在程控温度下，测量物质在可忽略负荷时的尺寸与温度关系的技术；此外还有测定电学性质（如热介电法、热释电法等）、光学性质（如热显微镜法、热光谱法等）、声学性质（如热发声法等）和磁学性质（如热磁法）与温度关系的热分析技术。

其中，差示扫描量热法（Differential Scanning Calorimetry，简称 DSC）又可分为热流型和功率补偿型两种。热流型 DSC 中，样品和参比物放在同一个炉子中，其基本工作原理是，给予样品和参比物相同的功率，其中参比物在所测试的温度范围内不具有任何热效应，因此当样品状态发生变化，放热（如结晶）或吸热（晶体熔化、脱结晶水等）或发生化学反应时，样品的温度将高于或低于参比物温度。测定样品和参比物之间的温差，然后根据热流方程，将温差换算成热量差，并作为信号输出。而在功率补偿型 DSC 中，样品和参比物分别放在两个独立的炉子中，当样品发生热效应时，系统立即调整两个加热炉的功率，以维持样品和参比物温度始终一致。测定输入到物质和参比物之间的功率差，并直接作为信号输出。在功率补偿型 DSC 中，通常也就不区分样品温度和参比物温度，而统称为炉温或样品温度。

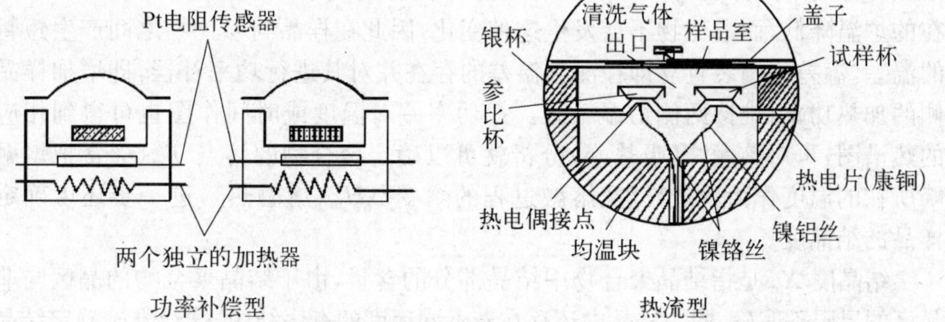

图 1　两种类型的差示扫描量热法

本实验采用的是美国 Perkin Elmer 公司（简称 PE 公司）生产的 Pyris Diamond DSC。它是一种功率补偿型差示扫描量热计，使用温度范围为 -170 ℃～

730 ℃。它有两种操作模式：常温模式（ambient mode）和低温模式（subambient mode）。其中，常温模式中采用的净化气体为高纯氮气，而低温模式净化气体则是高纯氦气，冷却装置可选用水循环冷却、内制冷机冷却、冰水浴冷却或液氮冷却。当用液氮冷却时，还要安装气帘系统，即采用高纯氮气"冲洗"炉块形成气帘，将湿空气挡在外面，避免结霜。此外，两个炉子（实际就是量热计）的质量要比热流式DSC的炉子轻很多，因此可实现更快速的可控升温或降温。使用铂金热电阻仪（而非热电偶）测量温度，还提高了测温精度。

DSC是在聚合物测试与研究中应用较多的方法，常用于研究聚合物的结晶行为、聚合物液晶的多重转变、共混物组分的相容性以及聚合物热稳定性、辅助聚合物剖析等方面。

如，聚合物在升温（或降温）中发生了结晶，则由于放出结晶热而使得样品所在的炉温升高，在样品与参比物之间产生短暂的温差，温差检测装置立即检测到温差的存在并对其进行负功率补偿，即减小样品侧的加热功率，以维持两侧炉温一致。最终把功率差对温度或时间作图即可得到相应的热谱图，分析结晶峰（放热峰）图形即可确定该聚合物的结晶温度 T_c（通常把结晶峰所在的温度作为结晶温度）以及在程序升温（或降温）过程中发生的结晶过程的焓变 ΔH_c（结晶热）。由于聚合物结晶能力以及结晶速度差异很大，有的聚合物在DSC升温（或降温）扫描过程中并不结晶，即不出现结晶峰，这里包括本身就不能结晶的非晶态聚合物、结晶速度较慢的聚合物在升温过程中来不及结晶以及在升温测试前已经有较高结晶度的聚合物等。

如果测试样品是已结晶的聚合物，或是在升温过程中结晶了，当等速升温到结晶部分的熔融温度时，结晶开始融化，伴随着出现吸热现象，这样使得样品所在的炉温降低，而参比物不会发生这种变化，因此在样品与参比物之间产生短暂的温差，温差检测装置立即检测到温差的存在并对其进行功率补偿，即增加样品侧的加热功率，维持两侧炉温一致。把功率差对温度或时间作图也可得到相应的热谱图，再对熔融峰（吸热峰）分析就可以确定聚合物的熔点 T_m（通常把熔融峰所在的温度作为熔点）以及熔融过程的焓变 ΔH_m（熔融热），进一步还可确定样品的结晶度。

结晶度 X_c 是指结晶聚合物中结晶部分的含量，由于结晶聚合物的晶区与非晶区的界限不明确，同一样品中还存在着不同程度的有序结构，这给准确确定结晶部分的含量带来困难，并且各种方法涉及不同的有序状态，因此结晶度数值随测定方法的不同而略有差异。在本实验（即量热法）中，结晶度是指结晶聚合物熔融所吸收的热量 ΔH_m 与形成100%结晶的同一聚合物熔融所吸收的热量 $\Delta H_{m(100\%)}$ 之比，考虑到有的聚合物在DSC热分析过程中（升温过程中）发生了结晶，因此结晶度（即指热分析前聚合物的结晶度）按下式计算：

$$X_{c,\ DSC} = \frac{\Delta H_m - \Delta H_c}{\Delta H_{m(100\%)}} \times 100\%$$

玻璃化转变是聚合物的一种普遍现象，对非晶态聚合物而言，是指其从玻璃态到高弹态的转变，对晶态聚合物，则是指其中非晶部分的这种转变，聚合物通常难以形成100%结晶，因此总有非晶区存在。根据聚合物玻璃化转变的热力学理论，在发生玻璃化转变时，Gibbs自由能的二阶偏导数（恒压热容、体膨胀系数等）显示不连续的变化，玻璃化温度常被称为二级转变点。用DSC对聚合物进行热分析（升温扫描），在聚合物发生玻璃化转变时，由于热容有突变，在热谱图上表现为基线的突变，由此可确定玻璃化温度 T_g。需要注意的是聚合物在发生玻璃化转变时，链段运动开始被激发，然而链段运动是一个弛豫过程，因此 T_g 强烈地依赖于测试条件（如测量方法、升温速率或降温速率等），也就不是真正的二级转变点。

三、仪器和样品

1. Perkin Elmer公司生产的Diamond差示扫描量热计（Diamond DSC）；
2. 坩埚和坩埚卷盘器；
3. 天平；
4. 聚对苯二甲酸乙二醇酯（PET）。

四、实验步骤

1. 开机并熟悉Diamond DSC配备的Pyris热分析软件Pyris Software 5.0

(1) 打开Diamond DSC电源开关，待仪器自检完成后，运行Pyris Manager，点击Pyris任务栏上的启动按钮 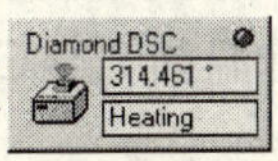

，约10秒后即可启动Pyris Software主界面，如图2所示，其中主要包括： 设备观察； 方法编辑； 数据分析； Pyris播放器； 开始/停止测试； 调节温度，配合其下方的输入框使用，可以快速将程序温度调节到指定温度；返回加样温度，将程序温度调整到加样温度，该温度可在“Preference”中定义；等温，任何状态下点击该按钮都将立即停止对程序温度的改变，进入恒温状态；清洗炉子。启动“清洗炉子”进程，方法是将炉温升高到600 ℃并保温一段时间；自动进样器控制，如果没有自动进样器，该按钮无效；炉盖加热器开关，对DSC前盖进行电加热，只能在低温操作时启动；炉块保护气体开关，在低温操作中使用氮气形成幕帘，避免炉块结霜；液氮供应开关；将热流调零，在进行数据采集前，使热流归零将方便同类曲线的比较。

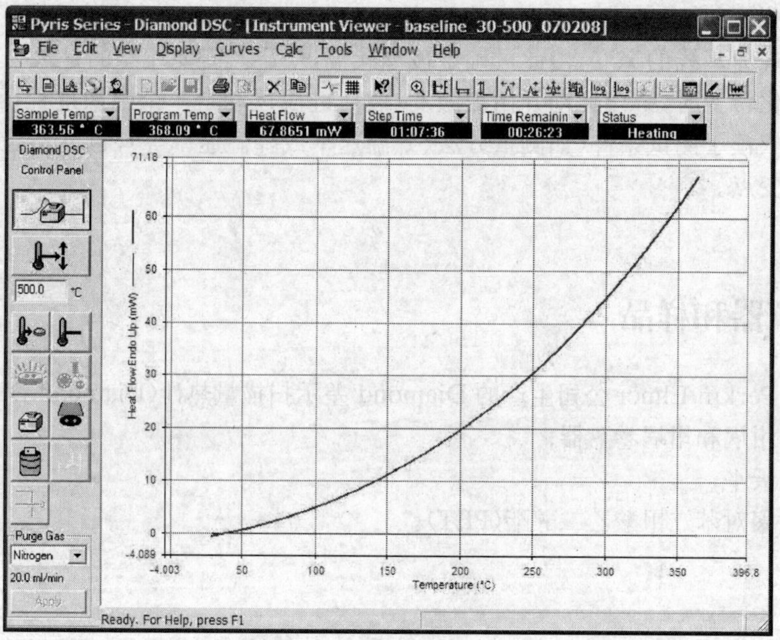

图2　Pyris Software的主界面

(2) 打开高纯氮气瓶阀门，控制流量在20 mL/min左右。

(3) 确认量热计中没有样品坩埚，在调节温度按钮下方的输入框中输入200，并点击调节温度按钮，使量热计迅速升温到200 ℃，并保持约2分钟。再点击返回加样温度按钮，使量热计回到室温。

2. 扫描基线

(1) 在样品池中放入一个加盖后经卷盘器压紧封合的空样品坩埚，关闭上盖。

(2) 点击方法编辑按钮，如图：

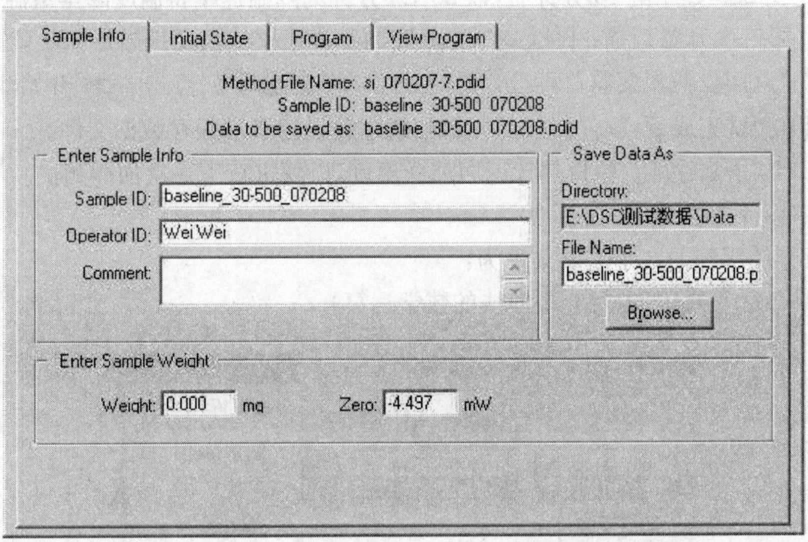

进入"样品信息"页面，在样品标示、操作员标示、评述、样品质量、文件名、路径选择等输入框中输入相应信息(其中样品质量必须设定为 0)。再点击"初始状态"菜单进入该页面，取消基线文件选择。另外还要选中"程序"菜单，进入后，指定基线扫描的起始、终止温度以及升温速率。需注意的是，在之后的样品分析时采用的升温速率(或降温速率)应与基线扫描时采用的升温速率(或降温速率)一致。

(3) 返回设备观察窗口，点击 开始基线扫描。完成扫描后，该数据文件将自动保存。理论上，采用某个升温速率扫描得到的基线只能用于相同升温速率的样品测试中，否则将会产生一定的误差。

3. 测试样品

(1) 在天平上准确称取少量(一般为 5 mg～10 mg)样品，将样品坩埚加盖后在坩埚卷盘器上压紧封合。

(2) 待量热计温度降至室温，取出样品池中的空坩埚，装入样品坩埚，关闭上盖。

(3) 在"样品信息"、"程序"页面输入样品信息，设定测试步骤(如起始温度、终止温度、升温速率或降温速率等，对于不同的聚合物，设定值可能不一样)。在"初始状态"页面将刚得到的基线文件指定为基线。

对于聚对苯二甲酸乙二醇酯，设定如下测试步骤：

a. 第一次升温扫描：以 20 ℃/分钟的升温速率从室温扫描到 280 ℃；

b. 在 280 ℃停留 10 分钟后，以 20 ℃/分钟的降温速率将温度降至室温；

c. 第二次升温扫描：再以 20 ℃/分钟的升温速率从室温扫描到 280 ℃。

(4) 返回设备观察窗口，点击 (可多次)将热流调零，点击 开始测试。

(5) 测试完成后，软件将按照样品信息中的设定自动保存数据文件。

(6) 点击 按钮，使量热计返回加样温度，以便进行下一次加样测试。

4. 分析谱图

可能使用到的几个主要菜单为：

(1) Math 菜单(主要实现曲线的数学运算)

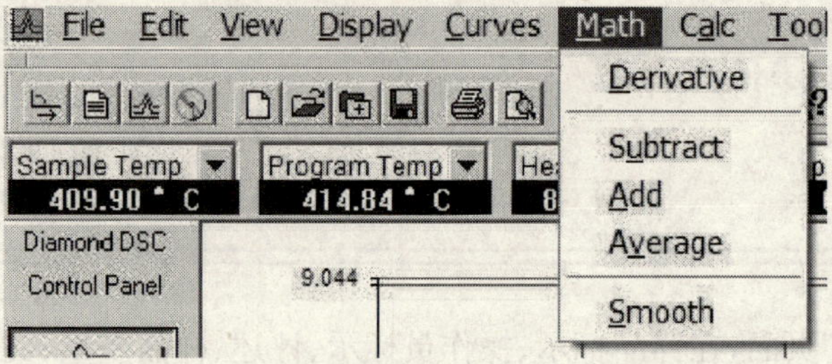

其中：

Derivative：求当前活动曲线的一阶导数；

Subtract：实现两条相同类型曲线的减运算；

Add：实现两条相同类型曲线的加运算；

Average：求两条或多条相同类型曲线的平均值；

Smooth：实现不平整曲线的平滑运算。

(2) Calc 菜单(包括了 DSC 数据分析的绝大多数命令)

其中：

Peak Area(峰面积)：进行活动曲线的峰面积以及相关计算；

Peak Search(峰搜索)：在指定的温度范围内搜索峰；

Onset：用于确定转变的开始点，即热流信号开始明显偏离基线的位置；

Oxidative Induction：进行氧化诱导时间的计算；

Response Ratio：计算响应比率，只适用于热流曲线，且横坐标应为温度；

T_g：分析玻璃化转变过程；

Step：用于分析台阶状转变，获得特征温度和台阶高度等；

Head Flow：专为 Stepscan DSC 设计，计算出当前活动比热曲线的热流曲线；

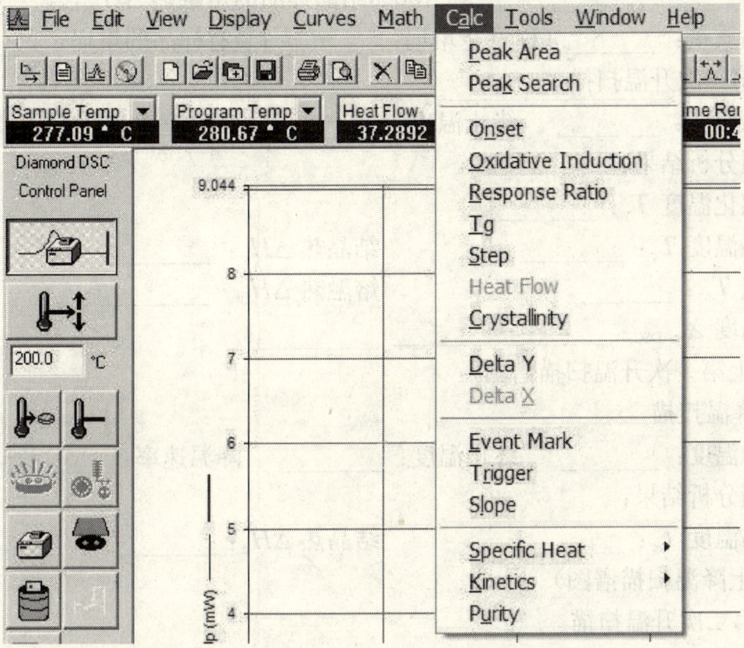

Crystallinity：计算两相体系(无定形态+结晶态)结晶度；

Delta Y：计算曲线上不同点之间的垂直距离；

Event Mark：读取某一点的 X 和 Y 坐标；

Trigger：与 Onset 命令相似,用于对 Onset 事件不明显的转变起始温度进行读取；

Slope：计算曲线的斜率；

灵活使用上述命令,便可以对热流曲线进行各种分析和计算。

5. 关机

(1) 在量热计达到加样温度后,取出样品池中的样品坩埚,关闭上盖。

(2) 依次关闭 Diamond DSC 电源开关,数据处理微机及相关外设,氮气钢瓶阀门。

五、数据记录和处理

仪器型号：________

样品：__________ 100%结晶样品的熔融热 $\Delta H_{m(100\%)}$：________

样品质量：________（称量空坩埚：________；装有样品的坩埚：________）

1. 第一次升温扫描

起始温度：________ 终止温度：________ 升温速率：________

谱图分析结果：

玻璃化温度 T_g：________

结晶温度 T_c：________ 结晶热 ΔH_c：________

熔点 T_m：________ 熔融热 ΔH_m：________

结晶度 $X_{c,DSC}$：________________

（附上第一次升温扫描谱图）

2. 降温扫描

起始温度：________ 终止温度：________ 降温速率：________

谱图分析结果：

结晶温度 T_c：________ 结晶热 ΔH_c：________

（附上降温扫描谱图）

3. 第二次升温扫描

起始温度：________ 终止温度：________ 升温速率：________

谱图分析结果：

玻璃化温度 T_g：________

结晶温度 T_c：________ 结晶热 ΔH_c：________

熔点 T_m：________ 熔融热 ΔH_m：________

结晶度 $X_{c,DSC}$：________________

（附上第二次升温扫描谱图）

六、思考题

1. 在DSC热谱图上，出现基线的突变即表明聚合物发生了玻璃化转变，简述其原因。

2. 如果采用较慢的升温速率，如10℃/分钟或5℃/分钟从室温升温扫描，测得的玻璃化温度将与20℃/分钟的升温扫描测试结果有何不同？

3. 比较本实验中两次升温扫描（同一种升温速率下）测试结果，有哪些异同点？结晶度为什么不一样？

七、参考文献

1. 朱诚身.聚合物结构分析[M].北京：科学出版社,2004.

2. 徐种德,何平笙,周漪琴,等.高聚物的结构与性能[M].北京：科学出版社；马德柱,何平笙,徐种德,等.2 版,1995.

3. 朱平平,杨海洋,何平笙.从高分子运动的温度依赖关系看高分子运动特点[J].高分子通报,2005(5)：147-150.

4. 何平笙,朱平平,杨海洋. 对聚合物玻璃化转变的几点新认识[J].化学通报,2006,69(2)：154-157.

5. 何平笙.WLF 方程——链段运动的特殊温度依赖关系[J].高分子通报,2002(2)：75-78.

实验十三　动态扭振法测定热固性树脂的固化曲线

一、实验目的

1. 通过对热固性树脂等温固化曲线的测定，了解其固化历程，求取凝胶化时间、固化时间和固化反应表观活化能。

2. 理解如何利用动态力学的方法来研究固化过程，并学习到我们创建的研究热固性树脂和树脂基复合材料固化的动态扭振法。

3. 学习把非电量的物理量（长度、扭矩、应力和应变等）转变为电量（电阻、电容和电感等）的技术要点。

二、实验原理

热固性树脂的固化属线形高分子的交联，历程复杂。高分子一旦发生交联就不溶不熔，致使固化过程的研究十分困难。传统上对固化的研究采用化学分析、红外光谱、量热法等化学手段来分析反应官能团的转化率。然而在固化的最后阶段官能团消耗程度的增加已经不明显，致使这些分析的灵敏度和功能大为减小。而正是这个最后固化阶段对固化产物的性能有很大影响，在很大程度上决定了固化树脂的最佳性能。

但固化总与力学性能有关。从力学性能来看，固化过程是树脂聚合物模量逐渐增加的过程。在某些分析技术灵敏度急剧下降的固化最后阶段，其在力学强度上却有很好的反映，不同的固化程度可以通过它们模量的变化反映出来。因此，用力学的方法可以很好地研究热固性树脂的固化过程。使用动态力学方法可以由一个单独的实验来监测聚合物从液态到固态交联树脂转变的固化全过程，逼真地模拟整个成型工艺，并反映材料力学性能随温度变化的规律，得到一些固化反应表观动力学的数据。在筛选配方的固化条件时，它和力学破坏实验相比省力省时，颇受工业界的欢迎。

动态扭振法是我们创立的研究热固性树脂和树脂基复合材料固化的新方法，它是强迫振动非共振法的一种，它以一定速率不断对树脂固化剂体系作小角度扭振，测定为维持这扭振所必需的扭矩的变化。随着固化程度的增加，树脂的模量变大，扭矩也随之增加，因此这扭矩的大小就反映了树脂的固化程度。根据这个方法原理构造的树脂固化仪装置原理见图 1，仪器主要由三部分组成，即温度的控制和测量，扭矩的测定和记录，机械传动。内装加热丝的下模 3 填充待测树脂试样，合模后由它做小角度的扭振运动。开动升降电机 6 使上模 2（也装有加热丝）向下运动而合模，上下模之间的间距可以根据需要加以调节。一旦合模，扭振电机迫使下模 3 扭振。扭振的角度也可根据固化后树脂的硬度不同由减速齿轮上的偏心轮 4 调整。扭振运动通过树脂层传给上模 2，并由应变片电桥组成的测力传感器 1 转换为电量，经放大器放大后记录。上下模的温度由各自的温控装置调控。所有动作均由计算机控制。

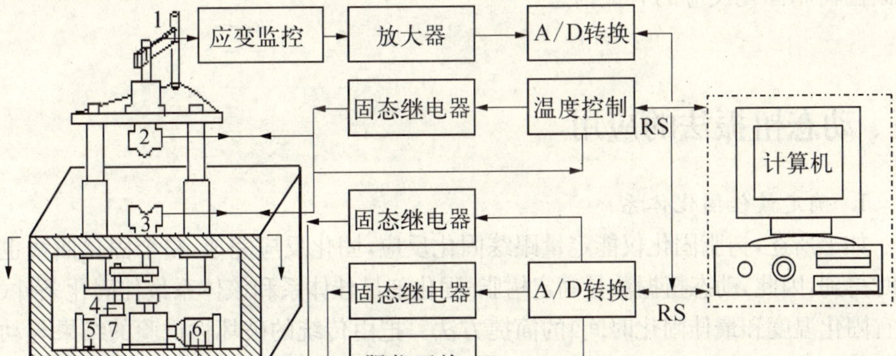

图 1　树脂固化仪及其原理图

1. 测力传感器；2. 上模；3. 下模；4. 偏心轮；5. 扭振电机；6. 升降电机；7. 变速箱

实验得到的是一条如图 2 所示的连续曲线。横轴是固化时间，纵轴是为使树脂作小角度扭振所需要的扭矩。因为它对应于固化体系的模量，因此可以看作是热固性树脂固化程度的一个相对参数。那么实验曲线的外包络线就能够看作是热固性树脂的固化曲线。固化起始时间为 O，在 OA 段时间里固化还没有表现出来，树脂一直保持液体的状态，反映在固化曲线上就是一条直线。从 A 点开始，线形的高分子链交联使本来是液态的树脂开始出现凝胶，丧失流动性。所以 OA 段反映的时间就是热固性树脂的凝胶化时间 t_g。t_g 是热固性树脂浇铸工艺的极限时间，也对树脂基复合材料加压点的选择有重要参考意义。A 点以后树脂的模量增加，增加的快慢反映固化反应速度。因此曲线 AB 段的斜率就是树脂的固化速度。以后随时间的增加，模量的改变渐趋平坦，最后达到平衡，即达到了完全固化。再延长固化时间对固化过程不起多大作用，因此，这就是树脂的最合宜固化时间 t_c。并从这模量平衡值的大小可估算树脂的固化程度。若比较不同配比、不同温度下的固化程度，就可得到完整的固化工艺条件、最佳配比、最合宜固化温度和固化时间。

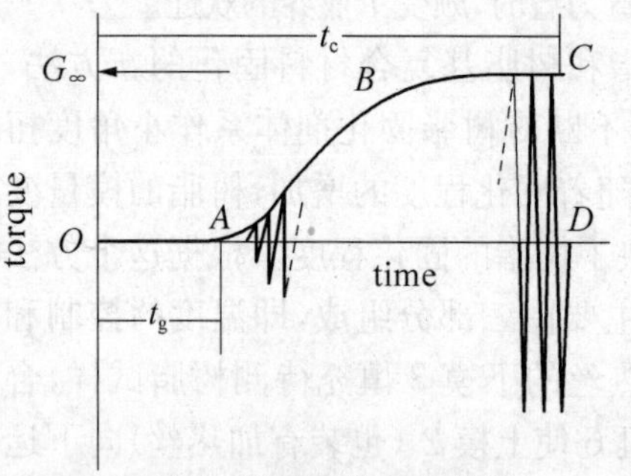

图 2　等温固化实验曲线

t_g 为凝胶化时间；t_c 为完全固化时间；G_∞ 为极大扭矩

与其他的动态力学方法相比，动态扭振法的优点在于它定量跟踪固化反应，一旦固化反应完成，整个固化曲线也就同时得到了。而从这固化曲线可以得到许多热固性树脂固化反应的有关信息。

三、动态扭振法的应用

1. 确定最佳固化体系

如上所述，树脂固化仪能定量跟踪固化反应，固化反应完成，整个固化曲线也就同时得到，因此，动态扭振法是确定树脂-固化剂最佳体系和该体系最佳固化条件（最合宜固化温度和最佳固化时间）的简捷方法。把由传统的破坏性试验的结果与动态扭振法的结果比较最能说明问题。图 3 是安徽一号环氧树脂胶-固化剂体系同一配比分别在 60 ℃、80 ℃和 100 ℃下和三个不同配比下 60 ℃的等温固化曲线；图 4 则是同一树脂体系不同配比和不同温度下的剪切强度试验，两个试验都得出在配比为 5∶1 和 60 ℃下等温固化安徽一号环氧树脂胶有最好的胶接性能，相符很好。

热固性树脂最佳固化条件的确定在生产中具有特殊的作用。一方面，最佳树脂-固化剂配方能保证产品的使用性能；另一方面，在确保产品质量的前提下，确定最佳固化温度和固化时间有可能缩短生产周期和降低能耗，提高生产效率。某电器厂生产的大型高压互感器一直沿用几十年前留下来的配方和固化工艺，整个固化过程需时 24 h 之久。用树脂固化仪对该配方的固化过程进行了测试，除了得到凝胶

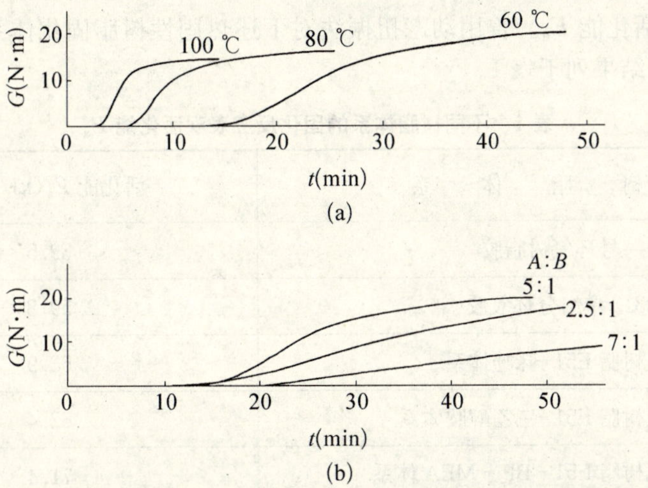

图 3　安徽一号环氧树脂不同温度(a)和不同配比(b)下的等温固化曲线

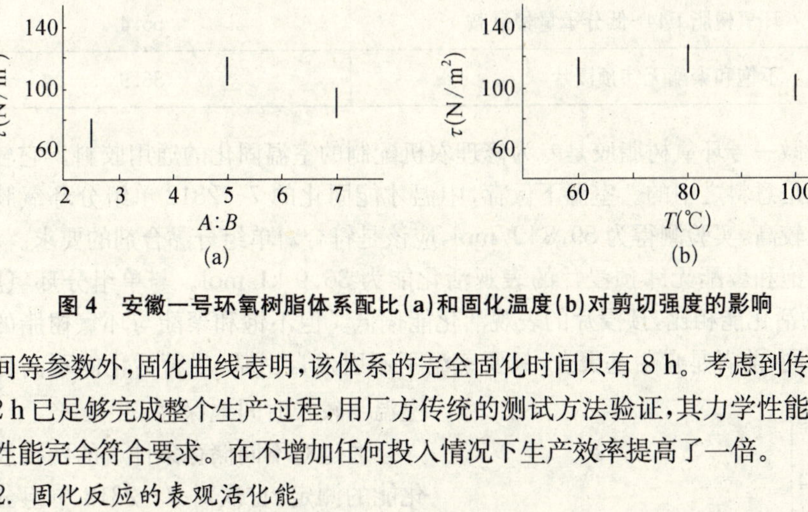

图 4　安徽一号环氧树脂体系配比(a)和固化温度(b)对剪切强度的影响

化时间等参数外，固化曲线表明，该体系的完全固化时间只有 8 h。考虑到传热等因素，12 h 已足够完成整个生产过程，用厂方传统的测试方法验证，其力学性能和电气绝缘性能完全符合要求。在不增加任何投入情况下生产效率提高了一倍。

2. 固化反应的表观活化能

固化反应表观活化能是固化反应中最有用的反应动力学参数。它反映了树脂体系是否容易固化和固化反应的温度依赖性。根据 Flory 凝胶化理论，固化树脂体系在凝胶点时的化学转化是一定的，与反应温度和实验条件无关。因此可由凝胶化时间 t_g 来求出固化反应的表观活化能 E_a。它们的关系是

$$\ln t_g = C + E_a/RT \tag{1}$$

式中，T 为固化反应时间；R 为气体常数；C 为常数。将 $\ln t_g$ 对 $1/T$ 作图，从斜率

可求得表观活化能 E_a。曾用动态扭振法对下述热固性树脂固化体系进行了表观活化能测定，结果列于表 1。

表 1　不同树脂体系的固化反应表观活化能 E_a

树　脂　体　系	活化能 E_a(kJ/mol)
安徽一号环氧树脂胶	39.5
7 - 2312 单组分环氧胶	59.8
环氧树脂 E51 -咪唑体系	53.9
环氧树脂 E51 -三乙醇胺体系	62.4
环氧树脂 E51 - BF_3 - MEA 体系	71.4
环氧树脂 E51 - T31 体系	52.7
环氧树脂 E44 -低分子量聚酰胺	55.4
不饱和聚酯无纬预浸片	36.9

安徽一号环氧树脂胶是专为修理农机配制的室温固化的通用胶料。它较低的活化能是意料之中的。室温下保存，中温才能固化的 7 - 2312 单组分环氧胶要求活化能较高，实验测得为 59.8 kJ/mol，应该是符合对单组分黏合剂的要求。

不饱和聚酯无纬预浸片的表观活化能为 36.9 kJ/mol。与单组分环氧胶 7 - 2312 的活化能相比，预浸片的表观活化能偏低。但不饱和聚酯与环氧树脂的固化机理不同，前者是自由基聚合，只要室温下不引发自由基，尽管活化能不高也能在室温下较长时间地保存。

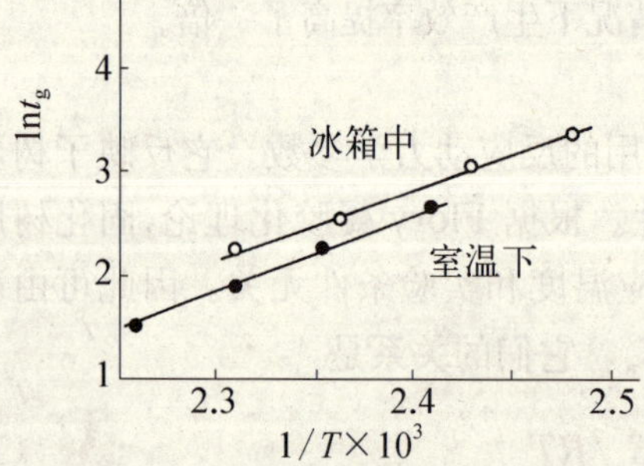

图 5　不同储存条件下的 7 - 2312 单组分胶的 $\ln t_g \sim 1/T$ 作图

通过对不同储存条件下的两批胶料活化能的测定，首次对 7 - 2312 单组分环氧胶的储存期给出了科学的数据。储存在室温达 9 个月并经历了一个 35 ℃高温的夏天的 7 - 2312 胶，其凝胶化时间明显缩短，说明确有少量胶料已初步固化，但达到完全固化的时间相差不大，特别是它与保存在 5 ℃冰箱中的同样的 7 - 2312 胶料的 $\ln t_g \sim 1/T$ 几乎平行（图 5），表明不同储存条件下两批胶料的基本化学组成和随后的固化反应没有什么根本差别，从而说明了 7-2312 单组分胶的“潜性固化剂”是可靠的。

3. 求取固化反应其他表观动力学参数

固化反应其他表观动力学参数包括反应速率常数和凝胶点时的反应程度等。曾用三乙醇胺作为交联剂来固化环氧树脂 E51，100 ℃下该体系的等温固化曲线如图 6 所示。设 G_∞、G_t 分别表示该固化体系的最大扭矩和在 t 时刻的扭矩，若固化为一级反应，则有

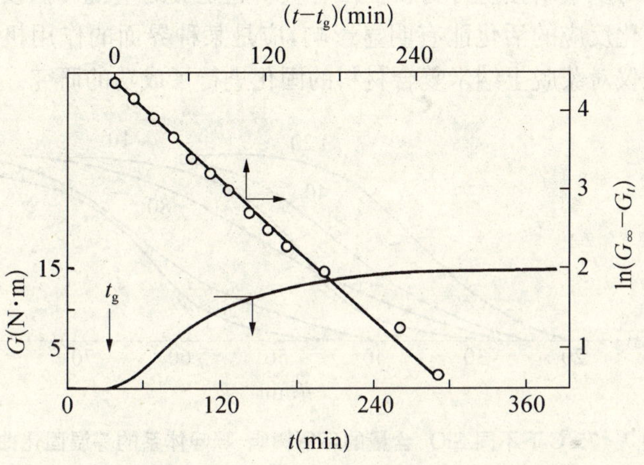

图 6　环氧树脂-三乙醇胺体系 100 ℃下等温曲线及 $\ln(G_\infty - G_t) \sim (t - t_g)$ 关系图

$$\ln(G_\infty - G_t) = -k(t - t_g) \tag{2}$$

以 $(G_\infty - G_t)$ 对 $(t - t_g)$ 作图，直线斜率即为固化反应速率常数 k。环氧树脂-三乙醇胺体系的这个关系也见图 6。很好的线性表明该树脂体系的固化反应确是一级反应，并从直线斜率求得 $k = 0.015\ \text{min}^{-1}$。根据一级反应的时间与反应程度的关系，并假定凝胶点前后反应速率常数相同，即可求得该体系凝胶点时的反应程度为

$$P_c = 1 - \exp(-kt_g) = 1 - \exp(-0.015 \times 43.8) = 48.2\ \% \tag{3}$$

与理论值 50%非常接近。

4. 粉状填料对热固性树脂固化反应的影响

无机颗粒粉料，如硅微粉、云母粉和 $CaCO_3$ 粉等常用来增强树脂的强度和降低成本，其加入量有时甚至超过了树脂本身。粉料填料的加入肯定会对纯树脂的

固化行为有影响。因此已不再能沿用纯树脂的固化工艺，而必须研究填料对树脂固化反应的影响。树脂固化仪半球形的下模为这种研究提供了可能性。曾在环氧树脂-咪唑体系中加入 0～120 phr 不等的硅微粉，测定它们的等温固化曲线，见图7，比较 75 ℃下不同硅微粉含量的等温固化曲线可以看到，随填料含量增加，体系的凝胶化时间缩短。开始比较明显，但当填料含量增加到 20 phr 以后，随填料含量增加，凝胶化时间缩短得越来越少，直到 120 phr，凝胶化时间仍比纯树脂的来得短。由此可见，填料的加入不但能对固化树脂起增强作用外，它们对树脂的固化行为也有影响。对从事增强复合材料工作者应引起足够的重视。但没有发现硅微粉粉料对树脂固化反应的活化能有明显影响，应是某种界面的作用机理。近年我们还用树脂固化仪对蒙脱土纳米复合材料的固化进行了成功的研究。

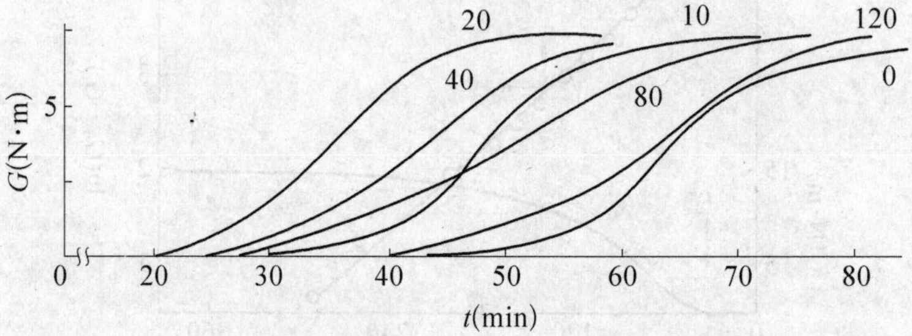

图 7　75 ℃下不同 SiO_2 含量的环氧树脂-咪唑体系的等温固化曲线

5. 玻璃纤维增强复合材料的固化

确定固化条件也是玻璃纤维增强复合材料成形工艺的重要问题之一。与粉状填料一样，玻璃纤维增强复合材料中的无机纤维的加入量也是很大的，同样不能沿用纯树脂的固化条件。作为动态扭振法的 HLX－Ⅱ型树脂固化仪备有两套模具：半球型模和平板模。平板模并配合扭振角度的适当减小就能用于树脂基玻璃纤维复合材料(预浸片)的固化。

把不饱和聚酯预浸片剪成规定大小的圆片，按正交方式叠合成 16 层充满下模。由于玻璃纤维预浸片起始状态为固体，因此在时刻 *O* 就有了一个起始扭矩。在固化的起始阶段，因温度升高引起的物料软化是主要的，扭矩连续减小，直到极小值。以后线形的高分子链变成网状结构，因此不饱和聚酯预浸片的固化曲线是一条有极小值的酒杯状曲线。厂方提供的预浸片的固化工艺条件是 80 ℃下 2 h，110 ℃下 2 h，再升温至 140 ℃保持 17～20 h。我们用动态扭振法在上述三个温区作了固化试验，结果表明 80 ℃和 110 ℃下各 2 h 是必要的，但在 140 ℃下固化只 1 h扭矩就不再增加，固化曲线趋于平衡，固化已实际完成。因此，不饱和聚酯无纬预浸片小试件的固化工艺条件至少可以减短为 80 ℃ 2 h,110 ℃ 2 h,140 ℃ 1 h。原固化时间显然是过长了。

6. 固化过程的理论预估

我们在发展研究复合材料固化过程动态扭振法的同时,试用非平衡态热力学涨落理论来预估固化行为。非平衡态热力学涨落理论,与通常依据量热学的固化动力学模型不一样,是直接描述固化过程中体系物理力学性能的变化。按 Hsich 的这个理论,在任何一个固化反应过程中,体系物理力学性能的变化都可由热力学有序参数的均方涨落值来估算。由此可推得固化过程中任何时刻 t 时的物理力学量 $G(t)$ 为

$$G(t) = G_{\infty}\left\{1 - \exp\left[-\left(\frac{t - t_g}{\tau}\right)^{\beta}\right]\right\} \tag{4}$$

这里,τ 是松弛时间,可由 $G(t_g + \tau) = G_{\infty}(1 - e^{-1}) = 0.63G_{\infty}$ 直接从实验固化曲线读出;β 是松弛时间分布宽度,可由最小二乘法的最佳拟合求得。这样从有限的实验求出 G_{∞}、t_g(如上所述,凝胶化时间也直接可从固化曲线求得)和 β 后,即可计算树脂在固化过程中任何时刻的物理力学量,从而预估树脂的固化行为。我们曾对环氧树脂-咪唑体系、环氧树脂-三乙醇胺体系和环氧树脂- BF_3- MEA 体系进行等温固化,来验证非平衡态热力学涨落理论的公式(4),理论线与实验等温固化曲线有很好的符合。作为例子,这里仅给出环氧树脂 E51 -咪唑体系 75 ℃,85 ℃和 95 ℃的理论和实验曲线比较(图 8)。非平衡态热力学涨落理论直接把固化参数(时间、温度和配比)与树脂体系的网络物理力学性能相联系,因此,比建立在量热学基础上的其他固化理论更有实用性。

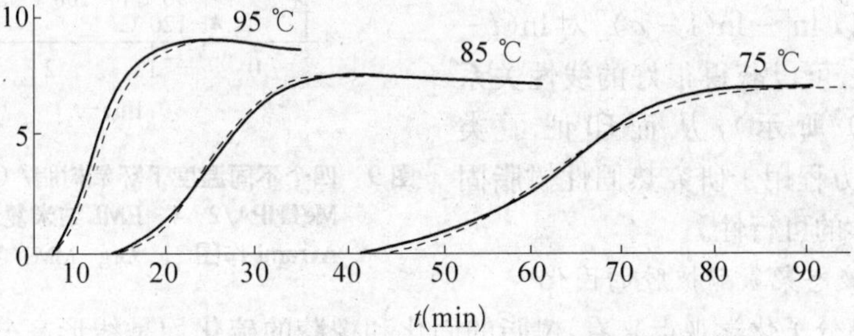

图 8　环氧树脂-咪唑体系 75 ℃、85 ℃和 95 ℃理论预估(虚线)与实验固化曲线(实线)的比较

特别有意思的是描述聚合物等温结晶动力学的 Avrami 理论也可以用来研究热固性树脂的固化动力学,因为从广义上讲,结晶可以被考虑成物理交联,无定形

交联聚合物在高交联度下的行为与聚合物在高结晶度下的行为相似。如用相对固化程度代替相对结晶度，则描述环氧树脂固化过程的动力学方程（类 Avrami 方程）可表示为：

$$\alpha = 1 - \exp[-k(t - t_g)^n] \tag{5}$$

取对数两次，即可得方程：

$$\ln[-\ln(1-\alpha)] = \ln k + n\ln(t - t_g) \tag{6}$$

式中，α 为凝胶点后的相对固化程度，k 为表征凝胶点后的固化速率的常数，n 为表征反应机理的 Avrami 指数。从速率常数对温度的 Arrhenius 依赖关系可以得到体系的表观活化能 E_a。在给定固化温度下，令 $\frac{d^2\alpha}{dt^2}=0$，凝胶点后达到最大固化速率的时间 t_p 可由下式求出：

$$t_p = \left[\frac{n-1}{\ln k}\right]^{1/n} \tag{7}$$

利用经过修饰的类 Avrami 方程对凝胶点后固化反应进行分析，可以帮助获得固化过程中微观物理信息。如在环氧树脂/有机蒙脱土（Org－MMT）/甲基四氢邻苯二甲酸酐（MeTHPA）/2－乙基－4－甲基咪唑（2，4－EMI）剥离型纳米复合材料的固化中，以 $\ln[-\ln(1-a)]$ 对 $\ln(t-t_g)$ 作图，可以获得很好的线性关系（如图 9 所示），从而印证了类 Avrami 方程用于研究热固性树脂固化动力学的可行性。

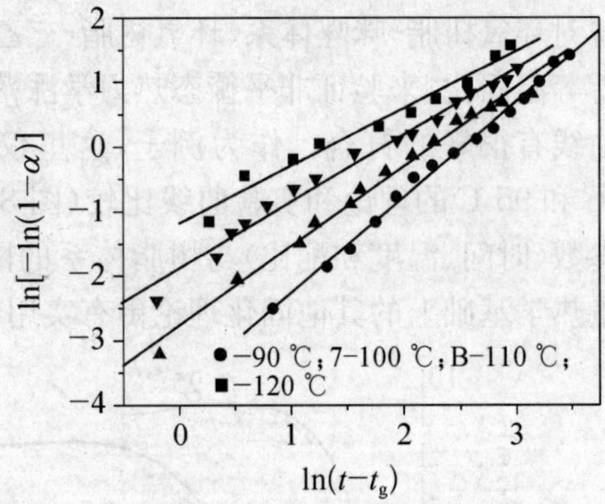

图 9　四个不同温度下环氧树脂/ Org－MMT / MeTHPA/2，4－EMI 纳米复合材料典型的 Avrami 作图　Org－MMT 含量为 5 phr

7. *液态聚氨酯橡胶的固化*

从高分子化学观点来看，树脂的固化和橡胶的硫化均是线形高分子的交联反应，因此作为动态扭振法的树脂固化仪完全可以用来研究橡胶的硫化。特别是像聚氨酯这样的液态橡胶其力学状态与未固化前的树脂几乎是一样的。唯一不同的是像聚氨酯这样的橡胶固化后的模量比较小（但仍比一般硫化橡胶的来的大），这时只需调整下模的扭振角度使适合液态橡胶聚氨酯固化的需要。实验表明，0.7°

的下模扭振角度很适合浇铸型液态聚氨酯橡胶(固化剂为4,4′-亚甲基双2-氯苯胺,即MOCA)固化的研究。

8. 蒙脱土纳米复合材料的固化

应用树脂固化仪得到的E-51环氧树脂/咪唑/蒙脱土纳米复合体系(含5 phr有机蒙脱土)的等温固化曲线如图10所示。可以看出,随着固化温度提高,固化速率逐渐增加,凝胶化时间和完全固化时间缩短。蒙脱土的加入与加入量的多少,对固化后的复合体系模量基本上没有影响。蒙脱土片层阻碍了环氧树脂在穿透片层方向上的交联,同时起应力集中点的作用,使基体强度下降。而蒙脱土片层本身极高的模量及其与基体良好的亲和力又使基体模量提高,因此总的结果对环氧树脂固化影响不大;也正是这种原因,交联的热固性树脂模量没有降低,而韧性大幅度提高。

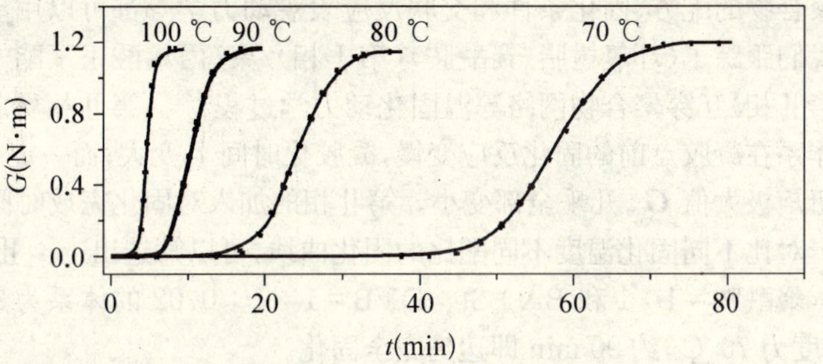

图10 用咪唑固化的环氧树脂/Org-MMT纳米复合材料的等温固化曲线

Org-MMT含量为5.0 phr

9. 热塑性塑料PMMA(及其复合材料)的本体聚合

图11为树脂固化仪监测到的PMMA /蒙脱土(2.0 phr)体系40 ℃下的聚合曲线。“凝胶”形成后,聚合曲线明显地呈现出两个升值段。升值段a是MMA单

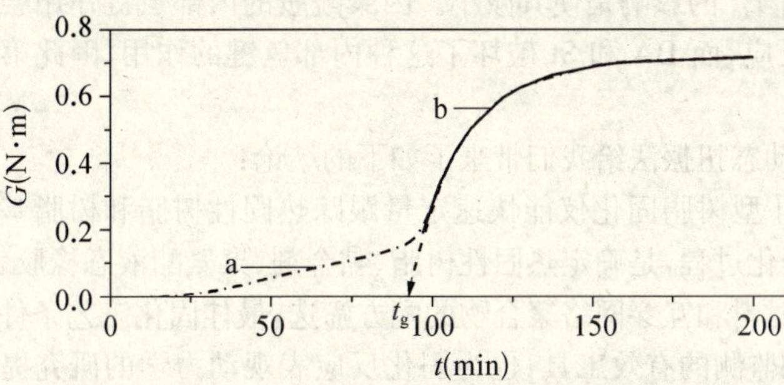

图11 PMMA/ Org-MMT纳米复合材料的等温固化曲线

Org-MMT含量为2.0 phr

体在引发剂引发下本体聚合而引起的扭矩增加，升值段 b 的产生可以认为是 MMA 聚合时放出的热量破坏了蒙脱土片状叠层结构，将微米尺度的蒙脱土微粒剥离成纳米厚度的片层单元，均匀地分散在聚合物中而引起的。

高分子链段在聚合过程中与有机蒙脱土片层的相互作用形成交联，体系扭矩迅速增大。这些结果说明 PMMA/蒙脱土纳米复合材料中蒙脱土片层起到了物理交联点的作用。按 Flory 凝胶化理论由 t_g 求得的表观活化能 E_a 随蒙脱土含量的增加有缓慢增加的趋势，这主要是由于蒙脱土所起的稀释作用使体系反应变慢和"凝胶"反应前蒙脱土片层对反应的阻碍作用。

10. *动态扭振法研究互穿网络聚合物的交联*

互穿网络聚合物是一种特殊的交联聚合物，具有互相贯穿的交联结构。因此互穿网络聚合物的配方、固化条件和交联反应表观动力学等都可以用动态扭振法来研究。我们跟踪了(环氧树脂-聚酰胺)(第Ⅰ相)/聚(丙烯酸正丁酯-二丁烯苯-苯乙烯)(第Ⅱ相)互穿聚合物网络等温固化动力学过程[12]。第Ⅱ相所起的稀释作用使整个体系在凝胶点前的固化反应变慢，凝胶化时间 t_g 变大；而一定的增塑作用使试样的扭矩极大值 G_∞ 几乎全部变小。第Ⅱ相的加入对固化完成时间 t_c 的影响比较复杂。对比不同固化温度不同配比的固化曲线，可以筛选出Ⅰ：Ⅱ＝80：20、环氧树脂：聚酰胺＝1：1 和 BA：St：DVB＝1：1：0.02 的体系为最佳配比体系，固化温度为 70 ℃，约 90 min 即达到完全固化。

第Ⅰ相环氧树脂和聚酰胺的配比对表观活化能 E_a 影响复杂，E_a(由 Flory 理论求得)随聚酰胺含量的增加先减后增。聚酰胺作为低分子量的固化剂，其相对用量的增大使第Ⅰ相反应中低分子量反应物的浓度增大，反应速率提高；但增加到一定值时，第Ⅰ相交联度增大使体系黏度增大，大分子反应链运动困难而使反应速率降低。第Ⅱ相含量增加，E_a 增大，交联剂 DVB 的用量对 E_a 几乎无影响，而 BA 和 St 配比的增大对 E_a 的影响是使其减小。因聚酰胺的内部氢键作用会阻碍其与环氧树脂之间的反应，而 BA 和 St 破坏了这种内部氢键的作用，因此第Ⅰ相反应变快，活化能变低。

综上所述，动态扭振法给我们带来了如下的结论：

1. HLX－Ⅱ型树脂固化仪能快速定量跟踪热固性树脂和树脂基复合材料在实际成形中的固化过程，是确定热固性树脂、黏合剂、聚氨酯液态橡胶、树脂基复合材料、纳米复合材料和互穿网络聚合物的配方筛选，最佳固化工艺条件的选择以及生产质量控制和监测的有效工具，也为固化反应表观动力学的研究提供了又一个动态力学方法。

2. 不同批号的环氧树脂、不饱和聚酯，尽管它们的化学指标都合格，其固化行为有可能是不同的，因此，对这些树脂，单单有化学标准是不够的，必须建立它们的固化指标。

3. 无机填料对热固性树脂的固化行为有明显的影响。因此不管是粉料填充的树脂基复合材料还是玻璃纤维复合材料的固化不能再沿用纯树脂的固化条件，而应该重新制定。

4. 非平衡态热力学涨落理论可以很好地描述热固性树脂和树脂基复合材料的固化行为。有了公式(4)，就可以从有限的实验来计算树脂固化过程中任何时刻的物理力学量，从而预估热固性树脂或树脂基复合材料的固化行为。

5. 测量仪器的计算机化是现代仪器的发展趋向。完全计算机控制的全自动树脂固化仪已研制成功。

四、仪器及药品

1. 树脂固化测定仪一台(HLX-Ⅱ)；
2. 计算机一台；
3. 半微量分析天平一台；
4. 环氧树脂 E44；
5. 低分子量聚酰胺；
6. 硅酯若干；
7. 小毛刷。

五、实验步骤

1. 接通总电源，接通调压变压器电源和扭振电机电源。

2. 接通 AI-708 温控仪电源，设定温度，开始给固化仪上、下模加热，使模具升温到指定温度并恒温。

3. 在洗净的聚四氟乙烯称量器中称量 1.5 g 左右的环氧树脂，再在上面按配比称取一定量的固化剂，迅速搅拌均匀。

4. 打开计算机进入 NT(用户名：pub)，点击快捷方式 Module，从组态控制系统界面的文件菜单中打开运行监控程序。

5. 点击启动测试按钮，计算机开始记录数据。缓慢调节调零旋钮(顺时针转动增大)，把记录初点调到 20.00 左右，稳定后点击结束测试按钮，完成基线调整。

6. 在上、下模具中均匀涂覆一薄层硅脂脱模剂。

7. 把配好的树脂-固化剂体系刮入固化仪的下模中(不超过下模容积的2/3)。

8. 打开升降电机电源开关，按升降开关使上下模合拢，在合拢的瞬间打开扭振电机开关，开始给固化体系施以小角度扭振。

9. 在打开扭振电机的同时，迅速点击计算机启动测试按钮，开始记录。

10. 当扭矩基本保持不变(已固化完全)时，点击结束测试按钮，计算机结束数据记录。

11. 点击数据存盘按钮，将实验数据存盘。

12. 关闭扭振电机开关和温控仪电源开关，停止扭振和加热。

13. 按升降电机开关，开模并将上、下模清理干净，然后将升降杆调至中程。

14. 关闭升降电机电源开关，断开扭振电机电源和调压变压器电源。

15. 关闭计算机，关闭总电源。

[注意事项]

1. 本仪器一般不能做含有大量溶剂或挥发物的物料，不然大量气泡产生会影响实验结果，对于因混料而混入的少量气泡，可在合模前静置一个统一的时间或用尖针加以消除。

2. 由于实验对象是热固性树脂，黏接力极强，所以上、下模一定要涂上薄薄一层硅脂，以便能很好地脱模。

六、数据记录和处理

1. 描图

在计算机 module 的运行监控操作界面下打开保存的固化曲线，然后按下键盘的“Print Screen”键，将抓取图形黏贴到画图板上。在画图板上描出等温固化曲线的外包络线的上半部分，并将基线定为横轴(时间/min)，纵轴为扭矩，标出坐标轴刻度，原点坐标为(0, 0)。擦除其余部分并保存。

2. 图形数据化

打开 Windig 软件，点击 File/Open，打开画图板上描出的图形。点击 Rubber 按钮，紧贴凝胶点 A 擦断其两侧的时间轴。点击鼠标右键将光标符号变成红“+”字，再点击 Define 按钮，分别定出原点及横、纵轴上各一点的坐标。然后将光标对准曲线一端，按下回车键，计算机屏幕上即显示出所采录的数据并保存。

3. Origin 绘图

(1) 绘图

打开 Origin 操作窗口，点击菜单 File/Import/ASCII，打开保存的数据文件，这样即将数据导入工作表。选中 A(X)，B(Y)列数据，分别定为 A 栏、B 栏。点击 Plot/Line，用 Origin 画出等温固化曲线并保存。

(2) 读取数据

点击 Tools 工具栏的 Data Reader 按钮，光标变成“田”字形，将“田”字对准曲线上任一点，点击鼠标左键即显示该点坐标。读出凝胶点 A 及固化平衡的起始点 C 坐标(精确到小数点后二位数字)，分别得到 t_g 和 t_c 值。读取各温度下树脂完全固化时的平衡扭矩 G_m，并比较它们的大小，从而知道树脂在各不同温度下固化的相对程度。

4. 把三个不同温度下求得的 t_g、t_c列于下表中：

T/℃	T/K	$1/T$	t_g/min	$\ln t_g$	t_c/min	E_a/kJ·mol^{-1}	G_m/N·m

将三组 $\ln t_g \sim 1/T$ 值直接输入 Origin 工作表中绘出 $\ln t_g \sim 1/T$ 曲线，点击 Analysis/Linear Fit 进行线性拟合，由曲线斜率按 Flory 公式：$\ln t_g = C + E_a/RT$，求取固化反应表观活化能 E_a。同时比较不同温度下的 t_c值。

5. 用直尺量取各温度下树脂完全固化时的平衡扭矩 G_m，并比较它们的大小，从而知道树脂在各不同温度下固化的相对程度。

七、讨论和思考题

1. 在作环氧树脂固化时，当达到该温度下平衡扭矩后，如果再增加温度，扭矩又有所增大，但如果作不饱和聚酯的固化时，再增加温度就没有扭矩继续增大的现象，这是为什么？

2. 动态扭振法与其他动态力学方法，如动态扭辫法或动态振簧法相比各有什么优缺点？

3. 你对用力学量的改变来跟踪体系的化学反应还有多少了解？

八、参考文献

1. J.K. Gillham. CRC Critical Reviews in Macromolecular Science [M]. Boca Raton，FL：CRC Press，1972.

2. 杨玉昆，张秀梅，李宗禹，等.动态弹簧分析片的改进及其在环氧树脂固化过程中的应用[J].高分子学报，1981(5)：41.

3. 何平笙.动态力学方法及其在热固性树脂固化过程研究中的应用[J].黏合剂，1983(4)：10.

4. 李春娥，曹淼涌，何平笙，等.研究热固性树脂固化过程的新方法[J].工程塑料应用，1983(3)：42.

5. 何平笙，李春娥.动态扭振法确定单组分环氧树脂胶黏剂的固化条件[J].塑料工业，1984(3)：60.

6. 何平笙，李春娥，刘玉龙，等.改装硫化仪使适用于研究液态橡胶的固化[J].橡胶工业，1984(8)：41.

7. 何平笙，李春娥，刘彦，等.动态力学方法研究环氧树脂的固化过程[J].黏接，1984，5(3)：1.

8. 何平笙，李春娥，赵炉.粉料填充的环氧树脂复合材料的固化[J].高分子材料科学与工程，1985，1(1)：79.

9. 何平笙，李春娥，徐为民.动态扭振法及其在环氧树脂固化过程研究中的应用[J].高等学校化学学报，1985(6)：187.

10. 何平笙，周志强，李春娥.研究树脂基复合材料固化的动态扭振法[J].复合材料学报，1985，2(3)：81.

11. 何平笙，李春娥，赵炉.环氧树脂-SiO_2粉料体系固化行为的理论预估[J].复合材料学报，1985，2(4)：9.

12. 李春娥，周志强，何平笙.动态扭振法研究不饱和聚酯预浸片的固化[J].中国科学技术大学学报(增刊)，1986：6115.

13. 何平笙，李春娥.树脂固化仪在环氧树脂固化过程研究中的应用[J].热固性树脂，1988(4)：27.

14. 何平笙，李春娥，梁谷岩.环氧树脂-三乙醇胺体系固化行为的预估[J].高分子学报，1989(1)：81.

15. He Pingsheng，Li Chune. Curing Studies on Epoxy System with Fillers

[J]. Journal of Materials Science，1989(24)：2951.

16. He Pingsheng，Li Chune. Study on Cure Behavior of Epoxy Resin-BF3. MEA System by Dynamic Torsional Vibration Method [J]. Journal of Applied Polymer Science，1991(43)：1011.

17. 何平笙,李春娥,刘仙玲,等. T_{31}-环氧树脂固化过程研究 1：动态扭振法确定固化条件[J].功能高分子学报,1991,4(4)：285.

18. 李春娥,何平笙,管鹤芳. T_{31}-环氧树脂固化过程研究 2：电阻应变丝法测残余应力[J].复合材料学报,1992,9(1)：37.

19. 何平笙,李春娥,欧润清,等. T_{31}-环氧树脂固化过程研究 3：激光测微法测线膨胀系数[J].化学与黏合,1996(4)：187.

20. 王本明,白莉,何平笙. 热固性树脂固化过程的在线测量和控制[J].安徽大学学报(自然科学版),1996,20(1)：48.

21. 何平笙，李春娥.研究热固性树脂固化的动态扭振法—LHX-1 型树脂固化仪在热固性树脂和树脂基复合材料固化研究中的应用[J].现代科学仪器,1999(6)：17.

22. 李春娥，王政，文闻,等.环氧树脂-聚酰胺-玻璃微珠体系的固化[J].复合材料学报,2000，17(4)，97.

23. 何平笙,陈忻,鲁传华.动态扭振法观察环氧树脂/蒙脱土插层聚合物的二次固化[J].功能高分子学报,2000，13(4)：440.

24. 黄飞鹤,李春娥,何平笙. 动态扭振法研究互穿网络聚合物的固化[J]. 高分子材料科学与工程,2001，17(1)：93.

25. 徐卫兵，何平笙. Avrami 法研究环氧树脂/蒙脱土/咪唑纳米复合材料的固化动力学[J].功能高分子学报,2001,14(1)：66.

26. Zou Gang，Fang Kun，He Pingsheng. Study on Intercalation and Dynamic Mechanics Behavior of PMMA in Organo-clay by means of the Dynamic Torsional Vibration Method [J]. Journal of Materials Science Letters，2002(21)：761.

27. 徐卫兵,沈时骏,鲍素萍,等.环氧树脂插层纳米复合材料固化动力学研究[J].黏接,2002,23(6)：13.

28. Xu Weibing，He Pingsheng，Chen Dazhu. Cure Behavior of Epoxy Resin/Montmorillonite/Imidazole Nanocomposite by Dynamic Torsional Vibration Method [J]. European Polymer Journal，2003，39(3)：617.

29. Chen Dazhu，He Pingsheng. Cure behavior of epoxy resin/montmorillonite/

2 - ethyl - 4 - methylimidazole nanocomposite [J]. Journal of Composite Materials 2003，37(14)：1275.

30. Xu Weibing，He Pingsheng. Cure Behavior of Epoxy Resin/ Montmorillonite/Imidazole Nanocomposite by Dynamic Torsional Vibration Method [J]. European Polymer Science，2003，39(3)：617.

31. Chen Dazhu，He Pingsheng，Pan Lijia. Cure Kinetics of Epoxy — based Nanocomposites Analyzed by Avrami Theory of Phase Change [J]. Polymer Testing，2003，22(6)：689.

32. 程义云，陈大柱，何平笙，等. 环氧树脂/MP/酸酐/促进剂复合阻燃材料的固化动力学[J]. 国际网上化学学报，2003，5(4)：p.35，054035nc.

33. 邹纲，方堃，何平笙. 动态扭振法研究聚甲基丙烯酸甲酯/蒙脱土纳米复合材料的本体插层聚合过程[J]. 高等学校化学学报，2003，24(3)：537.

34. 陈大柱，何平笙. 从聚合物的结晶到热固性树脂的固化— Avrami 理论在研究热固性树脂固化过程中的应用[J]. 功能高分子学报，2003，16(2)：256.

35. 陈大柱，何平笙. 环氧树脂/蒙脱土/2 -已基- 4 -甲基咪唑纳米复合材料的固化行为[J]. 高分子材料科学与工程，2004，20(5)：182.

36. 姚远，陈大柱，何平笙. 动态扭振法在树脂固化研究中的最新应用[J]. 功能高分子学报，2004，17(4)：661.

37. Chen Dazhu，He Pingsheng. Cure behavior of epoxy resin/ montmorillonite/ 2 - ethyl - 4 - methyl-imidazole nanocomposite [J]. J. Compos. Mater，2003(37)：1275.

38. Chen Dazhu，He Pingsheng，Monitoring the curing process of epoxy resin nanocomposites based on organomontmorillonite a new application of resin curemeter [J]. Composites Science and Technology，2004(64)：2501.

39. 程义云，陈大柱，何平笙. 树枝形聚合物 PAMAM/环氧树脂体系的配方筛选及固化条件研究[J]. 国际网上化学学报，2004，6(7)：p48.

40. 程义云，王春雷，陈大柱，何平笙. 不饱和聚酯/有机蒙脱土复合材料的固化动力学[J]. 功能高分子学报，2004，17(2)：220.

41. 程义云，陈大柱，何平笙. 环氧树脂/PAMAM 体系的固化动力学研究[J]. 功能高分子学报，2004，17(4)：661.

42. Chen Dazhu，Yuan Fang，He Pingsheng，et al. Curing study of a toughened epoxy system using the dynamic torsional vibration method [J]. Polymer & Polymer Composites，2004，12(8)：719.

43. Cheng Yiyun, Chen Dazhu, Fu Rongqiang, et al. Behavior of polyamidoamine dendrimers as curing agents in bis-phenol a epoxy resin systems [J]. Polymer International, 2005(54): 495.

44. Yao Yuan, Chen Dazhu, He Pingsheng, et al. Cure behavior of epoxy resin/CdS/2, 4 - EMI nanocomposites investigated by dynamic torsional vibration method(DTVM) [J]. Polymer Bulletin, 2006(57): 219.

45. P. J. Flory. Principles of Polymer Chemistry [M]. Cornell University Press, 1953: 353.

46. H. S.-Y. Hsich. Kinetic model of cure reaction and filler effect [J]. J. Appl. Polym. Sci., 1982(27): 3265.

实验十四　动态黏弹谱仪测定聚合物的动态力学性能

一、实验目的

1. 通过动态黏弹谱仪对硬质塑料的模量-温度曲线、内耗-温度曲线的测定，了解聚合物材料动态力学测试的一般方法。

2. 了解动态黏弹谱仪的实验原理、实验方法，从而了解现代科学技术在聚合物材料动态力学性能测试中的应用。

二、实验原理

动态力学试验是聚合物材料在交变应力或交变应变作用下，观察其应变或应力随时间的变化。无论从实用或理论的观点来看，动态力学试验均是重要的。譬如在机电工业中使用的许多塑料零件如塑料齿轮、阀片、凸轮等都是在周期性的动载荷下工作的。橡胶轮胎、力车胎更是不停地承受交变载荷作用，合成纤维做的衣服穿在身上受我们身体活动而产生的交变应力作用等等，所有这些都说明交变应力的作用是一种更为普遍的情况，动态力学试验是一种更接近材料实际使用条件的试验。

动态力学试验可以同时测得模量和力学阻尼，在实际使用时材料的模量固然重要，但力学阻尼也是重要的。聚合物泡沫减振材料就是利用了它们高的力学阻尼。但是对轮胎，高的阻尼会使它很快发热和温度升高，以致过早破损。聚合物的动态力学性能对玻璃化转变、次级转变、结晶、交联、相分离以及高分子链的近程结构的许多特征和材料本体的聚集态结构都是十分敏感的，因此，动态力学试验也是研究聚合物固体分子运动的有力工具。

聚合物材料的动态力学测试方法很多,按应力波长 $\lambda\ (=2\pi/\omega)$ 与聚合物试样尺寸 b 的相互关系,可以把动态力学测试方法分为三大类:

(1) $\lambda \gg b$,这时,在 2π 的时间里试样受到的力在不同部位是各不相同的。这里又有自由振动衰减和受迫振动之分。扭摆和扭辫是典型的自由振动衰减法。扭摆是动态力学测试中最简单、最常用的一种。在扭摆和扭辫实验中,测定的量是扭振的特征频率和振幅的衰减。将试样事先扭一个很小的角度,立即松开,试样即以一定周期来回扭振。由振动周期可计算聚合物试样的模量(剪切模量 G)。由于聚合物本身的黏弹损耗,振动的振幅随时间而不断衰减。由振幅的衰减可计算聚合物试样的内耗 Δ。扭辫是扭摆的进一步改良,原理是完全一样的。动态振簧法是典型的受迫振动共振实验,它是通过测定聚合物试样共振频率 f_r 和共振半宽度频率 Δf_r 来分别求取试样实数模量(杨氏模量 E)和虚数模量(详见本书的实验十二)。动态黏弹谱仪是受迫振动非共振实验,由于现代科学技术的进展,特别是微电子技术的进步,已有可能在实验中的任一时刻直接测量该时刻的振幅和相位差,从而避免了扭摆和扭辫实验中每一次都必须等待它慢慢衰减和动态振簧法每点必达共振而引起的实验时间过长的不足。扭摆、扭辫、振簧和黏弹谱仪是一般高分子物理实验室中最常用的动态力学实验方法,其中尤以动态黏弹谱仪最为人受用。

(2) $\lambda \approx b$,由于应力波长 λ 与聚合物试样尺寸 b 相近,应力波在聚合物试样中形成驻波。测量驻波极大、驻波节点位置可计算得到杨氏模量 E 和损耗角正切 $\tan\delta$。驻波法特别适用于合成纤维力学行为的测定。

(3) $\lambda \ll b$,是波传导法。由于应力波比聚合物试样小,应力波(通常使用声波)在试样中传播。测定应力波的传播速度和波长的衰减可求得聚合物材料的模量 E 和损耗角正切 $\tan\delta$。显然,波传导法也特别适用于合成纤维力学行为的测定。

这里重要的是各种测试方法的频率范围。各种测试方法的频率范围为

测试方法	频率范围/Hz
自由振动衰减法 扭摆 扭辫	0.1～10
受迫振动共振法 振簧	$10\sim5\times10^4$

续 表

测 试 方 法	频 率 范 围 /Hz
受迫振动非共振法 黏弹谱仪	$10^{-3}\sim10^{2}$
驻 波 法	1 000 以上
波传导法	$10^{5}\sim10^{7}$

维持应力 $\sigma(t)$ 为正弦函数

$$\sigma(t) = \hat{\sigma}\sin\omega t$$

这里，$\hat{\sigma}$是交变应力 $\sigma(t)$ 的峰值，应变 $\varepsilon(t)$ 将是时间的什么函数？对虎克弹体，应变也是相同的正弦函数 $\varepsilon(t) = \hat{\varepsilon}\sin\omega t$（同样，$\hat{\varepsilon}$是应变 $\varepsilon(t)$ 的峰值），没有任何相位差。牛顿液体正相反，用来变形的能量全部损耗成热，应变与应力有 90°的相位差。介于这两种极端状态中间的聚合物黏弹体，则是部分能量变为位能储存起来，另一部分则变成热而损耗掉。作为热而损耗掉的能量就是力学阻尼的作用。

因此，在正弦函数应力作用下，线性黏弹体的应变也是一个具有相同频率的正弦函数，但与应力之间有一个相位差，即

$$\varepsilon(t) = \hat{\varepsilon}\sin(\omega t - \delta)$$

这里 δ 为相位差。负号表示应变的变化在时间上落后于应力(图 1)。

把上式展开得

$$\begin{aligned}\varepsilon(t) &= \hat{\varepsilon}\sin(\omega t - \delta)\\ &= \hat{\varepsilon}(\cos\delta\sin\omega t - \sin\delta\cos\omega t)\end{aligned}$$

这里，第一项是$\hat{\varepsilon}\cos\delta\sin\omega t$，与应力 $\sigma(t)$ 同相，是材料普弹性的反映，第一项是 $\hat{\varepsilon}\sin\delta\cos\omega t = \hat{\varepsilon}\sin\delta\sin(\omega t - \pi/2)$ 比应力落后 90°，是材料黏性的反映。

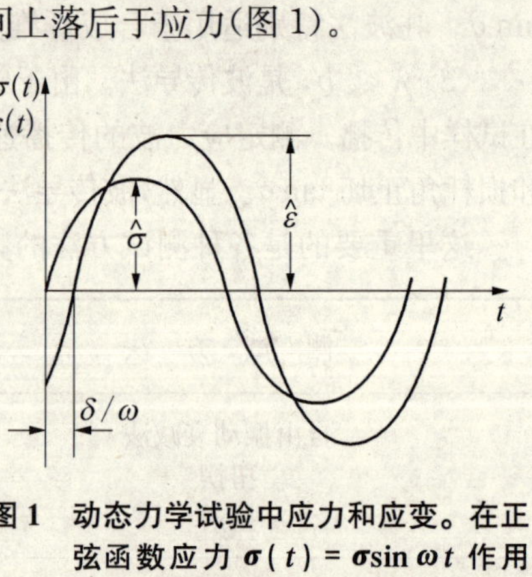

图 1　动态力学试验中应力和应变。在正弦函数应力 $\sigma(t) = \sigma\sin\omega t$ 作用下，应变也是一个正弦函数，但应力与应变之间存在有一个相位角，应变落后于应力

应力 $\sigma(t)$ 和应变 $\varepsilon(t)$ 的关系表现在其峰值$\hat{\sigma}$和$\hat{\varepsilon}$关系以及相位差 δ，显然这里用复数是方便的(图 2)，它将使计算大大简化。应变的峰值$\hat{\varepsilon}$当然依赖于应力的峰值$\hat{\sigma}$，现在令

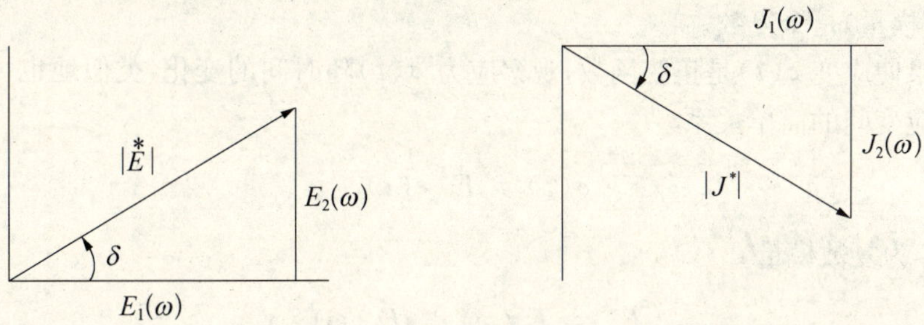

图 2　在复平面上复数模量 $|G|$ 与储能模量 $G_1(\omega)$ 和损耗模量 $G_2(\omega)$（左），复数柔量 $|J^*|$ 与储能柔量 $J_1(\omega)$ 和损耗柔量 $J_2(\omega)$ 的关系（右）

$$\varepsilon = |J^*|\sigma$$

这里 J^* 为复数柔量，$|J^*|$ 是它的绝对值，则

$$\begin{aligned}\varepsilon(t) &= \hat{\sigma}(|J^*|\cos\delta\sin\omega t - |J^*|\sin\delta\cos\omega t)\\ &= \hat{\sigma}(J_1(\omega)\sin\omega t - J_2(\omega)\cos\omega t)\end{aligned}$$

这里 $J_1(\omega) = |J^*|\cos\delta$，$J_2(\omega) = |J^*|\sin\delta$。说明相位差 δ 除与材料本身有关外，它也是应力作用频率 ω 的函数，所以 $J_1(\omega)$、$J_2(\omega)$ 也是频率 ω 的函数。

由复数的指数表达式

$$\mathrm{e}^{\mathrm{i}\omega t} = \cos\omega t + \mathrm{i}\sin\omega t$$

$$\mathrm{i}\mathrm{e}^{\mathrm{i}\omega t} = \mathrm{i}\cos\omega t - \sin\omega t$$

可见 $\sin\omega t$ 是复数 $\mathrm{e}^{\mathrm{i}\omega t}$ 的虚数部分，记作 $\mathrm{Im}(\mathrm{e}^{\mathrm{i}\omega t}) = \sin\omega t$；$\cos\omega t$ 是复数 $\mathrm{i}\mathrm{e}^{\mathrm{i}\omega t}$ 的虚数部分，记作 $\mathrm{Im}(\mathrm{i}\mathrm{e}^{\mathrm{i}\omega t}) = \cos\omega t$。则

$$\begin{aligned}\varepsilon(t) &= \hat{\sigma}[J_1(\omega)\mathrm{Im}(\mathrm{e}^{\mathrm{i}\omega t}) - J_2(\omega)\mathrm{Im}(\mathrm{i}\mathrm{e}^{\mathrm{i}\omega t})]\\ &= \mathrm{Im}[\hat{\sigma}(J_1(\omega)\mathrm{e}^{\mathrm{i}\omega t} - \mathrm{i}J_2(\omega)\mathrm{e}^{\mathrm{i}\omega t})]\\ &= \mathrm{Im}[\hat{\sigma}\mathrm{e}^{\mathrm{i}\omega t}(J_1(\omega) - \mathrm{i}J_2(\omega))]\end{aligned}$$

因为 $\hat{\sigma}\mathrm{Im}(\mathrm{e}^{\mathrm{i}\omega t}) = \hat{\sigma}\sin\omega t = \sigma(t)$，并记

$$J^* = J_1(\omega) - \mathrm{i}J_2(\omega)$$

则

$$\varepsilon(t) = J^*\sigma(t)$$

这说明在动态力学试验中，应力和应变之间的关系也是十分简单的。只是这里的

柔量(或模量)是个复数。

如果使应变 $\varepsilon(t)$ 是正弦函数,观察应力 $\sigma(t)$ 随时间的变化,类似地也可求得应力和应变间的简单关系

$$\sigma(t) = E^* \varepsilon(t)$$

这里 E^* 为复数模量

$$E^* = E_1(\omega) + \mathrm{i}E_2(\omega)$$

它与复数柔量 J^* 的关系

$$\begin{aligned} E^* &= 1/J^* = 1/[J_1(\omega) - \mathrm{i}J_2(\omega)] \\ &= [J_1(\omega) + \mathrm{i}J_2(\omega)] / [J_1(\omega) + \mathrm{i}J_2(\omega)][J_1(\omega) - \mathrm{i}J_2(\omega)] \\ &= [J_1(\omega) + \mathrm{i}J_2(\omega)] / [J_1^2(\omega) + J_2^2(\omega)] \\ &= J_1(\omega)/|J^*| + \mathrm{i}J_2(\omega)/|J^*| \\ &= E_1(\omega) + \mathrm{i}E_2(\omega) \end{aligned}$$

$$E_1(\omega) = J_1(\omega)/|J^*|$$

$$E_2(\omega) = J_2(\omega)/|J^*|$$

$\varepsilon(t) = J^* \sigma(t)$ 和 $\sigma(t) = E^* \varepsilon(t)$ 都同时反映了 $\sigma(t)$ 和 $\varepsilon(t)$ 的峰值以及它们相位差之间的关系。在以复平面表示的 G^* 和 J^* 图上,相位差 δ 是 G^* 或 J^* 与实轴的夹角。力学阻尼定义为相位差 δ 的正切

$$\tan\delta = J_2(\omega)/J_1(\omega) = E_2(\omega)/E_1(\omega)$$

有时也叫损耗角正切。

复数柔量和复数模量的实数部分 $J_1(\omega)$ 和 $E_1(\omega)$ 是表示物体在形变过程中由于弹性形变而储存的能量,通常叫做储能柔量和储能模量。它们的虚数部分 $J_2(\omega)$ 和 $G_2(\omega)$ 则表示形变过程中以热能损耗的能量,所以叫损耗柔量和损耗模量。因为在每一形变周期,能量的损耗是它反抗外力所做的功 ΔW,显然

$$\Delta W = \int_0^{2\pi/\omega} \sigma(t)\mathrm{d}\varepsilon(t) = \int_0^{2\pi/\omega} \sigma(t)[\mathrm{d}\varepsilon(t)/\mathrm{d}t]\mathrm{d}t$$

把 $\sigma(t) = \hat{\sigma}\sin\omega t$, $\mathrm{d}\varepsilon(t)/\mathrm{d}t = \hat{\sigma}[\omega J_1(\omega)\cos\omega t + J_2(\omega)\sin\omega t]$ 代入

$$\Delta W = \int_0^{2\pi/\omega} \hat{\sigma}^2 \sin\omega t[\omega J_1(\omega)\cos\omega t + J_2(\omega)\sin\omega t]\mathrm{d}t$$

令 $\omega t = \theta$，则

$$\Delta W = \hat{\sigma}^2 J_1(\omega)\int_0^{2\pi} \sin\theta\cos\theta \mathrm{d}\theta + \hat{\sigma}^2 J_2(\omega)\int_0^{2\pi} \sin^2\theta \mathrm{d}\theta = \pi J_2(\omega)\hat{\sigma}^2$$

又因为

$$J_2(\omega)\hat{\sigma}^2 = (J_2(\omega)|J^*|\hat{\sigma}^2)/|J^*| = \pi E_2(\omega)\hat{\varepsilon}^2$$

所以又有

$$\Delta W = \pi E_2(\omega)\hat{\varepsilon}^2$$

可见，复数柔量和复数模量的虚数部分都是表示能量的损耗。只要应变落后于应力（或说应力超前于应变），在应力改变方向时，应变总要反抗应力做功而有损耗。

下面再介绍一个动态黏度 $\eta_{动态}$。因为黏弹性的能量损耗起因于它的黏性成分，在极端情况下，即与外载作用频率极低而产生有流动时（如对线形非晶聚合物），按牛顿流动定律

$$\sigma(t) = \eta \mathrm{d}\varepsilon(t)/\mathrm{d}t$$

与 $\sigma = E^*\varepsilon(t)$ 比较

$$E^*\varepsilon(t) = \eta \mathrm{d}\varepsilon(t)/\mathrm{d}t$$

如果应变 $\varepsilon(t) = \hat{\varepsilon}\mathrm{e}^{\mathrm{i}\omega t}$，则 $\mathrm{d}\varepsilon(t)/\mathrm{d}t = \mathrm{i}\omega\hat{\varepsilon}\mathrm{e}^{\mathrm{i}\omega t}$，代入得

$$E^*\hat{\varepsilon}\mathrm{e}^{\mathrm{i}\omega t} = \mathrm{i}\omega\eta\hat{\varepsilon}\mathrm{e}^{\mathrm{i}\omega t}$$

$$E^* = \mathrm{i}\omega\eta$$

这里复数模量 E^* 只有虚数部分，可见在流动时没有能量的储存，储能模量 $E_1(\omega)=0$，只有能量的损耗 $E_2(\omega) = \omega\eta$。动态黏度就定义为

$$\eta_{动态} = E_2(\omega)/\omega$$

它表示在阻尼振动时聚合物自身的内耗。

在交变应力作用下聚合物黏弹性行为的特征性状可由图 3.4 一目了然。取 $\lg J_1(\omega)$ 和 $\lg J_2(\omega)$ 对 $\lg\omega$ 作图，在频率 ω 很高时，储能柔量是一常数，但值很小。此时材料就像一块弹性固体。当频率降低时，储能柔量逐渐增大到另一个比较大的常数值，材料表现为高弹性，像橡胶一样。中间的转变区域覆盖了好几个数量级的频率 ω。当频率进一步降低时，线性聚合物由于有流动，其储能柔量继续增大，材料就像黏性液体。对交联聚合物，由于不可能出现流动仍保持在高弹态。

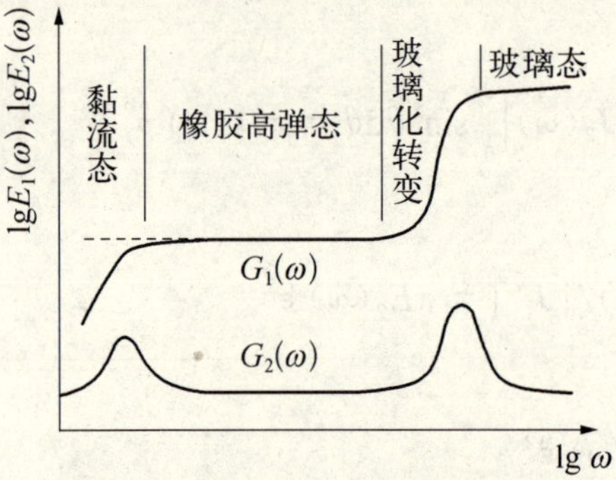

图 3　线形和交联聚合物典型的储能和损耗模量曲线

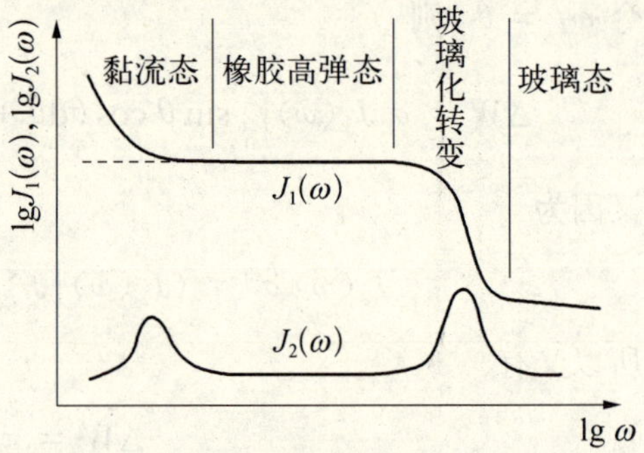

图 4　线形和交联聚合物典型的储能和损耗柔量曲线

与储能柔量不一样，损耗柔量随频率 ω 的改变起伏很大。在高频率区，损耗柔量是一常数，值也小，在转变区域它迅速地达到一个极大值，其位置靠近 $J_1(\omega)$ 曲线的拐折处。在低频率区、交联聚合物的 $J_2(\omega)$ 又减小为如高频区域一样低的恒定值。但是线形聚合物的 $J_2(\omega)$ 随频率的降低而增大，表明在低频区由于黏性而有更多的能量损耗掉。

线形和交联聚合物的储能模量和损耗模量曲线在高频和中频区是一致的，但在低频区域由于线形聚合物的流动存在而有很大区别(图 3、4)。

三、仪器简介

这里介绍大多数实验里最常见的日本东洋精机公司 Rheolograph-solid 动态黏弹谱仪和 Perkin Elmer 的动态力学黏弹谱仪。

Rheolograph-solid 动态黏弹谱仪的主机结构如图 5(b)所示。它由温控箱、驱动器、载荷传感器、位移传感器和预张力控制器等部件组成。温控箱的温度由 PID 温度控制器控制，用电热丝(约 300 W)加热和用液氮冷却，控温范围为 −150 ℃～+250 ℃。在炉内，聚合物试样被夹持在两个夹具中。整个炉子被分成上下两部分，操作起来很是方便。驱动器是向试样提供正弦振动的装置。载荷传感器被用来检测施加在试样上的力 F。位移传感器是一种非接触式的微位移测定器，测定试样的微小位移 Δl。位移传感器由伺服马达和一套齿轮构成，它有两个功能，一是用来把夹持的试样拉挺，更重要的是它还要给所测聚合物试样一个预应力。由于整台仪器由计算机全自动控制，这里就有了模拟信号和数字信号相互变换的转换单元和模拟单元。Rheolograph-solid 动态黏弹谱仪不但能测定聚合物的力学性能，还能测定聚合物的介电性能和压电性能。所以仪器的放大器不但有应变放大，还有一个电荷放大器。

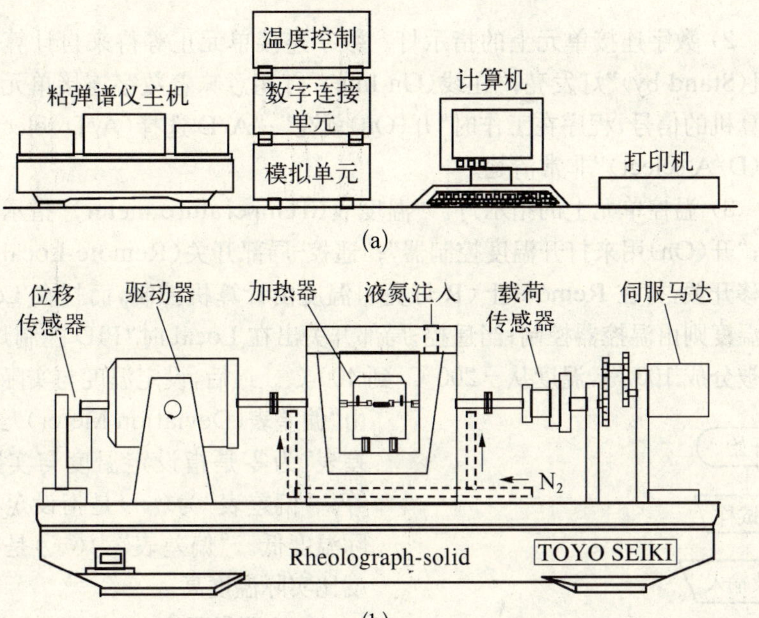

图 5　Rheolograph-solid 动态黏弹谱仪(a)及其主机(b)

聚合物试样两端经过夹具、连杆分别与驱动器、应力传感器和位移检测器相连接。试样在预张力下由驱动器施加一固定频率的正弦伸缩振动。预张力的作用是使试样在受到伸缩振动时始终产生张应力。应力传感器和位移检测器分别检测到同样振动频率的正弦频率的正弦应力和应变讯号，经仪器信号处理器处理，直接给出 $\tan\delta$、E_1 和 E_2 值。测量过程中通过控制样品炉的升温程序，最后可得到 $\tan\delta$、E_1 和 E_2 对时间 t 的图谱。

Rheolograph-solid 动态黏弹谱仪面板和开关功能计有：

(1) 主机：主机上仅有的面板开关是“夹具距离(Clamp distance)和预张力控制(Tension controller)”，由一个单刀双正开关操作。夹具运动方向由面板上的箭头←AUTO→表示，夹具距离由数字显示。预张力控制可手动，也可“自动”，当处在“AUTO”时，预张力由计算机自动控制。在“夹具距离和预张力控制”里有一个限位装置，其极限为 1～32 mm。

(2) 测量单元：

1) 电源总开关(“Main switch”)。它位于模拟单元的前面板上，一旦打开(“Main”灯亮)，交流电就接通整个系统(模拟单元、数字连接单元和温控单元)。

2) 数字连接单元上的指示灯。数字连接单元正等待来自计算机的信号时“待机(Stand by)”灯发亮；“在线(On-line)”灯亮意味着数字连接单元正在接受来自计算机的信号，程序在工作时“开(On)就亮”；“A/D 选择(A/D select)”和“D/A 选择(D/A select)”非常清楚。

3) 温控单元上的指示灯。“温度表(Temperature meter)”指示的是试样的温度；“开(On)用来打开温度控制器”；“遥控-局部开关(Remote-Local switch)”是个滑移开关，打在 Remote 上(R 灯亮)，温度由计算机控制，而打在 Local 上(L 灯亮)，温度则由温控器控制；当遥控-局部开关出在 Local 时“PID 控制灯”亮。设定范围被分成 100 份，温度从 -200 ℃ 到 400 ℃。最后，设定温度与实际温度之差由“偏差表(Deviation Meter)”给出。“偏差表”为零是指设定温度与实际温度相等。“偏差表”为(-)是指设定温度比实际温度低。“偏差表”为(+)是指设定温度比实际温度高。

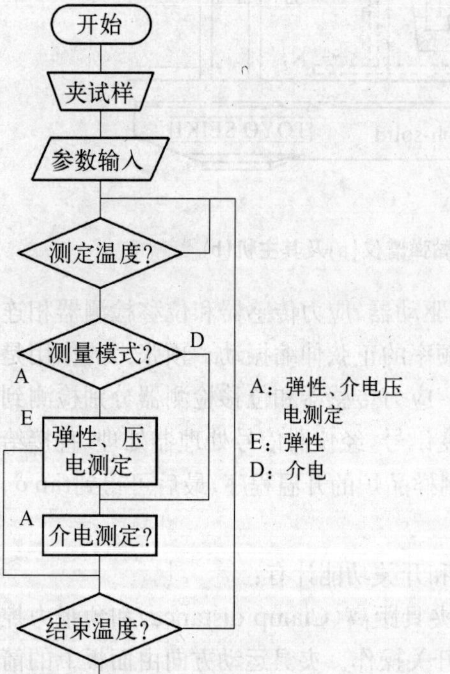

图 6 “单频测定”流程图

(3) 测量程序：

1)“Main”又支持如下四个子程序，即“单频测定(S)”(图 6)，“多频测定(M)”，“图形(G)”，“打印(P)”和“结束(E)”。

2) “SFM”是单频测定，可以在 1～100 Hz 中的任一个频率上测定。

3)“MFM”是多频测定。

4)“GRP”是把实验结果画成图形，频率可以是线形，也可以是对数的。

5)“PRT”是打印程序。

Perkin Elmer 的动态力学黏弹谱仪(Pyris Diamond Dynamic Mechanical Analyzer)更为灵巧和先进，近年来越来越多地装备在了许多高校的实验室里。图 7 是该仪器的外形图和内部结构示意

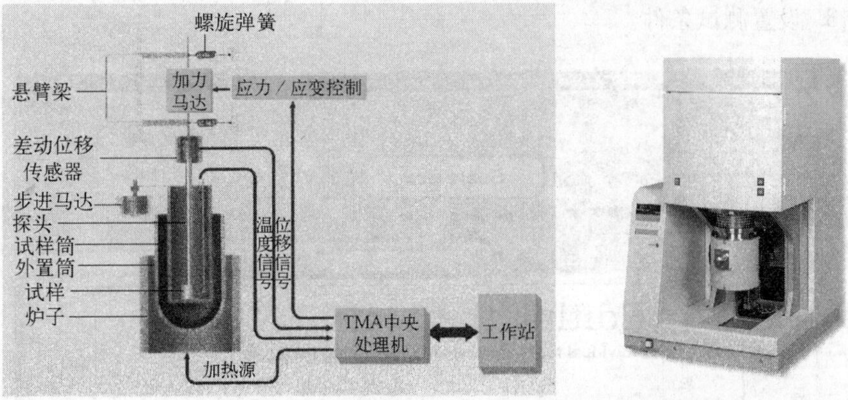

图 7　Perkin Elmer 动态力学黏弹谱仪的外形图和内部结构示意图

图。由于全部为计算机控制和操作，仪器的基本操作规程更显简单。具体是：

1. 打开 Muse Job Gallery(Muse 软件工作站)并连接通讯接口。

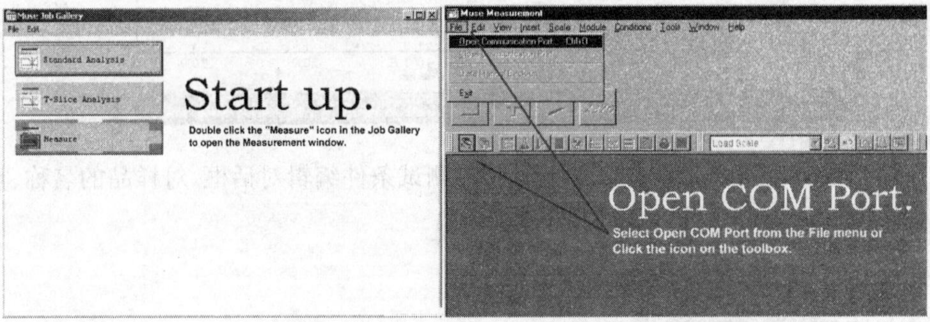

选择通讯接口 1 并点击“OK”进行确认，界面出现正在连接状态。

2. 连接结束出现测试窗口。

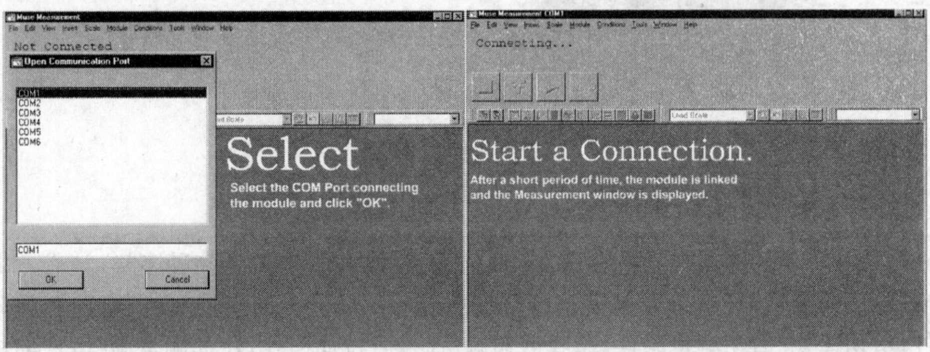

3. 设置测试条件。

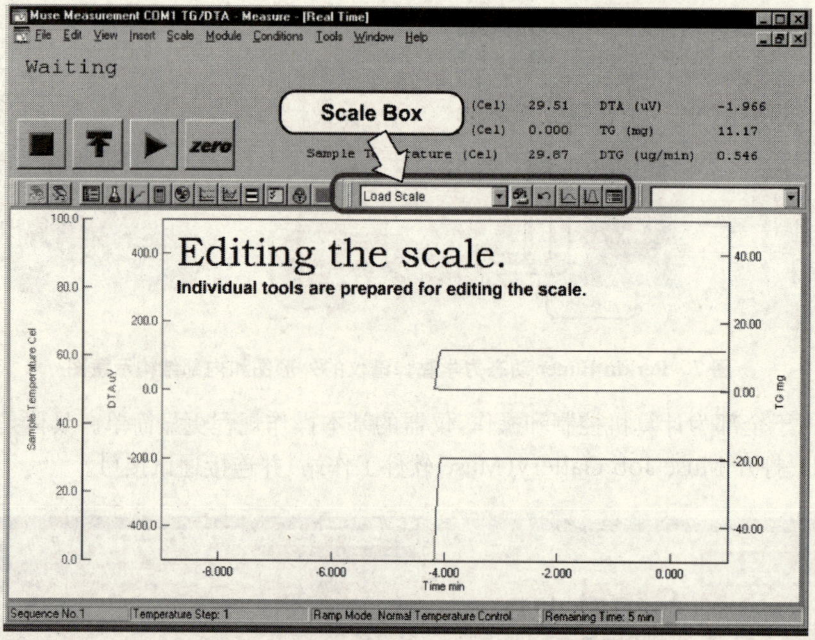

4. 点击样品条件编辑按钮，打开样品测试条件编辑对话框，对样品的名称、重量、程序温度、文件名称及路径等进行设定。

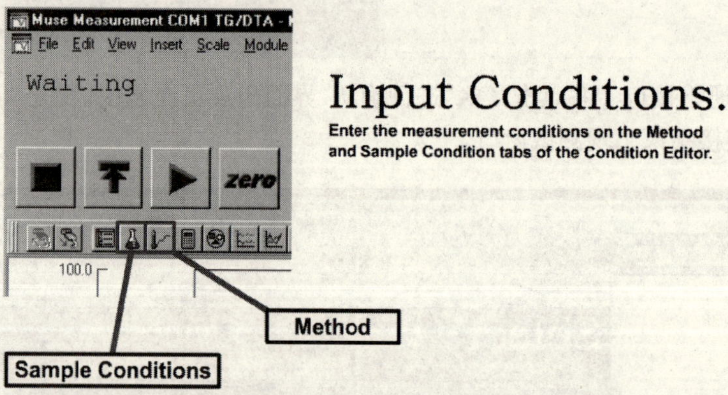

Perkin Elmer 的动态力学黏弹谱仪测量模式和附件类型多种多样，计有弯曲模式/弯曲测量附件；单臂梁模式/弯曲测量附件；3 点弯曲模式/3 点弯曲测量附件；剪切模式/剪切测量附件，薄膜剪切测量附件；拉伸模式/拉伸测量附件；压缩模

式/拉伸测量附件/压缩测量附件和应力应变模式/应力控制/拉伸测量附件。

四、测量准备

仔细准备聚合物试样，尺寸应窄而薄。做低温实验，需要准备好液氮，把整个测定系统冷至 -150 ℃ 需要相当的时间。

注意：实验中试样的夹持非常重要，首先一定要夹紧，保证即使实验在低温进行时也不会松掉。本仪器的最高使用温度为 250 ℃，超过 250 ℃ 会烧毁温控箱。在冷却添加液氮到温控箱中时一定要把冷凝在夹具棒上的水滴抹干净，并且在实验过程中往夹具棒的控温箱出口处吹气（干燥的氮气），不然，一旦被冻住实验就无法进行。

五、实验程序

非常具体的实验程序应按仪器说明书的提示操作。

六、数据记录和处理

仪器型号：________　　样品：________

样品尺寸（长：________；宽：________；厚：________）

升温扫描：

　　起始温度：________　　终止温度：________　　升温速率：________

选定频率：

第一种频率 ω_1：________　　第二种频率 ω_2：________

第三种频率 ω_3：________　　第四种频率 ω_4：________

记录各个频率下储能模量、损耗模量以及力学损耗随温度的变化（附上相应的作图），在力学损耗-温度曲线上如出现多个损耗峰，则以最高损耗峰的峰温作为玻璃化温度 T_g。处理数据，得到各个频率下的玻璃化温度：

1. ω_1：________　　T_g：________
2. ω_2：________　　T_g：________

3. ω_3：________　　　　T_g：________

4. ω_4：________　　　　T_g：________

七、思考题

1. 何谓力学损耗？为什么在交变应力的作用下，聚合物会产生力学损耗？

2. 根据自由体积理论预计用动态黏弹谱仪测定聚合物玻璃化温度时所用的频率提高或降低一个数量级，测得的玻璃化温度将变化多少度？

八、参考文献

1. 钱保功，许观藩，余赋生，等. 高聚物的转变和松弛[M]. 北京：科学出版社，1986.

2. 何平笙. 高聚物的力学性能[M]. 合肥：中国科学技术大学出版社，1997.

3. 过梅丽. 高聚物与复合材料的动态力学热分析[M]. 北京：化学工业出版社，2002.

4. 何平笙，杨海洋，朱平平. 从 Maxwell 串联模型定义的松弛时间 τ 来理解聚合物黏弹性的本质[J]. 化学通报，2004，67(9)：705-706，640.

5. 何平笙，杨海洋，朱平平. 聚合物黏弹性力学模型的电学类比[J]. 化学通报，2004，67(6)：w53.

6. 朱平平，杨海洋，何平笙. 从高分子运动的温度依赖关系看高分子运动特点[J]. 高分子通报，2005(5)：147-150.

7. 朱平平，何平笙，杨海洋. 高聚物黏弹性力学模型计算中容易被忽视的一个基本问题[M]. 高分子材料科学与工程，2007，23(3)：251-253.

8. 张俐娜，薛奇，莫志深，等. 高分子物理近代研究方法[M]. 武汉：武汉大学出版社，2003.

9. 邵毓芳，嵇根定. 高分子物理实验[M]. 南京：南京大学出版社，1998.

实验十五　动态振簧法测定聚合物的动态力学性能

一、实验目的

1. 通过动态振簧法对固化环氧树脂的模量-温度曲线、内耗-温度曲线的测定,了解动态振簧法的实验原理、实验方法。

2. 了解聚合物材料动态力学性能测试在研究聚合物分子运动中的重要性,并求取聚合物的重要参数——玻璃化转变温度。

二、实验原理

动态力学性能是指材料在交变应力作用下的力学性能。动态力学性能的测试可以同时得到材料的动态弹性模量和力学损耗数据,因此使用动态力学方法可以由一个单独的实验来完整反映聚合物从低温到高温力学性能变化的全过程。

材料的动态力学性能更接近材料实际使用条件下的性能。用作结构材料的聚合物,许多是在交变的力场中使用的,因此不能依赖静态实验(蠕变和应力松弛)的数据来估算聚合物材料在动态下的性能。只有经过相当于实际使用频率下进行的测试才能对聚合物材料的性能做出正确的评价。

另一方面,动态力学性能中内耗的测试可以用来检测聚合物的玻璃化转变温度和次级松弛转变,从而联系有关的化学组成、支化、交联、结晶、取向、增塑和共混等诸结构因素与聚合物力学性能的关系,因此动态力学性能测试又是研究聚合物分子运动的有力工具。

一般，动态力学性能测试是维持应力为正弦函数：

$$\sigma(t) = \hat{\sigma}\sin\omega t$$

这里$\hat{\sigma}$为应力$\sigma(t)$的峰值，ω为角频率，观察材料应变响应$\varepsilon(t)$是时间的什么函数。对于理想弹性固体（虎克弹性体），应变正比于应力，比例常数即是固体的弹性模量。应变也是相应的正弦函数$\varepsilon(t) = \hat{\varepsilon}\sin\omega t$［同样$\hat{\varepsilon}$是$\varepsilon(t)$的峰值］，没有任何相位差［图 1(a)］，在应力的一个周期里，外力的能量先以位能形式全部储存起来，继而又全部释放出来变成动能使材料回到它的起始状态，没有能量损耗。与此相反，如果应力作用于一黏性液体（牛顿液体），用以变形的能量全部损耗成热，应变与应力有 90°的相位差。聚合物对外力的响应部分是弹性的，部分是黏性的，这种黏弹行为是由于外力将迫使分子链构象的重排。在正弦应力作用的情况，这个分子链段重排运动（即应变的发展）需要一定的时间，这将使应变滞后于应力，损耗一部分能量。作为热损耗的能量就是力学内耗，它反映在应变与应力之间有一个相位差δ，即

$$\varepsilon(t) = \hat{\varepsilon}\sin(\omega t - \delta)$$

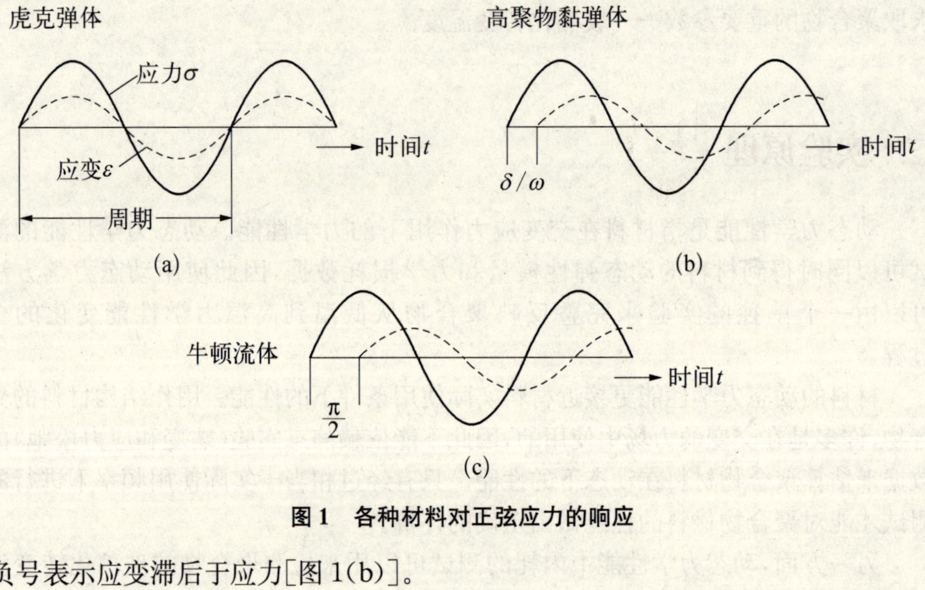

图 1　各种材料对正弦应力的响应

负号表示应变滞后于应力［图 1(b)］。

把上式展开得

$$\varepsilon(t) = \hat{\varepsilon}(\cos\delta\sin\omega t - \sin\delta\cos\omega t)$$

可见应变的响应包括两项，第一项$\hat{\varepsilon}\cos\delta\sin\omega t$与应力同相位，是聚合物材料弹性的反应，另一项

$$\hat{\varepsilon}\sin\delta\cos\omega t = \hat{\varepsilon}\sin\delta\sin(\omega t - \pi/2)$$

比应力落后90°，是黏性的反应。应力和应变的关系用模量E来表达。对于聚合物材料，由于相位差的存在，模量将是一个复数，称复数模量E^*。

$$E^* = E_1(\omega) + \mathrm{i}E_2(\omega)$$

因此应力和应变关系总可以用它同相部分$E_1(\omega)$和异相部分$E_2(\omega)$来表示。$E_1(\omega)$是储能模量，$E_2(\omega)$是损耗模量，它们之比表征聚合物在交变应力作用下能量的损耗，叫损耗角正切

$$Q^{-1} = \tan\delta = E_2(\omega)/E_1(\omega)$$

测定聚合物动态力学性能的方法多，动态振簧法是属于应力波$\lambda(=2\pi/\omega)$大于试样尺寸b一大类中的强迫振动共振法，是其中较为普通的一种。它把聚合物试样的小片（即簧片）一端固定，另一端施以交变应力使其作强迫振动，测定其共振频率及其衰减半宽度来计算模量和内耗。

动态振簧法上的试样簧片实际是一个悬臂梁的强迫振动（图2）。

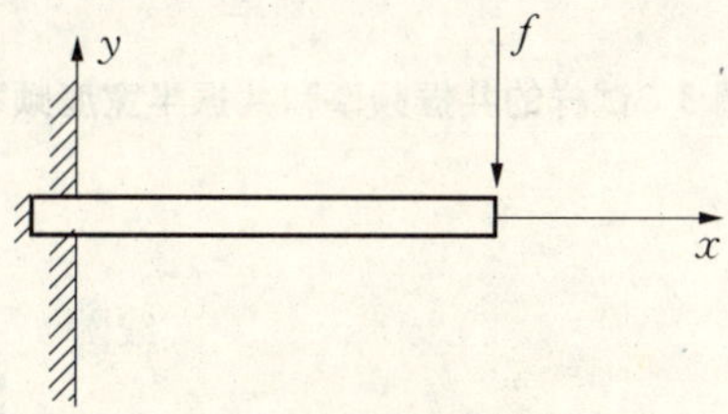

图2　悬臂梁的强迫振动

对于弹性梁，其弯曲振动方程为

$$EI\partial^4 Y/\partial x^4 + \rho A\partial^2 Y/\partial t^2 = 0$$

式中I为断面惯性矩，ρ为试样密度，A为试样截面积。对于黏弹性的聚合物材料，运动方程式必须加上一个代表黏性阻力的项$\partial^5 Y/\partial^4 x\partial t$，则聚合物的弯曲振动方程为

$$EI\partial^4 Y/\partial x^4 + \rho A\partial^2 Y/\partial t^2 + E\eta\partial^5 Y/\partial x^4\partial t = 0$$

式中η是聚合物试样黏滞系数，解此偏微分方程可得储能模量$E_1(\omega)$和损耗模量$E_2(\omega)$

$$E_1(\omega) = \beta\rho(l^4/d^2)(f_r^2 + \Delta f_r^2/8) \approx \beta\rho(l^4/d^2)f_r^2$$

$$E_2(\omega) \approx \beta\rho(l^4/d^2)f_r\Delta f_r$$

则力学损耗

$$Q^{-1} = E_2(\omega)/E_1(\omega) \approx \Delta f_r/f_r$$

这里，β 为常数，与试样的共振方式有关，对于片状样品 $\beta = 38.24$，对圆形试样（如纤维）$\beta = 51.05$；d 为试样厚度（或直径）；l 为试样长度；f_r 为试样共振频率；（$\Delta f_r = f_2 - f_1$）为试样共振半宽度频率，即把共振频率降至 0.707 或 0.5 倍时两个频率之差（图 3）。测定不同温度下的共振峰位置，即可得到聚合物动态力学温度谱。

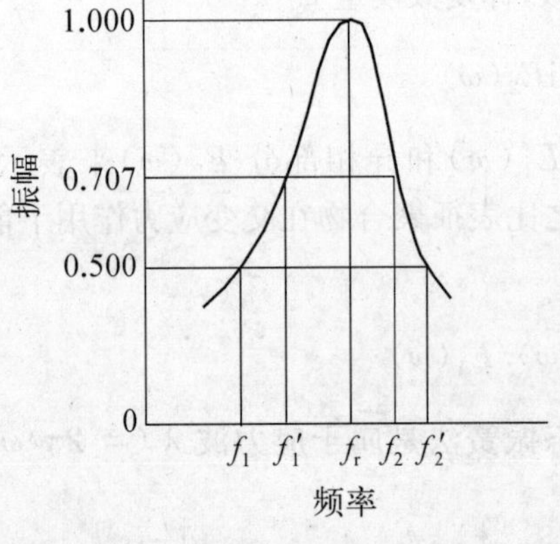

图 3　试样的共振频率和共振半宽度频率

本实验由换能器（包括永久磁铁、线圈、试样簧片、电容拾振器）、信号检测器即毫伏表、音频信号发生器、数字频率计、温度控制和测量部分，以及供簧片极化电压和前置放大器的直流稳压源等部分组成（图 4）。

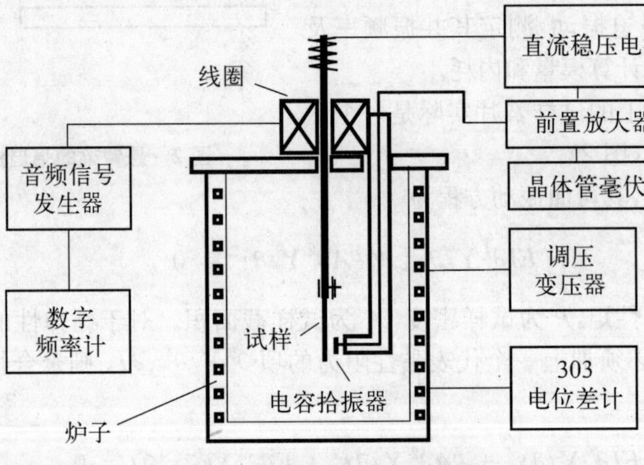

图 4　动态振簧仪装置示意图

试样簧片被固定在线圈骨架的金属振子上，由音频信号发生器输出一个交变信号于激振线圈中，使线圈产生交变磁场，样品就随着线圈的振簧频率而发生往复振动，这个振动的讯号通过电容拾振器变成电容量。我们知道平行板电容量 $C = \varepsilon S/2\pi d$（ε 为介电常数，S 为极板的面积，d 为平行板之间的距离），在 S 不变的情况下，改变 d，就能转换成一个微弱的交流电讯号，经前置放大器放大在毫伏表上测量。当信号发生器输出的频率与样品在这个温度下的本征频率相同时，试样发生共振，振幅达极大，平行板电容器之间的距离 d 最小，经放大后在毫伏表上电讯号最大。也就是说，当毫伏表上的电讯号最大时，信号发生器这时输出的频率即是样品在这个温度下的共振频率 f_r。

温度由调压变压器控制，温度测量由电位差计的读数对照热电偶校正曲线得到。

如果我们仅仅就是测定聚合物在室温下的杨氏模量，振簧仪的装置可以非常简单。聚合物试样的振幅可以用低倍显微镜来直接观察(图 5)。如果用与音频发生器振荡源相同频率的电源来引燃氖珠，氖珠的闪光就与聚合物试样的振动同步，发生共振时试样的边缘非常容易清晰地观察到。

如果是测量单纤维等细小试样，则可用图 6 所示的装置。把涂有导电层的聚合物试样置于两电极之间，电极上通高压直流电再叠加上交流振荡电流，试样即会产生振动。改变交流电频率就可达到共振。由于纤维试样不直接连接在振动器上，可大大提高该实验的频率上限。在这样的高频下，必须考虑到可能的空气阻力。如是，实验应在真空中进行。

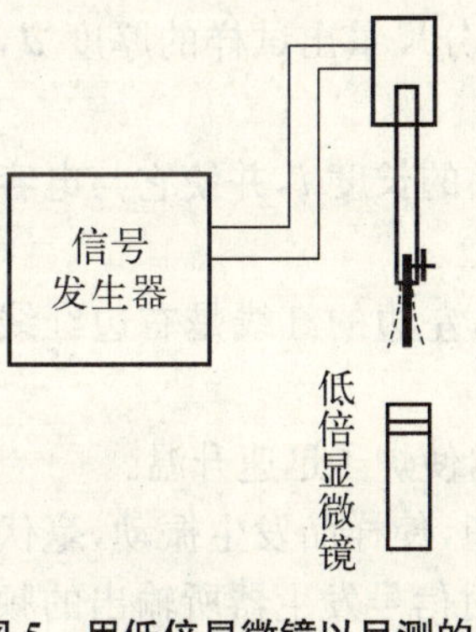

图 5　用低倍显微镜以目测的简易振簧仪示意图

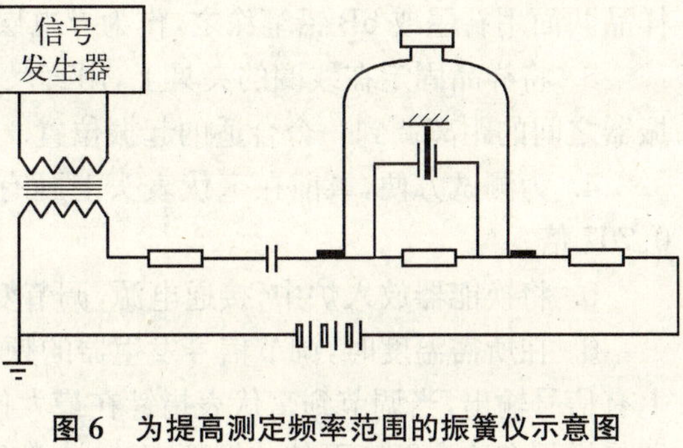

图 6　为提高测定频率范围的振簧仪示意图

作为另一个极端，我们要降低实验频率的下限。因为在低频率下，聚合物的分子运动更为灵敏。这时可以使用长而重的试样。然而使用长而重的试样时又要考虑重力的影响了。

动态振簧法的特点是试样用量少，温度和湿度控制容易，由于信号传感器用了电容拾振器，接收很灵敏。用了上面的各种措施后动态振簧法的频率范围可达10～50 kHz。小条纸片是很好的簧片，因此，动态振簧法还特别适合于纸张的模量测定。

动态振簧法的缺点是每测一个点，必须不断改变频率以求得试样的共振和向共振频率的高端和低端变频以求得半宽度，而要完整反映聚合物的力学性能需要作频率范围宽达 10^{16} 的性能测试，所以做动态振簧的实验时间都较长。

三、仪器

1. 振簧仪一台（自制）；2. 音频信号发生器一台；3. 晶体管毫伏表一台；4. 数字频率计一台；5. 调压变压器一台；6. 303 电位差计一台；7. 保温瓶一个，内装冰若干；8. 铜-康铜热电偶一根；9. 千分尺一把，直尺一把，石墨或 6B 铅笔一只；10. 样品：固化环氧树脂小条。

四、实验步骤

1. 按图接线。

2. 截取样品一片，打磨样品使其厚薄均匀，并用千分尺量出试样的厚度 d，在样品两面用石墨或 6B 铅笔涂之，作为导电层。

3. 将样品固定在线圈的夹具上，用直尺量出夹样品的长度 l，并使它与电容拾振器之间的距离调到一个合适的起振位置。

4. 为测试方便，事前在毫伏表头上画有两道红线，左边的红线是右边红线的 0.707 倍。

5. 将换能器放入炉中，接通电源，调节变压器电压，使炉子迅速升温。

6. 在所需温度时，调节信号发生器的频率调节旋钮，使样品发生振动，毫伏表上有信号输出，当调节到毫伏表指针在最大位置时，此时信号发生器所输出的频率即是样品在这个频率下的共振频率 f_r，由数字频率计上读出。

7. 调节信号发生器的电压输出旋钮，使毫伏表上指针最大位置落在右边红线上，此时频率未变。

8. 向右调节信号发生器的频率输出旋钮，使毫伏表上的指针由右红线降到左红线上，此时频率降至 0.500 倍，信号发生器输出的频率即为样品的共振半宽度频率 f_1。

9. 向左调节频率旋钮，使毫伏表指针回到右红线再降到左红线上，此时频率也降至 0.707 倍，信号发生器输出的频率即为样品共振半宽度 f_2。

10. 同时从电位差计中读出毫伏数，对照热电偶校正曲线查出其相应的温度。

11. 重复 6，7，8，9 和 10，测定在不同温度下的 f_r、f_1、f_2，一般每隔 2～3 ℃测一次。

12. 求出不同温度下的 $E_1(\omega)$ 和 Q^{-1}，并画出模量-温度、内耗-温度曲线。当内耗－温度曲线出现极大峰后再测几个点后实验即可结束。

13. 关闭一切电源，取出样品。

五、实验结果与数据处理

仪器型号：________　　　　　　　　样品：________

长度 l：________　　　　　　　　厚度 d：________

密度 ρ：________　　　　　　　　常数 β：________

$K(=\beta\rho l^4/d^2)$：________

实验结果及相关数据列表如下：

mV	T / ℃	f_r	f_1	f_2	$\Delta f_r = f_2 - f_1$	$E_1(\omega) = f_r^2 K$	$Q^{-1} = \Delta f_r / f_r$

再以 Q^{-1} 对 T 作图，并以内耗峰所对应的温度作为玻璃化温度 T_g。

（附上 Q^{-1}～T 曲线）

六、思考题

1. 动态振簧法与其他动态力学性能测试法(如扭辫法、扭摆法)相比各有什么特点?

2. 动态振簧法的频率范围一般是 20～1 000 Hz,为了使动态振簧法测得的玻璃化温度更接近于由膨胀计测得的值,曾设法扩展动态振簧法的频率范围的下限,对此你有什么看法?

七、参考文献

1. 何平笙,杨海洋,朱平平.从 Maxwell 串联模型定义的松弛时间 τ 来理解聚合物黏弹性的本质[J].化学通报,2004,67(9):705-706,640.

2. 何平笙,杨海洋,朱平平.聚合物黏弹性力学模型的电学类比[J].化学通报,2004,67(6):w53.

3. 朱平平,杨海洋,何平笙.从高分子运动的温度依赖关系看高分子运动特点[J].高分子通报,2005(5):147-150.

4. 朱平平,何平笙,杨海洋.高聚物黏弹性力学模型计算中容易被忽视的一个基本问题[J].高分子材料科学与工程,2007,23(3):251-253.

5. 过梅丽.高聚物与复合材料的动态力学热分析[M].北京:化学工业出版社,2002.

6. 漆宗能,李远航.振簧式动态黏弹性测定仪的试制[J].中国科学技术大学学报,1965,1(2):261.

7. 钱保功,许观藩,余赋生,等.高聚物的转变和松弛[M].北京:科学出版社,1986.

8. J.F. 拉贝克.高分子科学实验方法:物理原理与应用[M].吴世康,漆宗能等,译.北京:科学出版社,1987.

9. 何平笙.高聚物的力学性能[M].合肥:中国科学技术大学出版社,1997.

10. 徐种德,何平笙,周漪琴,等.高聚物的结构与性能[M].北京:科学出版社,1981;马德柱,何平笙,徐种德,等.2 版,1995.

11. Takayuki, Murayama. Dynamic Mechanical Analysis of Polymeric Material [M]. Amsterdam: Elsevier Scientific Pub. Co., 1978.

实验十六　聚合物的应变软化和细颈

一、实验目的

1. 通过等速应变实验得到聚合物材料大形变的应力-应变曲线,正确理解杨氏模量、屈服强度、抗拉强度和断裂伸长率等评价材料力学性能的特征参数的物理意义。

2. 观察聚合物材料特有的应变软化现象和塑性不稳定性——细颈。

3. 了解聚合物应力-应变曲线的各种类型和屈服过程的特点。

二、实验原理

图1所示的棒,在它的两个端头 A_0 上受到两个大小相等、方向相反的正向拉力 P,则拉伸应力为 $\sigma = P/A_0$。如果力 P 把棒从原长 l_0 拉长到了 l,拉伸应变 $\varepsilon_1 = (l - l_0)/l_0 = \Delta l/l_0$,$\sigma$、$\varepsilon_1$ 之比就是杨氏模量 $E = \sigma/\varepsilon_1$。单向拉伸时,不仅在拉伸方向有外形尺寸的变化,并且在垂直于拉力 P 的方向上也伴有尺寸的变化(横向收缩)。如果横向尺寸分别由 b_0、d_0 变为 b、d,则横向应变为 $\varepsilon_2 = (b - b_0)/b_0$ 和 $\varepsilon_3 = (d - d_0)/d_0$。泊松比 γ 是将这些外形尺寸的变化相互联系起来的常数,它定义为横向收缩对纵向拉伸之比 $\gamma = -\varepsilon_2/\varepsilon_1 = -\varepsilon_3/\varepsilon_1$。由此可见,材料受拉时,在外形尺寸改变的同时它的体积也发生了变化。一般来说,当材料处于拉应力下其体积增加,此时泊松比小于 1/2。可以证明,如果拉伸时材料体积不变,则泊松比等于 1/2。橡胶和流体的泊松

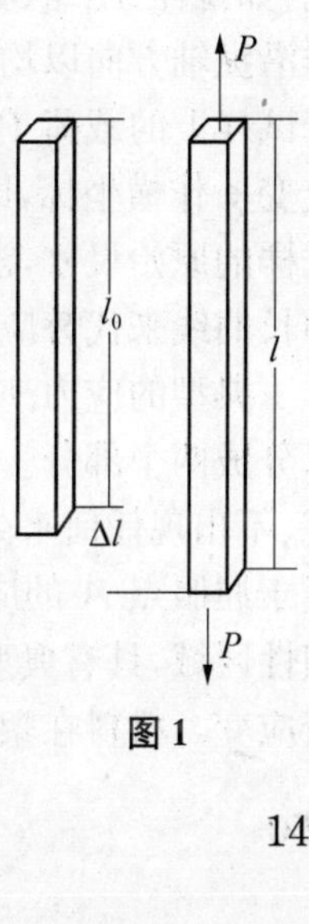

图1

比接近 1/2,即它们拉伸时体积几乎不变。实验表明,对大多数聚合物,在拉伸时的体积变化相对于其形状改变来说是可以忽略不计的。因此,由单向拉伸实验得到的资料可以与简单剪切实验得到的资料相比较。在小形变时,剪切模量 G 和杨氏模量有 $E \approx 3G$ 的近似关系。拉伸实验是很容易实现的,从聚合物材料的拉伸图上可以得到很多有用的信息,是一种应用很广的形变类型。

材料开始塑性变形就说是材料屈服了。屈服致使试样的整体形状发生了明显的改变。从实用观点来看,材料产生塑性形变就丧失了其使用价值。对聚合物,这点尤其重要。聚合物本质上是韧性材料,而韧性材料的使用极限一般不是它的极限强度,而正是它的屈服强度。聚合物很多加工过程是与它们的屈服特性有关的,如纤维拉伸和薄膜拉制。刚从喷丝头纺出的纤维其强度并不高,只有经过拉伸使之成颈,强度才能提高。实际使用的合成纤维正是它拉伸的细颈部分。因此对聚合物材料的屈服行为、成颈机理的深入了解,对纤维、薄膜性能的提高和拉伸、辊压工艺的改进都很重要。此外,聚合物的屈服与断裂密切相关。聚合物试样从完好状态到完全断裂,中间大多经过屈服这一过程。聚合物是韧是脆、韧脆之间如何转变乃至断裂机理(银纹等)的研究都需要用到材料屈服行为的知识。

聚合物的屈服行为是通过应力-应变的试验曲线来进行研究的,应力-应变的试验曲线是一种使用很广的力学试验结果。从试验测定的应力-应变曲线可以得到评价材料性能极为有用的诸如杨氏模量、屈服强度、抗拉强度和断裂伸长等指标。在宽广的温度和试验速率范围内测得的数据可以帮助我们判断聚合物材料的强弱、硬软、韧脆,也可以粗略地估计聚合物所处的状态。

测定应力-应变的试验曲线一般都取恒速应变的形式,但形变类型却有多种形式,如拉伸、压缩、剪切等。以拉伸试验为例,在拉力试验机上将如图 2 中所示的试样沿纵轴方向以均匀的速率拉伸,直到试样断裂为止。试验过程中要随时测量加于试样上的载荷 P 和相应的标线间长度的改变 $\Delta l = l - l_0$。以应力 σ 作纵坐标,应变 ε 作横坐标,即得到习用应力-应变曲线。由于这里应力、应变定义中都使用试样的原始尺寸,没有考虑在拉伸试验中试样尺寸的不断变化。因此,也以载荷-伸长曲线来代替应力-应变曲线。它们之间只差一个常数项,曲线形状并不变。

典型的应力-应变曲线如图 2 所示。整根应力-应变曲线以屈服点 A 为界,可以分成两个部分。屈服点以前,材料处在弹性区域(OA 段),卸载后形变能全部回复、不出现任何永久变形。屈服点是材料在卸载后还能完全保持弹性的临界点,相应于屈服点 A 的应力叫做材料的屈服强度或屈服应力 σ_y。屈服点以后,材料进入塑性区域,具有典型的塑性特征。卸载后形变不可能完全回复,出现永久变形或残余应变。材料在塑性区域内的应力、应变关系呈现复杂情况:先经由一小段应变软化，应变增加、应力反稍有一跌（AB 段）；随即试样出现塑性不稳定性——细颈：应变增加、应力基本保持不变（BC 段）；又经取向硬化，应力急剧增加（CD 段），最后在 D 点断裂。相应于 D 点的应力称为强度极限，也就是工程上重要的力学性能指标——抗拉强度。而断裂伸长率则是材料在断裂时的相对伸长 $D_f = (l_f - l_0)/l_0 \times 100$，这里 l_f 是材料断裂时相应标线间距离。材料的杨氏弹性模量是习用应力-应变曲线起始部分 OA 段的斜率 $E = \tan\alpha$，它表示材料对形变的弹性抵抗，OA 段斜率越大，杨氏模量越大，就是材料的刚度越大，越不易变形。由于许多聚合物材料的应力-应变曲线的起始部分并不一定是直线，在这种情况下杨氏模量可以用下面三种方法中的任意一种来定义：(1) 起始切线模量 $E = \tan\alpha_1$，为应力-应变曲线在原点的斜率；(2) 割线模量 $E = \tan\alpha_2$，为应力-应变曲线起始部分上某点到原点连线的斜率；(3) 切线模量 $E = \tan\alpha_3$，为应力-应变曲线起始部分某点处的斜率(图 3)。

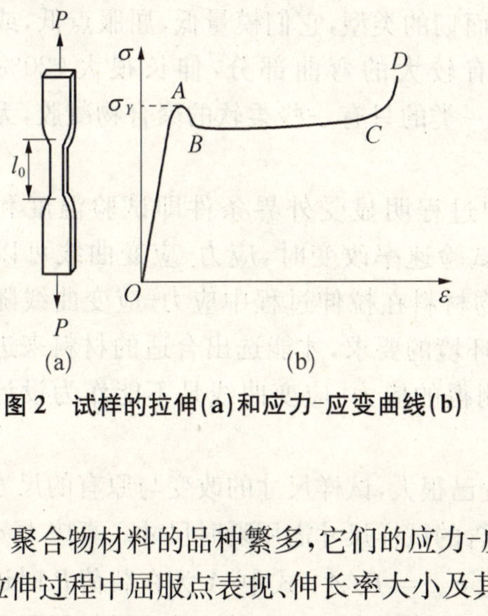

图 2　试样的拉伸(a)和应力-应变曲线(b)

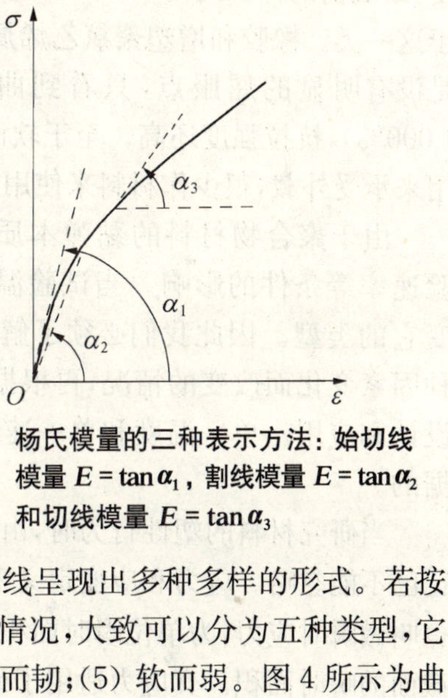

图 3　杨氏模量的三种表示方法：始切线模量 $E = \tan\alpha_1$，割线模量 $E = \tan\alpha_2$ 和切线模量 $E = \tan\alpha_3$

聚合物材料的品种繁多，它们的应力-应变曲线呈现出多种多样的形式。若按在拉伸过程中屈服点表现、伸长率大小及其断裂情况，大致可以分为五种类型，它们是(1) 硬而脆；(2) 硬而韧；(3) 硬而强；(4) 软而韧；(5) 软而弱。图 4 所示为曲线的这五种类型。

属于硬而脆的一类有聚苯乙烯、聚甲基丙烯酸甲酯(有机玻璃)和许多酚醛树脂。它们具有高的模量和相当大的抗拉强度，伸长很小就断裂而没有任何屈服点，断裂伸长率一般低于 2%。硬而韧的聚合物有尼龙、聚碳酸酯等。它们模量高，屈服点高，抗拉强度大，断裂伸长率也较大。这类聚合物在拉伸过程中会产生细颈，是纤维和薄膜拉伸工艺的依据。硬而强的聚合物具有高的杨氏模量，高的抗拉强

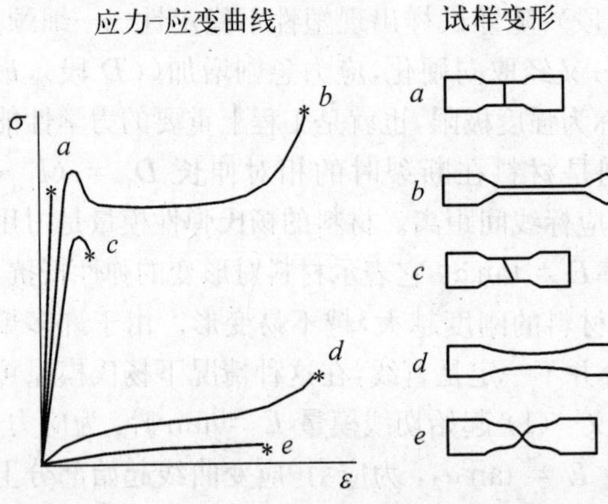

类型	模量	屈服强度	极限强度	断裂伸长
硬而脆	高	没有	高	低
硬而韧	高	高	高	高
硬而强	高	高	高	适中
软而韧	低	低	适中	高
软而弱	低	没有	低	适中

图 4　聚合物应力-应变曲线的类型和特征

度、断裂前的伸长约为 5%。一些不同配方的硬聚氯乙烯和聚苯乙烯的共混物属于这一类。橡胶和增塑聚氯乙烯属于软而韧的类型，它们模量低，屈服点低，或者是没有明显的屈服点，只看到曲线上有较大的弯曲部分，伸长很大（20%～1 000%），抗拉强度还高。至于软而弱这一类的只有一些柔软的聚合物凝胶，无法用来承受外载，很少作材料来使用。

由于聚合物材料的黏弹本质，拉伸过程明显受外界条件即试验温度和试验速率等条件的影响。当试验温度和试验速率改变时，应力-应变曲线可以改变它的类型。因此我们必须了解聚合物材料在拉伸过程中应力-应变曲线随各种因素变化而改变的情况，再根据使用环境的要求，才能选出合适的材料来进行设计和应用。单一温度和单一速率下测得的应力-应变曲线是不能作为设计依据的。

当研究材料的塑性行为时，由于形变已很大，试样尺寸的改变与原有的尺寸相比已不能忽略。应力和应变定义中所包含的试样尺寸需用瞬时尺寸。真应力 $\sigma_{真}$，也叫做瞬时应力，为单位瞬时面积上的力 $\sigma_{真} = P/A$，式中 A 为在载荷 P 时试样截面的瞬时面积。真应力适用于研究材料的内在特性，在下面讨论材料屈服行为中大都使用真应力。而当考虑材料整体性质时，使用习用应力可能更为方便。譬如以习用应力表示的抗拉强度表明试样能承载的最大载荷等等。

同样，以瞬时长度 l 代替原标距长 l_0，真应变定义为 $\Delta l/l$ 这个量的积分 $\varepsilon_{真} = \int dl/l = \ln(l/l_0)$。在形变很小时，习用应变和真应变几乎是等同的，但当形变增大时，它们之间的差异就变得很大（表 1）。

表 1　习用应变和真应变的比较

$\Delta l/l_0$	0	0.010	0.050	0.100	0.200	0.500	1.000
$\ln(l/l_0)$	0	0.009 95	0.048	0.095 3	0.182 3	0.405 5	0.693

实验表明，在塑性形变时，聚合物的体积改变很小，作为近似，可以认为是不变的。因此有 $Al = A_0 l_0$。但 $l = l_0(1+\varepsilon)$，则瞬时面积 $A = A_0/(1+\varepsilon)$，真应力为

$$\sigma_{真} = P/A = P(1+\varepsilon)/A_0 = \sigma(1+\varepsilon)$$

这就是真应力和习用应力之间的关系。因为在以后讨论中都是使用真应力-应变曲线，现在有了真应力的表达式，就能通过习用应力 σ 与应变 ε 来计算任何形变时的真应力。这里有意义的是习用应力极大值 σ_{max} 与 $\sigma_{真}$ 的关系。σ_{max} 的条件是 $d\sigma/d\varepsilon = 0$，即 $d\sigma/d\varepsilon = [d\sigma_{真}(1+\varepsilon)/d\varepsilon - \sigma_{真}]/(1+\varepsilon)^2 = 0$，可见，在习用应力的极大点，真应力 $\sigma_{真}$ 与应变应有如下关系

$$d\sigma_{真}/d\varepsilon = \sigma_{真}/(1+\varepsilon)$$

真应力的表达式在真应力-应变曲线上表示的是一条从应变轴上 $\varepsilon = -1$ 处向曲线作的切线。这样，习用应力的极大值就和真应力-应变曲线上这条切线的切点具有相同的形变。过了这切点，形变的任何增加都会引起习用应力的下跌。这通常称作为 Considére 作图，在讨论聚合物的细颈时很有用。

所谓应变软化现象是指在材料屈服以后，为使材料能继续形变的真应力将有一个不大的下跌。相应于图 2 上应力-应变曲线的 *AB* 段。几乎所有的塑料，无论取哪种形变类型，都呈现有某种形式的应变软化。只是它们真应力下跌的值以聚合物品种不同而有较大的差别。就实验类型而言，拉伸试验由于试样几何因素会促使细颈产生，它的应变软化现象比起压缩和剪切来较不明显。在压缩和剪切试验时，较低应变速率下，只要出现加载荷重的下跌就可以说是出现了真正的应变软化。此外，韧性材料的应变软化效应比脆性材料小得多。

如果在试验过程中突然卸载至零，然后再加载继续试验，应变软化现象仍然继续。由此也可推想，材料一旦发生屈服和开始塑性变形，就有某种内部的结构变化产生，这种结构变化将允许塑性变形能在较低的应力水平下继续进行。

许多聚合物材料在塑性形变时往往会出现不稳定的均匀形变，在试样某个局部的应变比试样整体的应变增加得更为迅速，使得本来是均匀的形变变成不均匀

形变，呈现出各种塑性不稳定性。其中最为人们熟悉的也是最重要的是拉伸试验中细颈的形成。成颈是纤维和薄膜拉伸工艺的基础，纤维就是拉伸试样的细颈部分。产生塑性不稳定性的原因可能有两个，一个是几何上的，一个是结构上的。这两个原因也可以同时产生作用。几何原因指的是材料试片尺寸在各处的微小差别。几何不稳定性的例子是单向拉伸试验时细颈的形成。如果试样的某部分有效截面积比试样的其他部分稍稍小一点，譬如微微薄一点，那么它受到的真应力应比其他部分微微高一点，这将导致这部分试样在较低的拉伸应力时先于其他部分达到屈服点。当这特殊的部分达到屈服点后，这部分试样的有效刚性就比其周围材料来得低，在这部分试样内的继续形变就来得容易。如此循环，直到材料的取向硬化得以发展从而阻止住这一不稳定性。

塑性不稳定性的另一个原因是材料在屈服点以后的应变软化。如果在某局部的应变稍稍高于其他地方（譬如是由于存在应力集中物），那么材料在那里将局部软化，进而使塑性不稳定性更易发展。这个过程也只能被材料有效的取向硬化所阻止。

重要的是在这试样局部区域的不均匀形变的最初形成并不需要比使试样的其他部分得以形变更大的应力。在这最初时刻，在与试样的其他部分得以形变所需的应力几乎是相同的应力条件下，在试样的局部区域就能形成不均匀形变。的确，不均匀形变的形成是需要局部区域的应力增高或这局部的试样稍变软，并且在不均匀形变的发展和生长过程中这种差别会变大。但是在开始的时候，这种差别是极其微小的，这叫做极大塑性阻力原理。

以不均匀形变区域被其周围物质受阻的程度，可把塑性不稳定性分为三类。如果周围物质对不均匀形变在各个方向的阻力均可忽略，那么试样在拉伸时呈现对称的细颈区域，压缩时则生成局部的鼓腰。如果在一个方向受阻，那么在单向拉伸时试样形成局部变薄的带，叫做倾斜细颈。对于这样的带来说，受阻是沿带的长度方向上。最后，在两个方向上均受阻时，且体积不变，那么能够发生的形变只是简单剪切。的确，在聚合物中，这三种塑性不稳定性都已被实验观察到。就重要性而言，这里主要讨论拉伸时成颈这一种情况。

聚合物在拉伸时的成颈也叫做冷拉。在合宜的条件下，不管是晶态聚合物还是非晶态聚合物，都能在拉伸时成颈。它们是

(1) 结晶度为 35%～75% 的晶态聚合物，其玻璃化温度 T_g 在拉伸温度以下；

(2) 非晶态聚合物，拉伸温度不比 T_g 低很多；

(3) 非晶态聚合物，但具有明显的次级松弛，冷拉是在 T_g 和次级松弛温度间进

行的；

(4) 非晶态聚合物，它在正常情况下很脆，但材料在 T_g 以上被拉伸而使分子部分取向。

如果先不管聚合物拉伸过程的内在机理，仅就唯象角度看，Considére 作图能够作为一个判据，以决定聚合物是否能形成稳定的细颈。已经知道，在 $\sigma_{真}$ 和 ε 具有如下关系时，即 $d\sigma_{真}/d\varepsilon = \sigma_{真}/(1+\varepsilon)$，习用应力达极大值，也就是材料开始屈服，因此有可能形成细颈。这里又分两种情况，如果在真应力-应变曲线上只有一个点 A 满足上式的条件，那么聚合物在均匀伸长到达 A 点后虽然有可能形成细颈，但这刚形成的细颈会继续不断地变细，载荷随之不断降低以至断裂，不能得到稳定的细颈[图 5(b)]。但是如果真应力-应变曲线上有两个点 A 和 B 满足上式的条件[图 5(c)]，也就是从 $\varepsilon = -1$ 处可以向真应力-应变曲线画出第二条切线，或者是说习用应力-应变曲线具有第二个极值——极小值。这极小值一直使细颈保持恒定直至全部试样都变成细颈，只有这时才能得到稳定的细颈。至于在 $d\sigma_{真}/d\varepsilon > \sigma_{真}(1+\varepsilon)$

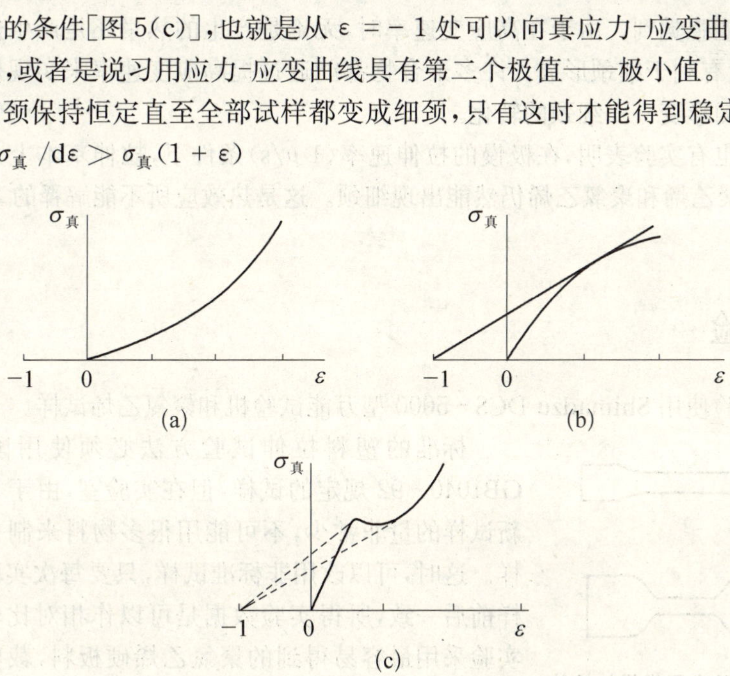

图 5　判定是否成颈的 Considére 作图的三种类型

情况，不能从 $\varepsilon = -1$ 处向真应力-应变曲线作出切线[图 5(a)]，因此也没有细颈的形成，材料随载荷增大一直均匀地伸长。通常的硫化橡胶就是这种类型的例子。

这里需要说明的是，屈服应力对应变速率是相当敏感的。因此当细颈在某个局部形成时，在这个地方的应变速率将有一个较大的增高，从而提高了材料在这局部的屈服应力值。如果某材料的应力-应变关系恰好刚满足上面的判据，亦即 $\sigma_{真}$ 对 ε 的作图只出现很平坦的极大值，那么在试样局部出现细颈而引起的应变速率增大将把试样整体的屈服应力提高，甚至超过这个极大值，从而使细颈不能得以发展。硝化纤维素就是这样的一个例子，它那 $\sigma_{真}$ 偏平的极值不足以保证稳定细颈的形成：凡纤维素衍生物大都呈现均匀的形变。

从拉伸机理来解释拉伸时试样出现细颈的理论目前还不很成熟。一种理论从热效应着手，认为在拉伸时拉力所做的功在细颈部分转换成热量，升高了细颈部分的温度，从而使这部分试样的屈服应力降低。特别是在纤维、薄膜拉伸工艺上使用的拉伸速度(约 0.01 m/s)条件下，拉伸几乎是一个绝热过程，温度的升高用手摸一下细颈都能感觉到。由于在高应变速率时，无论是产生的热量还是产生热量的速率都大，更有利于细颈形成。许多聚合物都能通过提高应变速率来实现从均匀形变到不均匀形变——细颈的转化。

但是也有实验表明，在极慢的拉伸速率(1 μ/s)条件下，拉伸基本上是一个等温过程，聚乙烯和聚氯乙烯仍然能出现细颈。这是热效应所不能解释的。

三、实验

本实验使用 Shimadzu DCS－5000 型万能试验机和聚氯乙烯试样。

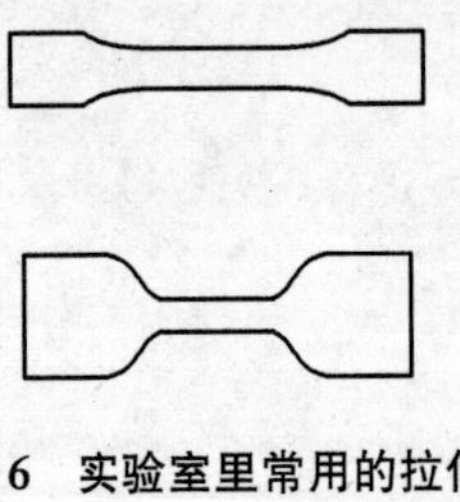

图 6　实验室里常用的拉伸实验试样形式

标准的塑料拉伸试验方法必须使用国家标准 GB1040－92 规定的试样，但在实验室，由于合成而得新试样的量非常少，不可能用很多物料来制备实验试样。这时，可以改用非标准试样，只要每次实验时的试样前后一致，所得实验数据是可以作相对比较的。本实验采用最容易得到的聚氯乙烯硬板料，裁剪成哑铃状。每组试样不少于 5 个。

考虑到聚合物力学行为的历史效应，即试样先前的载荷历史对现今测试结果会有影响，裁剪后的试样一定要进行实验前的预处理，也就是想办法使材料能在测试前就能达到相应于先前载荷的平衡状态。聚氯乙烯试样的拉伸强度在处理前后是不一样的。处理后的拉伸强度可提高5%，见表 2。

表 2 聚氯乙烯试样处理与未处理的拉伸强度的比较

材料方向	速度(mm/min)	温度(℃)	试样处理情况			
			未处理	处理	处理效应	
			$\sigma_{未}$(10^4 N/m^2)	$\sigma_{处}$(10^4 N/m^2)	$(\sigma_{处}-\sigma_{未})$ ($\times 10^4$ N/m^2)	$(\sigma_{处}-\sigma_{未})/\sigma_{处}$ 100%
纵向	5.5	18	589	602	13	2.2%
横向	5.5	17	541	568	27	5 %

我国塑料测试国家标准规定，用作塑料机械力学性能试验的聚合物试样必须在相对湿度(65±5)%，(25±2)℃(对热塑性塑料)下放置不少于 16 h，软质材料不少于 8 h，薄膜不少于 4 h。经过这样条件的预处理，测试结果基本趋于稳定，才能得到重复性较好的且较为可靠的测试结果。

试验速率

硬质热塑性塑料：(10±5)mm/min

伸长率较大的硬质热塑性塑料和半硬质热塑性塑料：(50±5)mm/min

软板、片和薄膜：(100±50)mm/min(相对伸长率＜100%时)

(250±50) mm/min(相对伸长率＞100%时)

测量模量时，拉伸速率为 1～5 mm/min，测形变准确至 0.01 mm。

四、实验步骤

1. 按 GB1039－92、GB1040－92 调节试验环境和处理试样。

2. 测量试样的厚度和宽度，片材厚度精确到 0.01 mm。每个试样在标距内各测三点，取算术平均值。

3. 开启试验机 100 V 电源，设备预热后打开 220 V 电源。

4. 根据材料的强度和试样的种类、大小，选择合适的载荷，将拉伸速率定为 5 mm/min。

5. 调整上下夹具之间的距离为 20 mm。

6. 将试样的厚度和宽度数据输入微处理机。

7. 将试样夹持在夹具上，使试样纵轴与上下夹具的中心连线相重合，且松紧要适宜，以防止试样滑脱或断在夹具为度。夹持薄膜时要求夹具内垫橡胶之类的弹性材料。

8. 按下记录仪走纸开关。

9. 开动试验机，进行拉伸试验。

10. 试样断裂后，夹具自动返回至试验初始位置。

11. 微处理机自动进行数据处理，并打印出最大强度、最大伸长率、断裂强度、断裂伸长率以及模量。

12. 若试样断裂在标距之间，此试样作废，另取试样补做。

五、数据处理

对记录仪记录的负荷形变曲线进行处理，量出屈服点及断裂点所对应的负荷以及形变值，并依据以下公式计算应力、应变以及杨氏模量。

1. 拉伸断裂应力以 σ_t(MPa)表示，按下式计算：

$$\sigma_t = \frac{P}{bd} = \frac{KH}{9.8bd}$$

式中，P 为拉伸负荷；

b、d 分别为试样宽度和厚度(cm)；

H 为记录负荷高度值(cm)；

K 为单位高度负荷值(kg/cm)。

试验结果以每组试样测定的中间值表示，取三位有效数字。

拉伸屈服应力 σ_y 也一样。

2. 断裂伸长率用 ε_t表示，按下式计算：

$$\varepsilon_t = \frac{\Delta l}{l_0} \times 100, \ \Delta l = L - L_0 = V_1 t = V_1 \frac{\Delta L}{V_2}$$

式中，V_1为拉伸速率(mm/min)；

V_2为记录纸的走纸速度(mm/min)；

ΔL 为记录纸的位移量；

t 为拉伸时间。

试验结果以每组试样测定的中间值表示，取两位有效数字。

3. 杨氏模量用 E_t表示，按下式计算：

$$E_t = \frac{\sigma_{ti}}{\varepsilon_{ti}}$$

式中，σ_{ti}为拉伸应力-应变曲线上在比例极限范围内某一点的应力；

ε_{ti}为拉伸应力-应变曲线上在比例极限范围内某一点的应变。

试验结果以每组试样测定的算术平均值表示，取两位有效数字。

4. 计算试样在屈服点的真应力值。

5. 观察并分析试样的应变软化现象。

六、思考题

1. 拉伸实验既有形状的改变又有体积的变化，所以从物理的观点来看，它不是一个基本的形变类型，但却在实践中大量应用拉伸实验，为什么？

2. 你对聚合物材料拉伸时特有的应变软化现象是如何理解的？

3. 什么是聚合物的屈服现象？典型的聚合物应力-应变曲线有几类？

4. 影响拉伸试验的因素有哪些？

七、参考文献

1. 何平笙.高聚物的力学性能[M].合肥：中国科学技术大学出版社，1997.

2. 徐种德，何平笙，周漪琴，等.高聚物的结构与性能[M].北京：科学出版社，1981；马德柱，何平笙，徐种德，等.2 版，1995.

3. 何平笙，朱平平，杨海洋.在“高聚物的结构与性能”课程中讲透高聚物的特点[J].高分子通报，2001(5)：74.

4. 朱平平，何平笙，杨海洋.高聚物黏弹性力学模型计算中容易被忽视的一个基本问题[J].高分子材料科学与工程，2007，23(3)：251.

5. 沃德.固体高聚物的力学性能[M].2 版.徐懋、漆宗能等，译.北京：科学出版社，1988.

实验十七　聚合物的银纹现象

一、实验目的

1. 观察在张应力作用下聚合物银纹的形成和生长。
2. 了解溶剂对银纹形成及发展的影响。

二、实验原理

银纹现象是高分子材料所特有的一种力学现象。银纹与裂纹有着本质的不同：裂纹中不含有任何高分子材料，而银纹中却仍然有(30～50)%体积分数的高分子材料。这些取向的高分子以微纤维的形式联系着银纹的两银纹面(图1)，银纹依然具有强度，其力学性能也有黏弹现象。银纹的另一个特点是银纹的平面垂直于产生银纹的张应力，在张应力作用下能产生银纹的局部区域内，聚合物呈塑性变形，高分子链在张应力方向高度取向，并吸收能量。在材料表面的银纹总可见一凹槽，在体内的银纹也有一定的空穴。这是由于聚合物的塑性伸长引起的体积增加尚不足以补偿因横向收缩导致体积的减小，致使在银纹内产生大量的空穴，因此其密度及折光指数下降。由于银纹的折光指数低于聚合物本体，在银纹和聚合物之间的界面有全反射现象，因此可以对聚合物材料所出现的银纹现象进行观测。在纯应力作用下引发的银纹被称为应力银纹，受应力和溶

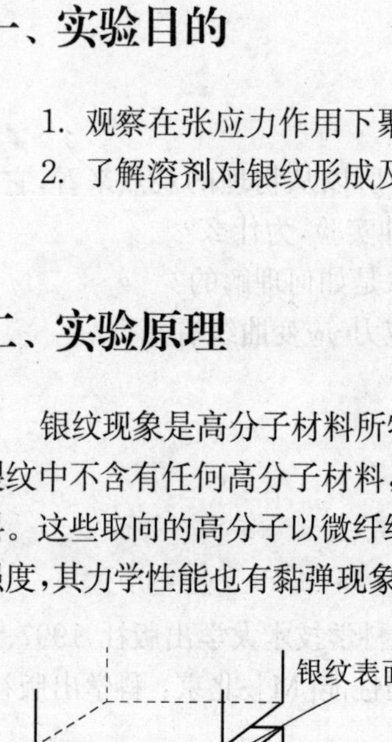

图1　由聚合物圆筒状纤维条组成的银纹

剂联合作用引发的银纹称为应力-溶剂银纹。聚合物材料环境应力银纹和环境应力开裂的特性在工业上可以被用来检查制品的内应力。只要在一定温度范围内，在规定的溶剂中浸泡一定时间，制品上不出现银纹即为合格，检测方法相当简单。溶剂对银纹的形成和影响主要表现在以下两个方面：① 导致在低应力条件下银纹的形成和生长；② 在银纹已形成的条件下加速银纹生长成裂纹，导致材料的断裂和破坏。图2为在常应变作用下聚苯乙烯引发银纹的动力学曲线，从图中可以看出溶剂的存在将大大降低产生银纹所需的张应力。

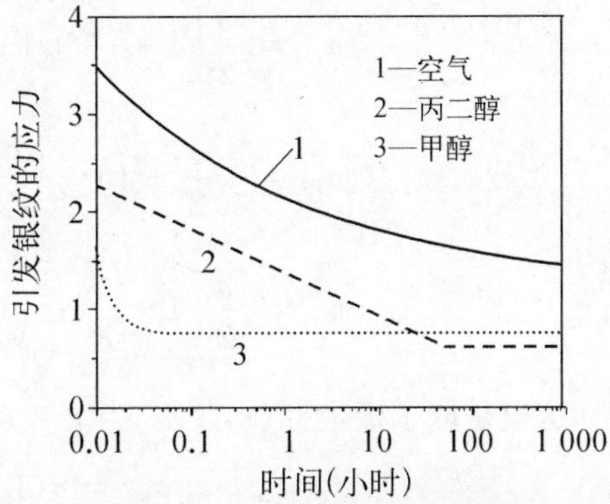

图2　常应变条件下聚苯乙烯引发银纹的动力学曲线

银纹是与断裂密切相关的现象。许多聚合物材料，特别是热塑性塑料，其制品在储存和使用过程中，由于应力以及环境的影响，往往会因出现银纹而影响其使用性能。银纹的生成是玻璃态聚合物脆性断裂的先兆。银纹中物质的破裂往往造成裂纹的引发和生成，以至于最后发生断裂现象。银纹还与裂缝不同，它有可逆性。在压力下或在玻璃化温度以上退火时，银纹就回缩以至消失。例如聚苯乙烯、聚甲基丙烯酸甲酯、聚碳酸酯的应力银纹在加热到聚合物软化点以上时会自动消失，材料可回复到未开裂时的光学均一状态。

本次实验以非晶态聚合物聚苯乙烯薄板为原料，通过在板中央穿孔导致的应力集中，然后将样品装上夹具进行拉伸，观察银纹的形成，了解溶剂对银纹形成及发展的影响。

银纹是聚合物在张应力作用下在材料某些薄弱地方应力集中而出现的并且为聚合物所特有的一种力学现象。为了在高分子材料内部出现张应力，可以对高分子材料进行拉伸或做三点弯曲实验。考虑到银纹内部含有大量的空穴，银纹的折光指数要低于聚合物本体，因此在银纹和本体聚合物之间的界面上有全反射现象，如果从全反射角度进行观察，将非常清楚地观察到银纹。正是因为对银纹的观察需要从特定的角度进行，因此通过拉力机拉伸聚合物样品来观察银纹现象是既不方便，也没必要。本实验利用自制的微型拉力机即可非常方便地观察到银纹现象。为了减小出现银纹拉力机需提供的拉伸力，同时也为了使银纹在样品特定的区域出现以便于对此进行观察，可以在样品的中间穿一小孔使得应力在小孔的两边产生集中。根据弹性力学理论，如果对一个中央有一圆形小孔的大而薄的板子的两

边进行拉伸(图 3),则小孔周围的应力分布为

$$\sigma_{rr} = \frac{\sigma}{2}\left[1 - \frac{r_0^2}{r^2} + \left(1 + \frac{3r_0^2}{r^4} - \frac{4r_0^2}{r^2}\right)\cos 2\theta\right]$$

$$\sigma_{r\theta} = -\frac{\sigma}{2} + \left(1 - \frac{3r_0^2}{r^4} + \frac{2r_0^2}{r^2}\right)\sin 2\theta$$

$$\sigma_{\theta\theta} = \frac{\sigma}{2}\left[1 + \frac{r_0^2}{r^2} - \left(1 + \frac{3r_0^4}{r^4}\right)\cos 2\theta\right]$$

这里是取了极坐标(r, θ)。当 $r = r_0$ 时,即在小孔的边缘上,只剩下剪应力为

$$\sigma_{\theta\theta} = \sigma(1 - 2\cos 2\theta)$$

由此可见,在和应力平行的方向上,即 $\theta = 0, \pi, \cos 2\theta = 1, \sigma_{\theta\theta} = -\sigma$,小孔边缘上的应力是压缩性的。而在和应力 σ 垂直的方向,即 $\theta = \pm\pi/2, \cos 2\theta = -1, \sigma_{\theta\theta} = 3\sigma$,应力是拉伸性的,且比原来的应力大了 3 倍。可见,这个小圆孔把应力集中了 3 倍。本实验所用样品为长约 6~8 厘米、宽为 0.8~1 厘米的聚苯乙烯薄板,在样品的中央穿孔后,应力会在孔的两边产生集中,尽管此时应力集中因子并不刚好是 3 倍。显然银纹总是首先在孔的两边出现(图 3)。因为银纹具有一定的力学强度,如果此时维持拉伸力不变,则银纹并不会立即发展为裂纹。但是如果溶剂存在情况将另当别论。从图 2 可以看出,溶剂的存在会使出现银纹所需的张应力大大降低。因为溶剂渗入聚合物后,削弱高分子间的相互作用力,增加分子链的活动性,使材料软化,屈服强度下降。而如果银纹已经形成,则溶剂的存在必然会使银纹迅速发展为裂纹,这一点可以从本实验结果中得到证实。

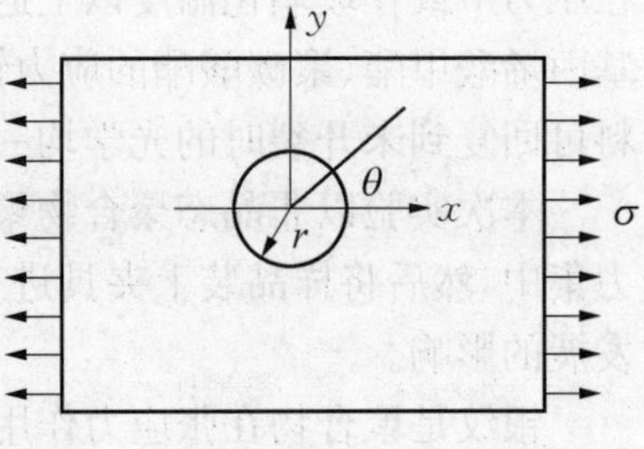

图 3 薄板中圆孔的应力集中

三、仪器和试剂

自制切样机一台,电钻一个,偏光显微镜一台,聚苯乙烯薄板若干,甲醇一瓶。样品将被固定在自制简易拉力机上,图 4 为拉力机的平面和剖面示意图。其中 A 为固定端,B 为自由端,转动手柄,则螺杆的转动会带动 B 端在滑杆上移动,从而对

样品进行拉伸。

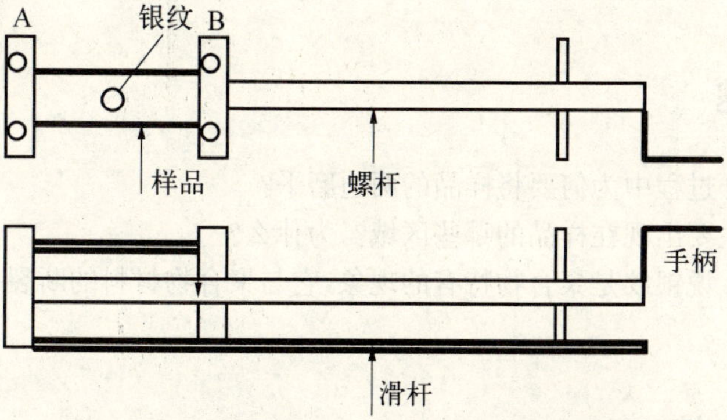

图4　自制简易拉力机的平面和剖面示意图

四、实验步骤

1. 打开自制切样机电源开关，切下一块长8～10 cm、宽0.8～1 cm的聚苯乙烯薄板(无划痕的磁带盒即可)。

2. 将所得到的样品两边用细沙纸磨平并且将切制样品导致样品边缘增厚的部分磨去，在磨的过程中不要破坏样品的表面以便对银纹进行观察。

3. 在板子的中间钻出一直径为0.4～0.6 cm的圆孔。

4. 将样品装上夹具进行拉伸，夹紧样品时用力要均匀，防止在局部区域产生应力集中。

5. 对样品进行拉伸，直到出现银纹为止，拉伸速度不要太快。

6. 从全反射角度迎着光线或在偏光显微镜下直接对银纹进行观察，留意银纹面的取向和银纹出现的区域。

7. 往银纹处加一滴甲醇，观察在溶剂作用下银纹的生长过程。

五、实验记录

1. 没有经过拉伸的样品尺寸和照片。

2. 从全反射角度或在偏光显微镜下转动样品直接对银纹进行观察，附图片。

3. 记录滴加溶剂后银纹的生长过程，附图片。

六、思考题

1. 在制样过程中为何要将样品的两边磨平？
2. 银纹主要出现在样品的哪些区域？为什么？
3. 为什么说银纹是聚合物特有的现象，它与聚合物材料的断裂有什么关系？

七、参考文献

1. 朱平平，何平笙，杨海洋. 通过词义辨析讲透"高分子物理"课程中的基本概念[J]. 高分子通报，2007(9)：59-61.

2. 何平笙. 高聚物的力学性能[M]. 合肥：中国科学技术大学出版社，1997.

3. 徐种德，何平笙，周漪琴，等. 高聚物的结构与性能[M]. 北京：科学出版社，1981；马德柱，何平笙，徐种德，等. 2 版，1995.

4. 何平笙，朱平平，杨海洋. 在"高聚物的结构与性能"课程中讲透高聚物的特点[J]. 高分子通报，2001(5)：74.

5. 过梅丽，赵得禄. 高分子物理[M]. 北京：北京航天航空大学出版社，2005.

6. 吕锡慈. 高分子材料的强度与破坏[M]. 成都：四川教育出版社，1988.

实验十八　聚合物体积电阻系数和表面电阻系数的测定

一、实验目的

1. 掌握聚合物体积电阻系数和表面电阻系数的测试方法。
2. 了解聚合物的导电特点以及导电性与分子结构的关系。

二、实验原理

材料的导电性是由于其内部存在传递电流的自由电荷，即载流子，在外加电场作用下，这些载流子作定向移动，形成电流。导电性优劣与材料所含载流子的数量、运动速度有关。常用电阻系数（电阻率）ρ 或电导系数（电导率）σ 表征材料的导电性，它们是一些宏观物理量，而载流子浓度和迁移率则是表征材料导电性的微观物理量。

大量聚合物是作为绝缘材料使用的，但具有特殊结构的聚合物可能成为半导体、导体，人们甚至提出了超导体的模型。决定聚合物导电性的因素有化学结构、分子量、凝聚态结构、杂质以及环境（温度、湿度等）等。

饱和的非极性聚合物具有很好的电绝缘性能，理论上计算它们的电阻率可达到 $10^{23}\ \Omega \cdot m$，而实测值要小几个数量级，说明聚合物中除自身结构以外的因素（如残留的催化剂、各种添加剂等）对导电性能产生了不小的影响。

极性聚合物的电绝缘性次之，微量的本征解离产生导电离子。此外，残留的催化剂、各种添加剂等都可以提供导电离子。

而一些共轭结构的聚合物如聚乙炔（结构式如图 1 所示）则可制成半导体材

料，这是由于主链上π轨道相互交叠，π电子有较高的迁移率。但是它们的导电性实际并不很高，原因是受到电子成对的影响，电子成对后，只占有一个轨道，空出另一个轨道，两个轨道能量不同，电子迁移时必须越过轨道间的能级差，这样就限制了电子的迁移，材料电导率下降。采用掺杂方法可以减小能级差，使电子迁移速率提高。Heeger（黑格，美国）、MacDiarmid（麦克迪尔米德，美国）以及白川英树（日本）就成功地完成了用溴、碘掺杂聚乙炔，没有掺杂时聚乙炔的电导率为 $3.2\times10^{-6}\ \Omega^{-1}\cdot cm^{-1}$，掺杂后竟达到了 $38\ \Omega^{-1}\cdot cm^{-1}$，提高了 1 000 万倍，接近金属铝和铜的电导率。在发现聚乙炔的导电性后，黑格还发现聚乙炔的磁性、电学、光学性质都异常。为了说明聚乙炔的导电性，黑格又提出了孤子导电的新概念。他们的成果在 2000 年获得诺贝尔化学奖。评奖委员会的公告说：塑料本来是不导电的绝缘体。他们合成了具有共轭链的聚乙炔，用掺杂的方式使塑料出现与金属一样的导电性。导电高分子已经成为化学及物理学研究的重要领域。不仅将导电聚合物用于聚合物电池的设想正在逐步实用化，而且发光二极管、移动电话显示屏以及将来的分子电路也有可能用导电高分子作为关键材料。

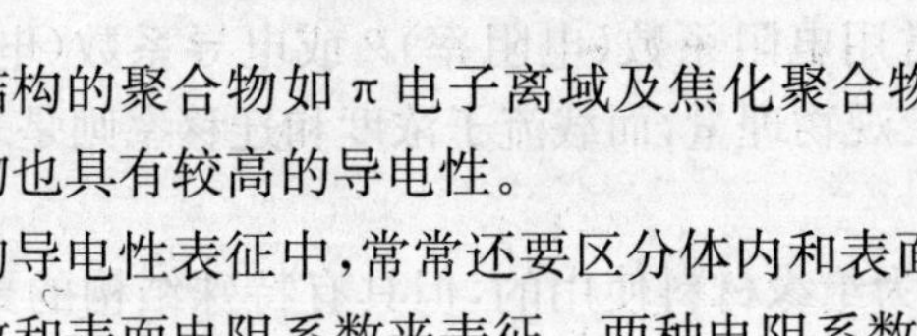

图 1　聚乙炔结构式

其他具有特殊结构的聚合物如π电子离域及焦化聚合物、电荷转移复合物以及金属螯合型聚合物也具有较高的导电性。

在高分子材料的导电性表征中，常常还要区分体内和表面导电性的不同，分别是采用体积电阻系数和表面电阻系数来表征。两种电阻系数都要根据实际测量的电阻值计算。

体积电阻 R_v 的测试方法则是在厚度为 d 的平板状聚合物试样两相对面上各放置截面积为 S 的电极一个，并施加直流电压，于是在试样内部就有载流子按电场方向迁移，测量两电极间试样的体积电阻 R_v，则试样的体积电阻系数为

$$\rho_v = R_v \frac{S}{d} \tag{1}$$

一般在没有特别注明的情况下，常说的电阻系数就是指体积电阻系数。

而表面电阻 R_s 的测试方法是将两平行电极放在聚合物试样的同一表面上，若电极的长度为 l，电极间距离为 b，在对两电极施加直流电压后，所测得的电极间电阻就是试样的表面电阻，而试样的表面电阻系数为

$$\rho_s = R_s \frac{l}{b} \tag{2}$$

在本实验中，其中一电极为环形电极(保护电极)，“罩”在测量电极(圆形截面)的外围，则

$$\rho_s = R_s \frac{2\pi}{\ln(D_2/D_1)} \tag{3}$$

式中，D_1 为测量电极直径，D_2 为保护电极直径。

在实际测量时，如果直接把电极加在试样两相对面，电流将同时通过试样体内和表面，测得的电流就是体积电流与表面电流之和，电阻就相当于体积电阻与表面电阻并联后的总电阻，即 $R = R_s R_v/(R_s + R_v)$。这样并不能分别测试 R_s 和 R_v，也就得不到体积电阻系数 ρ_v 和表面电阻系数 ρ_s。本实验采用特殊的电极系统——三电极系统，在测试中使用保护电极使得分别测试表面电阻和体积电阻成为可能。如图 2 所示，在测试体积电阻时，测量电极连接低压端，高压电极连接高压端，保护电极接地，只可能产生体积电流，不会产生表面电流。而测试表面电阻时，测量电极连接低压端，环形的保护电极连接高压端，而高压电极接地，这样电流只会流过试样的表面，不会产生体积电流。

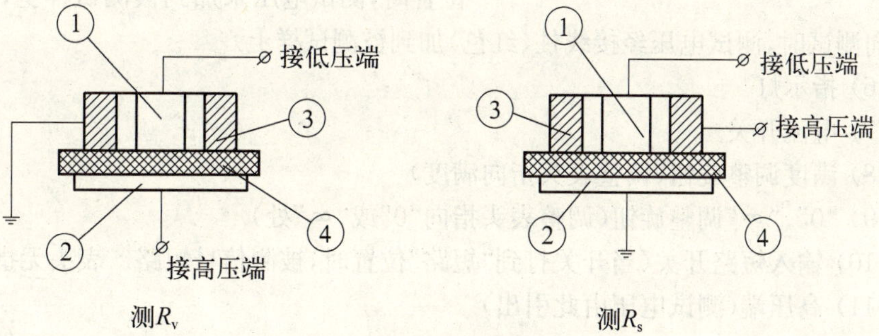

图 2　三电极系统接线示意图

1. 测量电极；2. 高压电极；3. 保护电极；4. 被测试样。

在对聚合物进行测量时，常遇到的一个突出问题是介质吸收现象，如图 3 所示。

测量时，指针指示的电阻值不断增加，而测量到的电流随时间而衰减，即开始观察到的电流大于实际电导电流（最终趋近的恒定电流值），这是由于聚合物在电场中的极化引起的。由于不同聚合物的极化过程长短不一，吸收电流持续的时间也就不一样，无疑给精确测量和比较不同聚合物的导电性增加了困难。一般情况下，取合上测试开关一分钟时的读数。

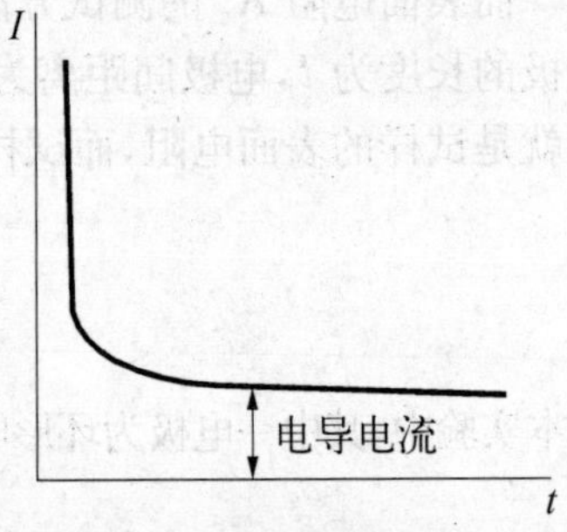

图 3　聚合物的电流-时间曲线

三、仪器和试样

本实验使用国产 ZC36 型高阻计，它是一种直读式的测量超高电阻和微电流的两用仪器，电阻测量范围在 $1\times10^{6}\sim1\times10^{17}\ \Omega$，电流测量范围在 $1\times10^{-5}\sim1\times10^{-14}$ A。

1. 仪器外形（图 4）

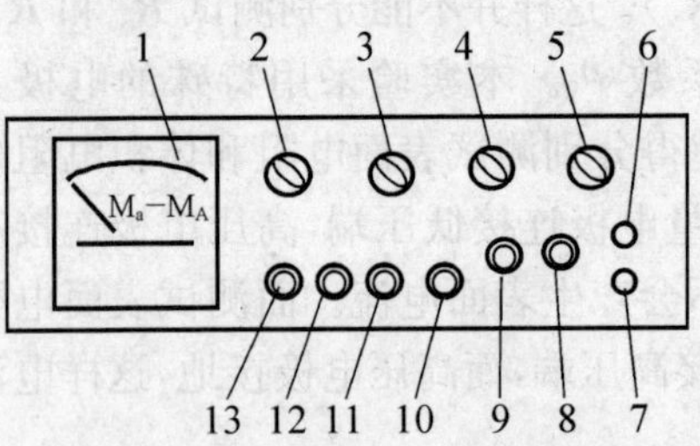

图 4　ZC36 型高阻计面板图

(1) 指示表头
(2) 倍率选择
(3) 测试电压选择开关
(4) "+"、"−"极性开关（当旋钮指向"+"时测量"+"的直流信号，指向"−"时测量"−"的直流信号，指向"0"时表头开路）
(5) 放电-测试开关（当旋钮处于放电位置时，测试电压未加到被测试样上；当旋钮指向测试时，测试电压经接线柱（红色）加到被测试样上）
(6) 指示灯
(7) 电流开关
(8) 满度调整旋钮（调整表头指向满度）
(9) "0"、"∞"调整旋钮（调整表头指向"0"或"∞"处）
(10) 输入短路开关（当开关打到"短路"位置时，被测信号短路。表头无指示）
(11) 高压端（测试电压由此引出）
(12) 接地端
(13) 输入端（被测信号由此引入）

2. 高阻计测试线路（图 5）

(1) 直流高压源

(2) 三电极系统
(3) 样品
(4) 标准电阻 R_0
(5) 放大器
(6) 指示仪表

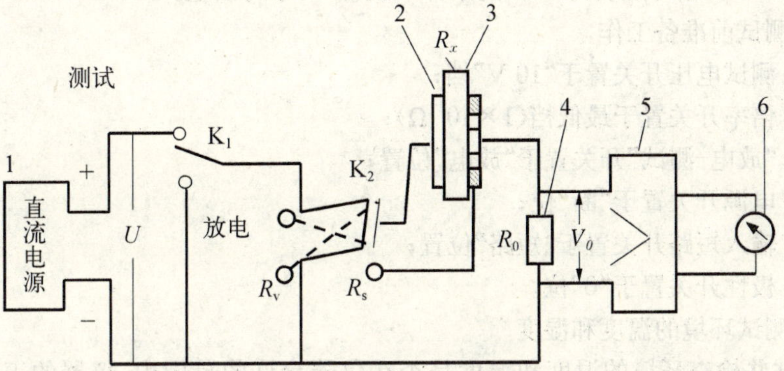

图 5　高阻计测试线路图

图 5 中 K_1 为放电-测试开关，K_2 是 R_s-R_v 转换开关。测试时，被测试样 R_x 与标准电阻(高阻抗直流放大器的输入电阻) R_0 串接，并跨接于直流高压测试电源上，R_0 上的分压信号经放大后馈送到指示仪表，可由指示仪表直接读出电阻值，因为 $R_x \gg R_0$，故有

$$R_x = R_0 \frac{U}{U_0} \tag{4}$$

式中，U、U_0 分别是测试电压及标准电阻上的电压。

仪器作为微电流测量时，利用高阻抗直流放大器将被测电流讯号进行放大，由指示仪表直接读数，测量范围是 $1\times10^{-5} \sim 1\times10^{-14}$ A。

试样为直径 100 mm 的聚合物试样，可以选用聚对苯二甲酸乙二醇酯、聚丙烯、聚苯乙烯等。

四、实验步骤

1. 先仔细阅读第八部分(安全事项)

2. 试样准备

(1) 尺寸：截取直径为 100 mm 的圆，用螺旋测微器测量试样的厚度(取五处，各测一次)，取其平均值，精确到 0.01 mm。

(2) 外观及处理：截取试样时应注意避免表面裂缝并用绸布擦去表面污物(或用不溶解试样的有机溶剂)。做标准测试时应对试样进行恒温恒湿处理，一般要求在(25±2)℃及相对湿度为 65%的条件下放置 16 小时以上。

3. 测试前准备工作

(1) 测试电压开关置于"10 V"档；

(2) 倍率开关置于最低档(1×10^2 Ω)；

(3) "放电-测试"开关置于"放电"位置；

(4) 电源开关置于"断"位；

(5) 输入短路开关置于"短路"位置；

(6) 极性开关置于"0"位。

4. 测试环境的温度和湿度

测试并检查环境的温度和湿度是否在仪器允许的范围内，仪器的工作条件是环境温度 0 ℃～40 ℃，相对湿度不能高于 80%。当环境湿度高于 80%时，测量较高的电阻(大于 10^{11} Ω)或较小的微电流(小于 10^{-8} A)时可能会产生较大的误差。

5. 检查交流电源电压

电源电压应保持在 220(1±10%)V。

6. 将仪器接地端用导线妥善接地。

7. 将仪器接通电源，合上电源开关，指示灯发亮，并有蜂鸣声。如发现指示灯不亮，立即切断电源，待查明原因后方可使用。

8. 仪器预热 30 分钟后，将极性开关置于"+"处，此时指针可能偏离"∞"及"0"处，缓慢调节"∞"及"0"的电位器，使指针置于"∞"及"0"处直至不再变动。

9. 调节仪器灵敏度

将输入端开关拨向开路，倍率开关由 1×10^2 转到满度位置，这时指针将从"∞"位置指于满度。如果不到或超过满度，则可调节满度电位器，将指针调至满度。然后再次将倍率开关拨回 1×10^2 挡，使指针仍指于"∞"及"0"处，否则再调节电位器。反复上述操作多次，调节好仪器的灵敏度。在测试中应该经常检查满度及"∞"，以保证仪器的测试精度。

10. 测试步骤

(1) 将试样放入三电极中间,用测量电缆线接至 R_x 测试端钮和高压接线柱,将 K_2 拨到 R_v 挡。

(2) 将测试电压选择开关置于所需要的测试电压挡。

(3) 将放电-测试开关置于测试挡,输入短路开关仍置于"短路"挡,并同时按下秒表,经对试样充电 15 秒后即可将输入短路开关拨向输入方向,过一分钟后进行读数,并记下倍率开关所指示的倍率、测试电压及其所对应的系数。为保证读数准确,尽量取在仪表刻度上 1~10 的范围读数指针。可通过改变倍率挡进行调节,并记下倍率挡所指示的倍率。注意:若出现指针很快超出满度现象,应立即将输入短路开关拨回"短路"挡,将放电测试开关拨回放电位置,查明原因以免损坏仪器。

(4) 测试完毕,将放电测试开关拨回放电位置,输入短路开关拨到短路位置。

(5) 间隔 2 分钟后,将 K_2 拨向 R_s。

(6) 测量 R_s,为此重复测试步骤(2)、(3)、(4),读取指示数值,并记下倍率、测试电压及其对应的系数,由此测得表面电阻。

(7) 去除保护电压,将 K_2 投到 R_v 重复上述测试步骤(2)、(3)、(4),读取指示数值,并记下倍率、测试电压及其对应的系数,由此得到总绝缘电阻。

(8) 一个试样测试完毕,将放电测试开关拨到放电位置,输入短路开关拨到短路位置,等待约 2 分钟的放电后,方可取出试样,以免受到残余电荷的袭击。

(9) 然后进入下一个试样的测试,即重复上述测试步骤,以获得其 R_v、R_s 及 R 值。

(10) 仪器使用完毕,先切断电源,并将木板上各个开关恢复到测试前的位置,拆除接线,将仪器放置妥当。

五、数据记录和处理

数据记录:

温度:________ 湿度:________

高阻计型号:________

测量电极直径(D_1):________ 保护电极内径(D_2):________

1. 用螺旋测微仪测量样品厚度(分 5 处)

样　　品	样品厚度 d(mm)					
	第一处	第二处	第三处	第四处	第五处	平均值
A						d_A =
B						d_B =

2. 测量体积电阻、表面电阻和总电阻

样　品	R_v			R_s			R		
	读数(MΩ)	倍率	测试电压对应系数	读数(MΩ)	倍率	测试电压对应系数	读数(MΩ)	倍率	测试电压对应系数
A									
B									

数据处理：

1. 体积电阻系数的计算

(1) 由仪表读数计算体积电阻值 R_v

将仪表上的读数(单位为兆欧)与倍率开关所指示的倍率、测试电压开关所对应的系数相乘所得的乘积就是试样的电阻值。例如，读数为 1.5 MΩ，倍率开关所指示的倍率为 10^8，测试电压为 500 V，所对应的系数为 0.5，则被测电阻为：$1.5\times10^6\times10^8\times0.5=7.5\times10^{13}(\Omega)$。

(2) 按公式(1)计算体积电阻系数 ρ_v，即 $\rho_v=R_v\dfrac{S}{d}=R_v\dfrac{\pi D_1^2}{4d}$，其中，$d$ 为试样厚度，S 为测量电极的面积。本实验所用测量电极直径 D_1 为 5 cm。

2. 表面电阻系数的计算

(1) 由仪表读数计算表面电阻值 R_s，方法同 R_v。

(2) 计算表面电阻系数 ρ_s，如前所述，进行表面电阻系数测试时，保护电极连接仪器高压端，此时表面电阻系数须按 $\rho_s=R_s\dfrac{2\pi}{\ln(D_2/D_1)}$ 计算，其中 D_2 是保护电极内径，本实验所用保护电极内径为 5.4 cm，D_1 是测量电极的直径。

3. 总电阻值 R

由仪表读数计算总电阻值 R，方法同 R_v。

数据列表如下：

样　品	R_v(Ω)	R_s(Ω)	R(Ω)	ρ_s(Ω)	ρ_v(Ω·m)
A					
B					

六、思考题

1. 测定表面电阻系数时，保护电极起什么作用？

2. 为什么聚合物在电场中存在介质吸收现象？

3. 理论上饱和的非极性聚合物具有良好的电绝缘性，其体积电阻系数可高达 10^{23} Ω·m，但实测值却要低好几个数量级。讨论可能有哪些原因。

4. 简述 2000 年度诺贝尔化学奖获得者 Heeger（黑格，美国）、MacDiarmid（麦克迪尔米德，美国）和白川英树（日本）的主要贡献。

七、参考文献

1. 何平笙，朱平平，杨海洋. 在"高聚物的结构与性能"课程中讲透高聚物的特点[J]. 高分子通报，2001(5)：74-79.

2. He Pingsheng，Yang Haiyang，Zhu Pingping. What are the characters of polymers，comparing with low molecular weight compounds? [J] International Journal of Engineering Education：Theory and Practice，2003，12(8)：66-69.

3. 徐种德，何平笙，周漪琴，等. 高聚物的结构与性能[M]. 北京：科学出版社，1981；马德柱，何平笙，徐种德，等. 2 版，1995.

4. 晨光化工厂. 塑料测试[M]. 北京：燃料化学工业出版社，1973.

5. 董炎明，张海良. 高分子科学教程[M]. 北京：科学出版社，2004.

6. 何曼君，陈维孝，董西侠. 高分子物理[M]. 修订版. 上海：复旦大学出版社，1990.

7. 平郑骅，汪长春．高分子世界[M]．上海：复旦大学出版社，2001．
8. J. V. Schmitz. Testing of Polymers [M]. 1965：Vol.1，Chap.6.

八、安全事项

1. 本实验使用的是高压直流电源（1 000 V），实验中必须注意安全，测试前务请认真阅读本书，测试中必须严格按照操作步骤，注意，切勿用人体部位触及 R_x 高压端。

2. 切勿误将 R_x 高压端接地，否则引起烧机责任事故。

3. 每完成一个试样的测试后，务必先将“放电-测试”开关拨向“放电”位置，输入短路开关拨至“短路”位置，2 分钟后方可取出试样，以免受电容器中残余电荷的袭击。

4. 测试者所在的地面应铺有绝缘垫板。

实验十九　稀溶液黏度法测定聚合物的分子量

一、实验目的

1. 了解聚合物分子量的统计平均的意义。
2. 掌握稀溶液黏度法表征聚合物分子量的基本原理。
3. 掌握测定聚合物稀溶液相对黏度的实验技术，包括搭建恒温水槽装置。
4. 通过对聚环氧乙烷水溶液相对黏度的测定表征聚环氧乙烷的黏均分子量。

二、基本原理

测定聚合物分子量的方法很多。各种方法都有它的优缺点和适用的分子量范围，由不同方法得到的分子量的统计平均意义也不一样(表 1)。

表 1　常用测定聚合物分子量的方法及其大致适用范围

测　定　方　法	适用的分子量范围	平均分子量
端基分析法	$<3\times10^4$	数均分子量
沸点升高法	$<3\times10^4$	数均分子量
冰点降低法	$<3\times10^4$	数均分子量
气相渗透压法	$<3\times10^4$	数均分子量

续 表

测 定 方 法	适用的分子量范围	平均分子量
膜平衡渗透压法	$5\times10^3\sim10^6$	数均分子量
电子显微镜法	$>5\times10^5$	数均分子量
光散射法	$>10^2$	重均分子量
稀溶液黏度法	$>10^2$	黏均分子量
体积排斥色谱法	$>10^2$	各种平均分子量

采用稀溶液黏度法测定聚合物的分子量，所用仪器设备简单，操作便利，适用的分子量范围大，又有相当好的实验精确度，因此黏度法是一种目前广泛应用的测定聚合物分子量的方法。但它不是一种测定分子量的绝对方法，而是一种相对方法，因为特性黏数-分子量经验关系式是要用分子量绝对测定方法来校正订定的，本方法也适用于各种分子量范围。需注意的是在不同分子量范围里，可能要用不同的经验方程式。

液体的流动是因受外力作用分子进行不可逆位移的过程。液体分子间存在着相互作用力，因此当液体流动时，分子间就产生反抗其相对位移的摩擦力（内摩擦力），液体的黏度就是液体分子间这种内摩擦力的表现。

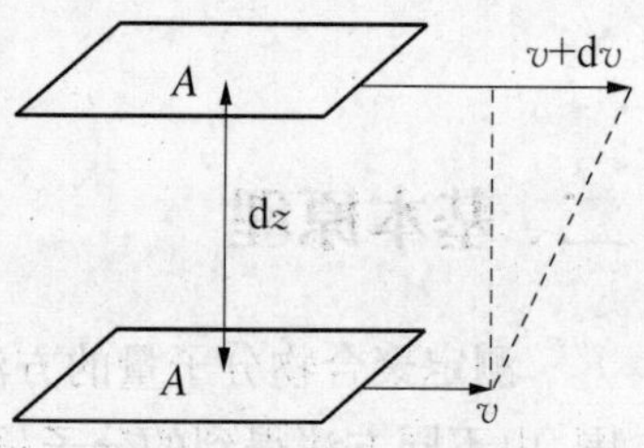

图 1　液体的流动示意图

依照 Newton 的黏性流动定律，当两层流动液体面间（设面积为 A）由于液体分子间的内摩擦产生流速梯度 $\frac{dv}{dz}$ 时（图 1），液体对流动的黏性阻力是

$$f = A\eta\frac{dv}{dz} \tag{1}$$

η 就是液体的黏度，单位是帕斯卡·秒。

当液体在半径为 R、长度为 L 的毛细管里流动时（图 2），如果在毛细管两端间的压力差为 P，并且假使促进液体流动的力（$\pi R^2 P$）全部用以克服液体对流动的黏性阻力，那么在离轴 r 和（r + dr）的两圆柱面间的流动服从下列方程式：

$$\pi r^2 P + 2\pi r L \eta \frac{\mathrm{d}v}{\mathrm{d}r} = 0 \tag{2}$$

式(2)就规定了液体在毛细管里流动时的流速分布 $v(r)$。假如液体可以润湿管壁,管壁与液体间没有滑动,则 $v(R) = 0$,那么

$$v(r) = \int_R^r \frac{\mathrm{d}v}{\mathrm{d}r}\mathrm{d}r = -\frac{P}{2L\eta}\int_R^r r\mathrm{d}r = \frac{P}{4L\eta}(R^2 - r^2) \tag{3}$$

所以平均流出容速(设在 t 秒内流出液体的体积是 V)是

$$\frac{V}{t} = \int_0^R 2\pi r v \mathrm{d}r = \frac{\pi P}{2L\eta}\int_0^R r(R^2 - r^2)\mathrm{d}r = \frac{\pi P R^4}{8L\eta} \tag{4}$$

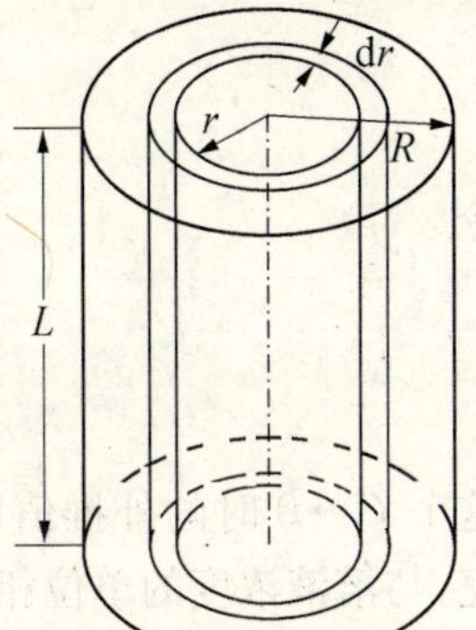

图 2　液体在毛细管流动示意图

则液体的黏度可表示为

$$\eta = \frac{\pi P R^4}{8LV}t \tag{5}$$

液体黏度的绝对值测定是很困难的,所以一般应用都测定相对黏度。在用稀溶液黏度法表征聚合物分子量时,也只要测定不同浓度(C)稀溶液的相对黏度。

若以 η_0 表示纯溶剂的黏度,η 表示溶液的黏度,则溶液的相对黏度为 $\eta_r = \frac{\eta}{\eta_0}$。高分子溶液的黏度一般都比纯溶剂的黏度要大一些,溶液黏度增加的分数为溶液的增比黏度 $\eta_{sp} = \frac{\eta - \eta_0}{\eta_0} = \eta_r - 1$。而$\frac{\eta_{sp}}{C}$叫做比浓黏度,$\frac{\ln \eta_r}{C}$叫做比浓对数黏度,由于$\frac{\eta_{sp}}{C}$和$\frac{\ln \eta_r}{C}$都随溶液浓度改变而改变,而极稀溶液的相对黏度测定,不易准确,所以常用外推到 $C \to 0$ 时的$\frac{\eta_{sp}}{C}$和$\frac{\ln \eta_r}{C}$值,这里,当浓度 C 不大时,

$$\frac{\ln \eta_r}{C} = \frac{\ln(1 + \eta_{sp})}{C} = \frac{\eta_{sp}}{C}\left(1 - \frac{1}{2}\eta_{sp} + \frac{1}{3}\eta_{sp}^2 - \cdots\right) \tag{6}$$

所以有

$$\lim_{C\to 0}\frac{\ln \eta_r}{C} = \lim_{C\to 0}\frac{\eta_{sp}}{C} \tag{7}$$

令

$$\lim_{C\to 0}\frac{\ln \eta_r}{C} = \lim_{C\to 0}\frac{\eta_{sp}}{C} \equiv [\eta] \tag{8}$$

这个 $C\to 0$ 时的外推值$[\eta]$称为高分子的特性黏数，其单位是为毫升/克或分升/克，与溶液浓度的单位相对应。对于给定的体系，特性黏数随分子量增加而增加，因此其值可作为分子量的量度。

从溶液的比浓黏度$\frac{\eta_{sp}}{C}$和比浓对数黏度$\frac{\ln \eta_r}{C}$求取高分子的特性黏数$[\eta]$需要有适合的黏度与浓度 C 的依赖关系，通常只有通过线性的外推，才能得到可靠的外推值。表达溶液黏度的浓度依赖性的经验方程式很多，常用如下两个经验方程式，即 Huggins 方程式：

$$\frac{\eta_{sp}}{C} = [\eta] + k[\eta]^2 C \tag{9}$$

和 Kraemer 方程式：

$$\frac{\ln \eta_r}{C} = [\eta] - \beta[\eta]^2 C \tag{10}$$

式(9)、(10)中，k 和 β 均为常数。按式(9)、(10)用$\frac{\eta_{sp}}{C}$对 C 和$\frac{\ln \eta_r}{C}$对 C 作图，外推到 $C\to 0$ 所得的截距，应重合于一点，即$[\eta]$值(图 3)。

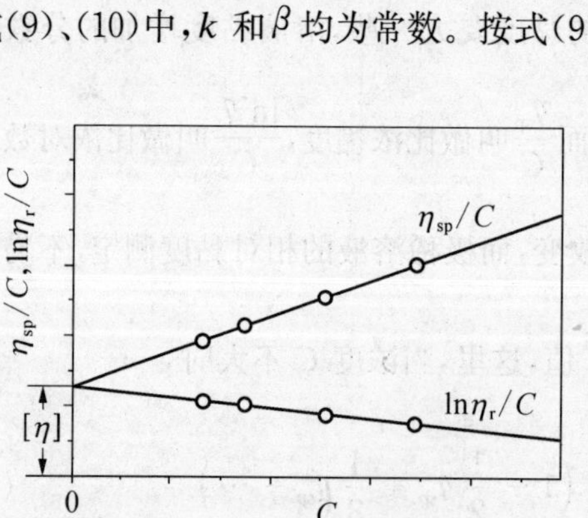

图 3　$\eta_{sp}/C\sim C$ 图和 $\ln \eta/C\sim C$ 图

需要注意的是，有的溶液比浓对数黏度与浓度的关系并不呈线性，尤其在浓度较高时，发生偏离（向下弯曲或向上弯曲）。当出现这种情况时，建议使用式(9)求取$[\eta]$值。因为式(9)、(10)均是通过对下式作近似处理而得到的，

$$\frac{\eta_{sp}}{C} = \frac{[\eta]}{1 - k[\eta]C} \tag{11}$$

其中，k 为常数。在推导式(9)时只作了一次近似处理，而推导式(10)时作了两次近似处理。具体近似处理如下：

当 $k[\eta]C \ll 1$ 时，利用一级级数展开式 $(1 - k[\eta]C)^{-1} = 1 + k[\eta]C + \cdots$，略去高次项，代入式(11)即得式(9)，大多数高分子稀溶液的比浓黏度与浓度的关系都符合式(9)。

当 $\eta_{sp} < 1$ 时，$\ln\eta_r$ 可按 Taylor 级数展开，即 $\ln\eta_r = \ln(1 + \eta_{sp}) = \eta_{sp} - \frac{\eta_{sp}^2}{2} + \frac{\eta_{sp}^3}{3} + \cdots$ 把式(9)代入上式，略去高次项，得

$$\frac{\ln\eta_r}{C} = [\eta] - \left(\frac{1}{2} - k\right)[\eta]^2 C + \left(\frac{1}{3} - k\right)[\eta]^3 C^2 + \cdots \tag{12}$$

若 $k = \frac{1}{3}$，且令 $\beta = \frac{1}{2} - k$，则有式(10)。显然，若 $k \neq \frac{1}{3}$，$\frac{\ln\eta_r}{C} \sim C$ 的图形不再是直线，当浓度较高时，曲线向下弯曲 $\left(k > \frac{1}{3}\right)$ 或向上弯曲 $\left(k < \frac{1}{3}\right)$，曲线切线在外推到 $C \to 0$ 所得的截距与 $\frac{\eta_{sp}}{C} \sim C$ 作图的直线在外推到 $C \to 0$ 所得的截距将不重合于一点。这时最好使用式(9)，用 $\frac{\eta_{sp}}{C} \sim C$ 的作图的外推值求取 $[\eta]$ 值。

当确定了高分子的特性黏数 $[\eta]$，就可根据特性黏数与分子量的关系式 $[\eta] \sim M$ 求取高分子的分子量 M。有时也直接用 $[\eta]$ 值来表示 M 的大小。

在早期工作中，人们就从理论上得出，特性黏数与分子量的关系式取决于高分子在溶液中的形态。在溶液内高分子线团如果蜷得很紧，在流动时线团内的溶剂分子随着高分子一起流动，则高分子的特性黏数与分子量的平方根成正比，$[\eta] \propto M^{1/2}$；假如线团松懈，在流动时线团内的溶剂分子是完全自由的，那么高分子的特性黏数应与分子量成正比，$[\eta] \propto M$。目前常用一个包含两个参数的 Mark-Houwink-Sakurada 经验式表示特性黏数与分子量的关系：

$$[\eta] = KM^a \tag{13}$$

式中，参数 K，a 值需经测定分子量的绝对方法订定后才可使用。订定方法是，先将聚合物按分子量分级，测定各分级的特性黏数$[\eta]$和平均分子量 M，以 $\lg[\eta]$对 $\lg M$ 作图，假如 a 是常数，$\lg[\eta]$对 $\lg M$ 的作图是直线，其斜率就是 a，截距是 $\lg K$。假如在实验的分子量范围内，a 不是常数，那么就从 $\lg[\eta]$对 $\lg M$ 作图的曲线上求取各段分子量范围内适用的K，a 值。对于常见的聚合物溶液体系，K，a 值可以从有关手册或本教材附录中查到。对于大部分高分子溶液来说，a 的数值在 0.5～1.0 之间。

由于高分子的特性黏数和分子量的关系方程式$[\eta]\sim M$，视高分子在溶液里的形态而异，而高分子的形态是高分子链段间和高分子-溶剂分子间相互作用力的反映，因此$[\eta]\sim M$ 关系式随所用溶剂、测定温度不同而不同。根据 Flory 特性黏数方程式 $[\eta]=\phi\dfrac{(\overline{h^2})^{3/2}}{M}$，这里$\overline{h^2}$是高分子链的均方末端距，$\phi$ 是一个与高分子、溶剂以及温度无关的通用常数。在 θ 溶液中，高分子链单元间无远程相互作用，高分子尺寸恰好不受溶剂的影响，线团处于一种无扰态，呈高斯无规线团形态，均方末端距 $\overline{h^2}=\overline{h_0^2}\propto M$，在这种情况下，$[\eta]\sim M$ 关系式可写成

$$[\eta]_\theta = KM^{1/2} \tag{14}$$

如无规聚甲基丙烯酸甲酯-乙腈溶液在 45 ℃（θ 温度）时，$[\eta]\sim M$ 关系式为 $[\eta]=0.048M^{0.50}$ (ml/g)，无规聚甲基丙烯酸甲酯-氯丁烷溶液在 35.4 ℃（θ 温度）时，$[\eta]\sim M$ 关系式为 $[\eta]=0.0505M^{0.50}$(ml/g)。而在其他情况下，$\overline{h^2}\neq\overline{h_0^2}$，定义扩张因子 $\chi\equiv(\overline{h^2}/\overline{h_0^2})^{1/2}$，则有

$$[\eta]=\phi\frac{(\overline{h_0^2}\chi^2)^{3/2}}{M}=\phi\left(\frac{\overline{h_0^2}}{M}\right)^{3/2}M^{1/2}\chi^3 \tag{15}$$

这里，$\overline{h_0^2}/M$ 是常数，再根据 Flory 导出的 $\chi^5-\chi^3=2C_M\psi_1(1-\theta/T)M^{1/2}$ 可知，χ 依赖于M，因此$[\eta]\sim M$ 关系式仍可写成式(13)的形式，其中的 a 值主要反映了 χ 对M 的依赖性。如无规聚甲基丙烯酸甲酯-丙酮溶液在 25 ℃（良溶剂条件）时，$[\eta]\sim M$ 关系式中$a=0.69>0.50$。这里高分子线团扩张，排除体积效应较大，这是由于良溶剂分子与高分子链单元间的相互作用克服了链单元间的吸引力（高分子间的内聚力），溶剂的作用使同一高分子链的链单元间呈现相斥的力。而当溶剂变劣时，排斥体积则减小，线团收缩。如 25 ℃时无规聚甲基丙烯酸甲酯在乙腈和氯丁烷中的 a 值分别为 0.33 和 0.38，均小于 0.50。

注意：式(13)所表示的$[\eta]$和 M 间的函数形式，不能认为是有基础意义

的，只能看作是在一定分子量范围内，$[\eta]$和 M 间联系关系的近似内插公式。在某些情况下，其他函数形式可能更好地表达实验数据。如聚环氧乙烷-水溶液在 25 ℃时，$[\eta]\sim M$ 关系式为 $[\eta]=2.0+0.016M^{0.76}$，聚乙酸乙烯酯-丙酮溶液在在 30 ℃时，$[\eta]\sim M$ 关系式为 $[\eta]=0.097M^{0.50}+0.007\,23M^{0.90}$。

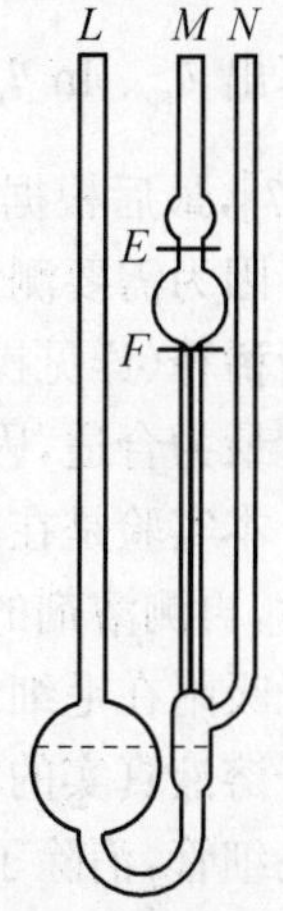

图 4 Ubbelohde 式稀释黏度计示意图

测定高分子溶液的黏度以 Ubbelohde 式稀释黏度计最为合适(图 4)。将液体自 L 管加入，在 M 管将液体吸至 E 线以上后，任其流下，这样促使流动的力，就是液柱高 h 的压力，h 值在 h_E 和 h_F 间逐渐改变，并且假设促使液体流动的力全部用于克服内摩擦力，即认为液体在流动时没有消耗能量(一般选择纯溶剂流出时间大于 100 秒的黏度计，就可以略去流动时能量损耗的主要部分——动能消耗的影响)。这样式(5)即为

$$\eta=\frac{\pi gh\rho R^4 t}{8LV} \tag{16}$$

式中，g 为重力加速度，h 为流经毛细管的液柱的平均高度，ρ 为所测液体的密度，t 为液面从 E 线流到 F 线所需的时间(流出时间)，令 $A=\dfrac{\pi ghR^4}{8LV}$，显然 A 是由黏度计所决定的常数，与液体性质无关。则高分子溶液的黏度

$$\eta=A\rho t \tag{17}$$

纯溶剂的黏度

$$\eta_0=A\rho_0 t_0 \tag{18}$$

当测定的溶液很稀时，$\rho\approx\rho_0$，所以

$$\eta_r=\frac{\eta}{\eta_0}\approx\frac{t}{t_0} \tag{19}$$

$$\eta_{sp}=\eta_r-1\approx\frac{t}{t_0}-1 \tag{20}$$

这样只要在同一温度下测定纯溶剂和不同浓度 C 的聚合物溶液流经 E、F 线的时间 t_0 和 $t(t_1, t_2, t_3, t_4, t_5)$就可算出不同浓度溶液对溶剂的相对黏度 η_r，继而

计算出 η_{sp}、$\ln \eta_r$ 等，然后从$\frac{\eta_{sp}}{C}\sim C$ 以及$\frac{\ln \eta_r}{C}\sim C$ 作图外推得到高分子的特性黏数$[\eta]$，最后根据$[\eta]\sim M$ 关系式求取聚合物分子量M。

因为需要测定不同浓度溶液的相对黏度，最简便且适用的方法是在黏度计里逐渐稀释(详见操作步骤)，可以节省许多操作手续，故采用气承悬液柱式的稀释黏度计最为合适，因为液体的流出时间与黏度计中液体体积无关。

本实验是在同一支黏度计内测定一系列浓度成简单比例关系的溶液的流出时间后，再测溶剂的流出时间。这是因为考虑到高分子溶液流过毛细管后，常会有高分子吸附在毛细管管壁，所以相当于高分子溶液流过了较细的毛细管，为了得到高分子溶液真实的相对黏度，后测纯溶剂的流出时间，这样，纯溶剂流过的也是较细的毛细管，消除了高分子在毛细管上的吸附对结果的影响。反之如果在测定溶液之前测定纯溶剂的流过时间，此时毛细管并未被高分子吸附，纯溶剂将在较短的时间内流过毛细管，测定纯溶剂流过时间的毛细管状态就和之后测定溶液流过时间时的状态不一致，如果高分子在毛细管管壁的吸附严重时，$\eta_{sp}/C\sim C$ 的作图将是一条凹形的曲线。

然而在有些情况下高分子在毛细管管壁的吸附还会引起界面性质的改变。如杨海洋发现聚乙烯吡咯烷酮(PVP)-水溶液在极低浓度区的黏度行为是反常的，而这种反常行为不能简单地被认为是由于高分子吸附在毛细管管壁上导致毛细管有效管径减小所致。这是由于玻璃的表面是亲水的，而 PVP 是两亲性高分子，因此在测定 PVP 水溶液流过时间时，PVP 的亲水基团将优先吸附在毛细管管壁上，其憎水基团朝外，PVP 分子在毛细管管壁上的吸附会使得毛细管表面性质发生了显著改变，这样，流体在固体表面的张力也将因此而改变，界面性质变化也会使流体在玻璃界面处接触角产生改变，进而导致流体在流动过程中因弯曲液面而产生的附加压强发生改变，最终影响到流体在黏度计中的流过时间。但是通过对黏度测定方法进行改进也可消除界面性质变化的影响。杨海洋提出，以高分子溶液流过时间 t 对浓度作图，外推到浓度为零时的流出时间 t_0^* 代替纯溶剂的流出时间 t_0 来计算相对黏度。从测量的角度上看，t_0^* 可以被认为是理想条件下溶剂在黏度计中的流出时间。显然，这种方法不仅更加省时省力、简单易行(免去了纯溶剂流过时间的测定)，而且实验结果更为合理和普适。

对于多分散的聚合物，用式(13)计算所得的分子量是一种统计平均值。根据式(8)、(13)，有

$$[\eta]\equiv\lim_{C\to 0}\frac{\eta_{sp}}{C}=KM^{a} \tag{21}$$

$$(\eta_{sp})_{C\to 0} = KCM^{a} = K\sum_{i} C_{i}M_{i}^{a} = KC\sum_{i}\left[\frac{C_{i}}{\sum_{i} C_{i}}M_{i}^{a}\right] = KC\sum_{i}(W_{i}M_{i}^{a}) \tag{22}$$

而黏均分子量的定义式为

$$\overline{M}_{\eta} = \left(\sum_{i} W_{i}M_{i}^{a}\right)^{1/a} \tag{23}$$

根据式(22)、(23)可知,采用稀溶液黏度法测得的是多分散聚合物的黏均分子量$\overline{M}_{\eta}$,而且其数值不仅与分子量分布有关,还与a值有关。

三、仪器和试剂

乌式黏度计一支;恒温水槽一套(包括电动搅拌器、继电器、水银接触温度计、调压器、加热器、50 ℃温度计);秒表一块;5 毫升、10 毫升移液管各一支;25 毫升、50 毫升容量瓶各一个;2# 或 3# 熔砂漏斗两个,50 毫升烧杯等;聚环氧乙烷;蒸馏水。

四、操作步骤

1. 玻璃仪器的洗涤

先用经熔砂漏斗滤过的水洗涤黏度计,倒挂干燥后,用新鲜温热的铬酸洗液(滤过)浸泡黏度计数小时后,再用蒸馏水(经熔砂漏斗滤过的)洗净,干燥后待用。

其他如容量瓶、移液管也需经无尘洗涤、干燥后待用。

2. 高分子溶液的配置

准确称取聚环氧乙烷 0.4~0.5 克,在烧杯中用少量水(10~15 毫升)使其全部溶解,移入 25 毫升容量瓶中,用水洗涤烧杯 3~4 次,洗液一并转入容量瓶中,并稍稍摇晃作初步混匀,然后将容量瓶置于恒温水槽(30 ℃ ± 0.05 ℃)中恒温,用水稀释至刻度,摇匀溶液,再用熔砂漏斗将溶液滤入另一只 25 毫升的无尘干燥的容量瓶中,放入恒温水槽中恒温待用。盛有无尘溶剂(也是经熔砂漏斗过滤过的)的容量瓶也放入恒温水槽中恒温待用。

3. 溶液流出时间的测定

在黏度计的 M、N 管上小心地接入乳胶管,用固定夹夹住黏度计的 L 管,并将黏度计垂直放入恒温水槽,使水面浸没 E 线上方的小球,用移液管从 L 管注入 10 毫升溶液,恒温 10 分钟后,用乳胶管夹夹住 N 管上的乳胶管,在 M 管乳胶管上接上注射器,缓慢抽气,待液面升到 E 线上方的小球一半时停止抽气,先拔下注射器,而后放开 N 管的夹子,让空气进入 N 管下端的小球,使毛细管内溶液与 L 管下端的球分开,此时液面缓慢下降,用秒表记下液面从 E 线流到 F 线的时间,重复测三次,每次所测的时间相差不超过 0.2 秒,取其平均值,作为 t_1。

然后再移取 5 毫升溶剂注入黏度计,将它充分混合均匀,这时溶液浓度为原始溶液浓度的 2/3,再用同样方法测定 t_2。

用同样操作方法再分别加入 5, 10 和 10 毫升溶剂,使溶液浓度分别为原始溶液的 1/2, 1/3 和 1/4,测定各自的流出时间 t_3, t_4 和 t_5。

4. 纯溶剂流出时间的测定

将黏度计中的溶液倒出,用无尘溶剂(本实验中溶剂是水)洗涤黏度计三遍,测定纯溶剂的流出时间 t_0。

五、数据记录和处理

黏度计号:______　毛细管内径:______　温度:______　溶剂:______

聚环氧乙烷重量:______(克)　原始溶液浓度 C_0:______(克/毫升)

纯溶剂流出时间:(1)______(秒);(2)______(秒);(3)______(秒)

取平均值 t_0 = ______(秒)

为作图方便,若原始溶液浓度为 C_0,稀释后溶液浓度为 C, $C = C_0C'$, C'为稀释后溶液的相对浓度。那么原始溶液的相对浓度 $C' = 1$, 依次加入 5, 5, 10 和 10 毫升溶剂的溶液的相对浓度分别为 2/3, 1/2, 1/3 和 1/4。

以 η_{sp}/C'和 $\ln \eta_r/C'$分别对 C'作图,即

$$\frac{\eta_{sp}}{C'} = [\eta]C_0 + k[\eta]^2C_0^2C' \tag{24}$$

$$\frac{\ln \eta_r}{C'} = [\eta]C_0 - \beta[\eta]^2C_0^2C' \tag{25}$$

作图时可以以坐标纸上横坐标的 12 格处作为相对浓度 $C' = 1$，即代表原始溶液，则其他溶液就位于 8，6，4 和 3 格处，外推得到截距 A，$A = [\eta]C_0$。那么，

$$[\eta] = \frac{A}{C_0}$$

将得到的 $[\eta]$ 值代入 $[\eta] = KM^a$，算出聚合物的黏均分子量 $\overline{M}_\eta = ([\eta]/K)^{1/a}$。

从 Polymer Handbook 查到：聚环氧乙烷-水溶液，在 30 ℃时，$K = 0.0125$ ml/g，$a = 0.78$。

加入溶剂的量（毫升）	相对浓度（C'）	流出时间（秒）				η_r	η_{sp}	η_{sp}/C'	$\ln\eta_r/C'$
		第一次	第二次	第三次	平均值				
0	1				$t_1 =$				
5	2/3				$t_2 =$				
5	1/2				$t_3 =$				
10	1/3				$t_4 =$				
10	1/4				$t_5 =$				

另一种处理数据的方法则是先以溶液的流出时间对浓度作图，外推到浓度为零得到外推值 t_0^*。再以 t_0^* 代替 t_0，重新处理数据，求取 $[\eta]$ 和 $\overline{M}_\eta$。将结果与前一种方法所得结果比较。

（附上 t 对 C' 的作图以及相应的 η_{sp}/C' 对 C'，$\ln\eta_r/C'$ 对 C' 的作图）

六、注意事项

1. 黏度计和待测液体的洁净是决定实验成功的关键。由于黏度计内毛细管细小，很小的杂质如灰尘、纤维等都能阻塞毛细管或影响液体的流动，使测定的流出时间不可靠，所以放入黏度计的液体必须经 2# 或 3# 熔砂漏斗滤过。这里不能使用普通的滤纸，因为使用滤纸可能将纤维带入。新的熔砂漏斗使用前也应细加洗涤，务必使玻璃屑全部除去。洗涤时所用的溶剂、洗液、自来水、蒸馏水等都应经

过过滤，以保证黏度计等玻璃仪器的清洁无尘。

2. 使用乌式黏度计时，要在同一支黏度计内测定一系列浓度成简单比例关系的溶液的流出时间，每次吸取和加入的液体的体积要很准确。为了避免温度变化可能引起的体积变化，溶液和溶剂应在同一温度下移取。

3. 在每次加入溶剂稀释溶液时，必须将黏度计内的液体混合均匀，还要将溶液吸到 E 线上方的小球内两次，润洗毛细管，否则溶液流出时间的重复性差。

4. 在使用有机物质作为聚合物的溶剂时，盛放过高分子溶液的玻璃仪器，应先用这种溶剂浸泡和润洗，待洗去聚合物和吹干溶剂等有机物质后，才可用铬酸洗液去浸泡，否则有机物质会把铬酸洗液中的重铬酸钾还原，洗液将失效。

5. 使用本方法测定聚合物分子量所用溶液的浓度范围，一般在 1%（100 毫升溶剂溶解 1 克聚合物）左右，使溶液的相对黏度控制在 1.05～2.5 间。但由于高分子溶液的相对黏度不仅取决于溶液浓度，还与高分子分子量、溶剂性能以及温度等因素有关，因此还要考虑这些因素。如对于分子量较高的聚合物，溶液浓度可适当低一些，而对于分子量较低的聚合物，溶液浓度可提高一些。

6. 本实验没有考虑液体在毛细管流动时能量损耗的主要部分——动能消耗的影响（即动能校正项的影响）。这是因为一般都选择纯溶剂流出时间大于 100 秒的黏度计（可参考附录中表 14：稀释型乌氏黏度计毛细管内径与适用溶剂），动能校正项对相对黏度的影响很小，往往可以忽略。但当液体流速较大（如纯溶剂的流出时间小于 100 秒）时，必须作动能校正（参见实验二十：乌式黏度计仪器常数的测定及动能校正）。而动能校正通常是毛细管黏度计应用时最主要的校正。

七、思考题

1. 从手册上查 K、a 值时要注意什么？

2. 能否先测纯溶剂的流出时间再测溶液的流出时间？如果这样做，对实验结果有何影响？

3. 配制高分子溶液时，选择多大浓度较为适宜？还要考虑哪些因素？

4. 以 t_0^* 作为溶剂的流出时间计算溶液的相对黏度，可以消除哪些因素对相对黏度测定的影响？

5. 你对测定聚合物分子量的其他方法有多少了解？

八、参考文献

1. 杨海洋，朱平平，任峰，等. 黏度法研究高分子溶液行为的实验改进[J]. 化学通报，1999，62(5)：47-49.

2. 杨海洋，李浩，朱平平，等. 黏度法研究高分子溶液行为的实验改进（Ⅱ）[J]. 化学通报，2002，65(9)：631-634.

3. 杨海洋，严宇亮，朱平平，等. 黏度法研究高分子溶液行为的实验改进（Ⅲ）[J]. 化学通报，2004，67(10)：w87.

4. 朱平平，杨海洋，何平笙. 高分子的 θ 溶液[J]. 化学通报，2003，66(2)：138-141.

5. Yang Haiyang，Li Hao，Zhu Pingping，et al. A novel method for determining the viscosity of polymer solution [J]. Polymer Testing，2004，23(8)：897-901.

6. 朱平平，杨海洋，何平笙. 如何理解混合溶剂的良、劣性[J]. 高分子通报，2004(5)：93-98.

7. 朱平平，杨海洋，何平笙. 高分子间相互作用的特点及意义[J]. 高分子通报，2002(5)：73-78.

8. 何平笙，李春娥. 高分子物理实验课初探[J]. 高分子通报，2000(2)：94-96.

9. 杨海洋，张胡铭，徐小云，等. 毛细管表面疏水改性对黏度测定的影响[J]. 化学通报，2003，66(7)：w053.

10. 钱人元. 高聚物的分子量测定[M]. 北京：科学出版社，1958.

11. 马德柱，何平笙，徐种德，等. 高聚物的结构与性能[M]. 2 版. 北京：科学出版社，1995.

12. 北京大学化学系高分子化学教研室. 高分子物理实验[M]. 北京：北京大学出版社，1983.

13. 何曼君，陈维孝，董西侠. 高分子物理[M]. 修订版. 上海：复旦大学出版社，1990.

14. Brandrup J，Immergut E H. Polymer Handbook [M]. 2rd edition. New York：Wiley-Interscience Publication，1974.

实验二十　乌式黏度计仪器常数的测定及动能校正

一、实验目的

1. 掌握对乌式黏度计进行动能校正的实验方法。

2. 了解影响高分子溶液黏度测定的各项因素以及对黏度计进行动能校正的必要性，为准确测定高分子溶液的黏度打下基础。

二、实验原理

高分子稀溶液黏度(相对黏度)测定不仅设备简单，操作便利，而且有相当好的实验精确度，因此作为表征聚合物分子量的一种有效手段，在高分子生产和研究中得到广泛的使用。此外，这种方法还可以用来测定高分子链的无扰尺寸、支化高分子的支化度等，也是研究高分子在溶液中的形态、高分子与溶剂分子的相互作用以及聚合物之间相容性的有效手段。

考虑到如果使用 Ostwald 式黏度计(奥式黏度计)，试样液体的体积每次必须是相同的，而且黏度计倾斜所引致的流出时间的误差比 Ubbelohde 式黏度计(乌式黏度计)要大得多，因此在测定高分子溶液黏度时，多采用乌式黏度计，并且通常采用体积稀释法：即在同一温度下，先测完初始浓度高分子溶液在毛细管中的流出时间，然后分几次向黏度计中注入不同体积的纯溶剂，得到不同浓度的高分子溶液，分别测出它们的流出时间，再与纯溶剂流出时间相比即可获得高分子溶液的相对黏度和比浓黏度等。液体的黏度 η 越大，则流过黏度计毛细管的时间 t 越长，即

$$\eta = \frac{\pi P R^4 t}{8LV} = \frac{\pi g h \rho R^4 t}{8LV} \quad (1)$$

这里,P 为促使液体流动的在毛细管两端的压力差,R 和 L 为乌式黏度计毛细管的半径和长度,g 为重力加速度,h 为流经毛细管的液柱的平均高度,ρ 为所测液体的密度,V 为在时间 t 内流出的液体体积(也就是实验十九中的图 4 所示,在测试时液体所流过的毛细管上方两刻度线 E 线与 F 线之间的体积)。若令 $A = \frac{\pi g h R^4}{8LV}$, A 是由黏度计所决定的常数,与液体性质无关,则高分子溶液的黏度也可表示为 $\eta = A\rho t$。

上式使用的前提有如下几点:

1. 促使液体流动的力全部用以克服液体对流动的黏滞阻力,实际上液体在流出毛细管时获得了一部分动能,这部分用于使液体获得动能的压力消耗,须予以校正,即动能校正;

2. 液体的流动是黏性流动,没有湍流,这只有在流速不大时是符合的;

3. 液体在管壁没有滑动,液体在管壁有无滑动与液体和管壁间的界面张力有关,润湿性差的液体可能有滑动存在;

4. 在毛细管入口和出口处,管径的大小、液体的流速分布与管的中部是略有差异的,这种差异要影响流出容速,须予以校正,即末端校正。但在 $\frac{R}{L} \ll 1$ 时,可以不计。

动能校正往往是毛细管黏度计应用时最主要的校正,尤其当液体流速较大(如纯溶剂的流出时间小于 100 秒)时,必须作校正。

液体在流出毛细管时获得了一部分动能,每秒内流出的液体所获得的动能 E 为

$$E = \int_0^R 2\pi r \mathrm{d}r \cdot v \cdot \rho \cdot \frac{v^2}{2} = \pi\rho \int_0^R r v^3 \mathrm{d}r \quad (2)$$

根据实验十九,液体在毛细管里流速为

$$v(r) = \frac{P}{4L\eta}(R^2 - r^2) \quad (3)$$

式(2)和(3)联立得到

$$E = \pi\rho \left(\frac{P}{4L\eta}\right)^3 \int_0^R r(R^2 - r^2)^3 \mathrm{d}r = \pi\rho \left(\frac{P}{4L\eta}\right)^3 \frac{R^8}{8} = \pi\rho R^2 v_{\mathrm{m}}^3 \quad (4)$$

式中的 v_m 是对每秒内流出的液体体积来讲的等效平均流速，即

$$v_m = \frac{V}{\pi R^2 t} = \frac{PR^2}{8L\eta} \tag{5}$$

以 ΔP 表示消耗在液体动能的压力差，则

$$\Delta P = \frac{E}{\pi R^2 v_m} = \rho v_m^2 \tag{6}$$

经过动能校正后，方程(1)应该写成

$$\eta = \frac{\pi R^4 t}{8LV}(P - \Delta P) = \frac{\pi g h \rho R^4 t}{8LV} - m\frac{\pi R^4 t\rho}{8LV}\left(\frac{V}{\pi R^2 t}\right)^2 = \frac{\pi g h \rho R^4 t}{8LV} - m\frac{\rho V}{8\pi L t} \tag{7}$$

这里考虑到末端影响，引入常数 m，它是一个接近于1的仪器常数，须由实验确定。令 $A = \frac{\pi g h R^4}{8LV}$，$B = \frac{mV}{8\pi L}$，显然它们都是由黏度计所决定的常数，与液体性质无关。则式(7)改写为

$$\eta = A\rho t - \frac{B\rho}{t} \tag{8}$$

或

$$\frac{\eta t}{\rho} = At^2 - B \tag{9}$$

显然，如果某一标准液体在不同温度下的密度和黏度值已知，通过测定在几个不同温度下这种液体在黏度计中的流出时间 t，再以 $\frac{\eta t}{\rho}$ 对 t^2 作图，从其斜率和截距值即可求出黏度计的仪器常数 A 和 B。动能校正后高分子溶液相对黏度计算公式为

$$\eta_r = \frac{\eta}{\eta_0} = \frac{\rho t}{\rho_0 t_0} \cdot \frac{A - B/t^2}{A - B/t_0^2} \tag{10}$$

其中 η_0、ρ_0 和 t_0 为纯溶剂的黏度、密度和流出时间。令 $k = \frac{B}{A}$，如果 $\frac{k}{t_0^2} \ll 1$，同时考虑到原始溶液浓度一般在 0.01 克/毫升左右，溶液很稀，因此可以假定高分子

溶液和纯溶剂的密度近似相等，即 $\rho = \rho_0$，则式(10)可简化为：

$$\eta_r = \frac{t}{t_0}\left[1 + k\left(\frac{1}{t_0^2} - \frac{1}{t^2}\right)\right] \tag{11}$$

其中，k 为黏度计的仪器常数。从式(11)可知，k 值越大，流出时间 t_0 越短，则动能校正值就越大。

黏度计的仪器常数 A，B 可以有三种方法来确定：

1. 测定一种黏度已经精密测定的标准液体在几个不同温度下的流出时间。注意要严格控制温度，温度的绝对值要准确。本实验采用这种方法，用纯水作标准液体。

2. 用两种或两种以上不同标准液体在同一温度测定流出时间。标准液体要易于纯化，黏度已经精密测定。选取的一种标准液黏度较大，在所用黏度计中动能校正项极小，而另一种标准液体黏度较小，使其在所用黏度计中动能校正项较大。

3. 用同一种标准液体在同一温度下，在流出液体柱上施加不同的外压力下测定流出时间。

比起动能校正项，流出体积校正、表面张力校正要小得多，一般是可以忽视的。流出体积校正是指由于液体对毛细管玻璃内壁的润湿，当液体从 E 线流至 F 线时在玻璃内壁要留下少量液体，由于不同液体对玻璃的润湿性不同，因此所留下的量也略有差异。但由于所测定的是相对黏度，流出体积校正的影响相互抵消，可忽略不计。表面张力校正是指当液体从 E 线到 F 线的流出过程中，由于液体的表面张力，液柱面升高，与促使流动的力相反，最终影响流出时间。但是在相对黏度的测定里，溶液与溶剂的表面张力，相差不大，黏度的表面张力校正一般也是可以忽略的。

此外，在高分子溶液的黏度测定中，高分子溶质吸附在毛细管管壁上会导致毛细管有效半径的减小，对溶液黏度测定产生影响。但是通过对测定方法稍加改进即可消除其影响。即，在测定高分子溶液的流出时间后再测纯溶剂的流出时间，使测定纯溶剂流出时间的毛细管状态与测定溶液流出时间时的状态一致，即可消除这种影响。因为测定高分子溶液的流出时间时，常会有高分子吸附在毛细管管壁，所以相当于高分子溶液流过了较细的毛细管，为了得到高分子溶液真实的相对黏度，后测纯溶剂的流出时间，这样，纯溶剂流过的也是较细的毛细管，消除了高分子在毛细管上的吸附对结果的影响。

然而在有些情况下高分子在毛细管管壁的吸附还会引起界面性质的改变。杨海洋认为极低浓度区 PVP 水溶液反常的黏度行为不能简单地被认为是由于高分子吸附在毛细管管壁上导致毛细管有效管径减小所致(但并不否认 PVP 分子会吸附在毛细管管壁上)。由于玻璃表面的多羟基是亲水的,而 PVP 是两亲性高分子,因此在测定 PVP 水溶液流过时间时,PVP 的亲水基团将优先吸附在毛细管管壁上,其憎水基团朝外,因此 PVP 分子在毛细管管壁上的吸附会使得毛细管表面性质发生显著改变,这样,流体在固体表面的张力也将因此而改变。界面性质变化也会使流体在玻璃界面处接触角产生改变,进而导致流体在流动过程中因弯曲液面而产生的附加压强发生改变,最终影响到流体在黏度计中的流过时间。但是通过对黏度测定方法进行改进也可消除界面性质变化的影响。即,以高分子溶液流过时间 t 对浓度作图外推到浓度为零时的值 t_0^* 代替纯溶剂的流出时间 t_0 来计算相对黏度。这种方法简单有效、普适合理。另外杨海洋通过研究发现,界面性质的变化通常并不会使流体在毛细管中的流动模式发生改变,剪切无滑移条件仍然是成立的。

本实验主要进行黏度计的动能校正,采用上述方法 1,通过测定不同温度下重蒸蒸馏水在黏度计中的流出时间以确定动能校正用的黏度计仪器常数。

三、仪器药品

黏度计(流速较快)一支,停表一块,25 毫升容量瓶,玻璃砂芯漏斗,恒温水槽及控温装置一套,重蒸蒸馏水。

四、实验步骤

1. 将流速较快的黏度计洗净,注入经过滤的重蒸蒸馏水若干毫升。

2. 把恒温水槽调节至(20±0.05)℃,放入黏度计。一定要等温度恒定,再测定水的流出时间,重复测 3 次,要求所测时间相差不超过±0.2 秒,取平均值,记为 t_1。

3. 依次将恒温水浴调节到(25±0.05)℃,(30±0.05)℃,(35±0.05)℃,(40±0.05)℃,(45±0.05)℃,分别按以上测定要求测出每个温度下水的流出时间 t_2, t_3, t_4, t_5和 t_6。

五、数据记录和处理

黏度计号：________ 毛细管内径：________

各温度下水的流出时间：

温度（℃）	流出时间（秒）					
	第一次	第二次	第三次			平均值
						t_1 =
						t_2 =
						t_3 =
						t_4 =
						t_5 =
						t_6 =

1. 计算中要用到水在不同温度下的密度、黏度值，见附录表13。

2. 用图解法求出 A、B 及 k 值。即以 $\frac{\eta}{\rho}t$ 对 t^2 作图可得一条直线，从斜率和截距值分别求出黏度计的仪器常数 A 和 B，再求出 k 值。

$\left(\text{附上}\left(\frac{\eta}{\rho}t\right)\sim t^2\ \text{的作图}\right)$

3. 动能校正通常是毛细管黏度计应用时最主要的校正。在前一实验“稀溶液黏度法测定聚合物的分子量”的数据处理中，并没有考虑液体在毛细管流动时能量损耗的主要部分——动能消耗的影响（即动能校正项的影响）。请考虑动能校正项可能的影响，对前一实验数据重新进行处理，计算相对黏度、比浓黏度、比浓对数黏度等数据，并求出特性黏数、黏均分子量。

4. 比较两种数据处理方法及结果，讨论本人使用的黏度计是否需要进行动能校正。

六、思考题

1. 乌式黏度计在什么情况下需要校正？作哪些校正？

2. 动能校正通常是毛细管黏度计应用时最主要的校正，如何校正？

3. 要做好本实验，测量的关键是什么？

七、参考文献

1. 钱人元. 高聚物的分子量测定[M]. 北京：科学出版社，1958.

2. 北京大学化学系高分子化学教研室. 高分子物理实验[M]. 北京：北京大学出版社，1983.

3. Yang Haiyang, Zhu Pingping, Peng chunling, et al. Viscometric study of polyvinyl alcohol in NaCl/water solutions ranged from dilute to extremely dilute concentration [J]. Eur. Polym. J, 2001(37): 1939.

4. Yang Haiyang, Li Hao, Zhu Pingping, et al. A novel method for determining the viscosity of polymer solution [J]. Polymer Testing, 2004, 23(8): 897-901.

5. 杨海洋，严宇亮，朱平平，等. 黏度法研究高分子溶液行为的实验改进(Ⅲ)[J]. 化学通报，2004，67(10)：w87.

6. 杨海洋，李浩，朱平平，等. 黏度法研究高分子溶液行为的实验改进(Ⅱ)[J]. 化学通报，2002，65(9)：631-634.

7. 杨海洋，朱平平，任峰，等. 黏度法研究高分子溶液行为的实验改进[J]. 化学通报，1999，62(5)：47-49.

8. 杨海洋，张胡铭，徐小云，等. 毛细管表面疏水改性对黏度测定的影响[J]. 化学通报，2003，66(7)：w053.

9. Cheng R, Yang Y, Yan X. The wall effect on viscosity measurement of dilute aqueous solutions of polyethylene glycol and polyvinyl alcohol using a paraffin-coated capillary viscometer [J]. Polymer, 1999(40): 3773.

实验二十一　溶胀平衡法测定交联聚合物的交联度

一、实验目的

1. 了解溶胀平衡法测定聚合物交联度的基本原理。
2. 掌握容量法和质量法测定交联聚合物溶胀度的实验技术。
3. 加深对交联橡胶统计理论的认识。

二、实验原理

充任结构材料的聚合物，性能方面的要求可以概括为三点，即更高的强度、更高的耐热性和更高的对化学药品的抗蚀力。这些要求反映在高分子结构上是比较一致的，无非是加强高分子间的相互作用力或强化高分子链本身。一般认为借助于下面三个主要原则从结构上可改进聚合物材料的性能，这三个原则是结晶、交联和增加高分子链的刚性。其中，分子链的化学交联限制了链的运动，早已被用来提高聚合物的强度和抗性。在橡胶一类的聚合物中加入像硫这样的物质，使分子链间生成较强的化学键，所以硫化橡胶有足够好的强度和弹性。交联是化学反应，当温度升高时交联过程显著加速，随着交联键数目的增加，可使橡胶逐渐变硬，最后成为硬度和软化点很高、完全不溶解也不溶胀的材料。同样，交联本就是热固性塑料的共同特点，而热固性塑料一般要比热塑性塑料耐高温，这是大家都知道的。增加分子链的极性吸引和离子吸引也可以归入这个范畴。应用交联，已得到硬质橡胶、热固性树脂、不饱和聚酯、交联环氧树脂、聚氨基甲酸酯以及由甲醛与尿素、三聚氰胺或苯酚反应所得到的树脂与塑料。

因为交联是改善橡胶性能的一种非常重要的方法，交联度的大小与橡胶制品的性能直接相关，因此在对橡胶进行加工时，控制硫化条件、保持适当的交联度就成为实际加工过程中关键的步骤。欲了解橡胶交联度与制品性能的关系，就必须测定橡胶的交联度。本实验采用溶胀平衡法来测定橡胶的交联度。

交联聚合物在溶剂中不能溶解，但是能发生一定程度的溶胀。当交联聚合物与溶剂接触时，由于交联点之间的分子链段仍然较长，具有相当的柔性，溶剂分子容易渗入聚合物内，引起三维分子网的伸展，使其体积膨胀，但是交联点之间分子链的伸展却引起了它的构象熵的降低，进而分子网将同时产生弹性收缩力，使分子网收缩，因而将阻止溶剂分子进入分子网。当这两种相反的作用相互抵消时，体系就达到了溶胀平衡状态，溶胀体的体积不在变化。实际上，交联聚合物的溶胀体既是聚合物的浓溶液又是高弹性固体。

溶胀度与聚合物的交联度有关。随着聚合物交联度的增加，链段长度减小，分子网络的柔性减小，聚合物的溶胀度相应减小，实验误差也就相应增加。而当高度交联的聚合物与溶剂接触时，由于交联点之间的分子链段很短，不再具有柔性，溶剂分子很难钻入这种刚硬的分子网络中，因此高度交联的聚合物在溶剂中甚至不能发生溶胀。相反如果交联度太低，分子网中存在的自由末端对溶胀没有贡献，与理论偏差较大，而且交联度太低的聚合物包含有可以溶于溶剂的部分，在溶剂中溶胀后形成强度很低的溶胶，给测定带来很多不便，也会引起较大的实验误差。因此溶胀平衡法只适合于测定中度交联聚合物的交联度。

在溶胀过程中，溶胀体内的自由能变化 ΔG 应为

$$\Delta G = \Delta G_M + \Delta G_{el} < 0 \tag{1}$$

其中，ΔG_M 为高分子-溶剂分子的混合自由能，ΔG_{el} 为分子网的弹性自由能。当达到溶胀平衡时

$$\Delta G = \Delta G_M + \Delta G_{el} = 0 \tag{2}$$

交联聚合物的溶胀体又称为凝胶，它实际是聚合物的浓溶液，因此形成溶胀体的条件与线形聚合物形成溶液的条件相同。根据高分子溶液的似晶格模型理论，高分子溶液的稀释自由能可以表示为

$$\Delta\mu_1^M = RT\left[\ln V\!\!\!/_1 + \left(1 - \frac{1}{x}\right)V\!\!\!/_2 + \chi_1 V\!\!\!/_2^2\right] \tag{3}$$

式(3)中,$\not{V}_1$, $\not{V}_2$ 分别表示溶剂和聚合物在溶胀体中所占的体积分数,χ_1 为高分子-溶剂分子相互作用参数,T 是温度,R 为理想气体常数,x 是聚合物的聚合度。对于交联聚合物,$x \to \infty$,因此上式化简为

$$\Delta\mu_1^M = RT(\ln \not{V}_1 + \not{V}_2 + \chi_1 \not{V}_2^2) \tag{4}$$

交联聚合物的溶胀过程类似于橡皮的形变过程,因此可直接引用交联橡胶的储能函数公式,即

$$\Delta G_{el} = \frac{1}{2}NkT(\lambda_1^2 + \lambda_2^2 + \lambda_3^2 - 3) = \frac{\rho RT}{2\overline{M}_c}(\lambda_1^2 + \lambda_2^2 + \lambda_3^2 - 3) \tag{5}$$

式中,N 表示单位体积内交联链的数目,k 是波耳兹曼常数,ρ 为聚合物的密度,$\overline{M}_c$ 为两交联点之间分子链的平均分子量,λ_1、λ_2、λ_3 分别表示聚合物溶胀后在三个方向上的尺寸(设试样溶胀前是一个单位立方体)。假定该过程是各向同性的自由溶胀,则设 $\lambda_1 = \lambda_2 = \lambda_3 = \lambda$,并有

$$\lambda^3 = \frac{V_0 + n_1\widetilde{V}_1}{V_0} = \frac{1}{\not{V}_2} \tag{6}$$

这里,V_0 是分子网体积,令为 1。$\widetilde{V}_1$ 为溶剂的摩尔体积,n_1 为聚合物所吸收的溶剂的量,则弹性自由能

$$\Delta G_{el} = \frac{3\rho RT}{2\overline{M}_c}(\lambda^2 - 1) \tag{7}$$

偏微摩尔弹性自由能为

$$\begin{aligned}\Delta\mu_1^{el} &= \frac{\partial \Delta G_{el}}{\partial n_1} = \left(\frac{\partial \Delta G_{el}}{\partial \lambda}\right)_{T,P} \cdot \left(\frac{\partial \lambda}{\partial n_1}\right)_{T,P} \\ &= \frac{3\rho RT}{\overline{M}_c \not{V}_2^{1/3}} \cdot \frac{\widetilde{V}_1 \not{V}_2^{2/3}}{3} = \frac{\rho RT \widetilde{V}_1 \not{V}_2^{1/3}}{\overline{M}_c}\end{aligned} \tag{8}$$

当达到溶胀平衡时

$$\Delta\mu_1 = \Delta\mu_1^M + \Delta\mu_1^{el} = 0 \tag{9}$$

将式(4)和式(8)代入式(9),整理得

$$\ln \not{V}_1 + \not{V}_2 + \chi_1 \not{V}_2^2 + \frac{\rho}{\overline{M}_c}\widetilde{V}_1 \not{V}_2^{1/3} = 0 \tag{10}$$

设橡皮试样溶胀后与溶胀前的体积比，即橡胶的溶胀度为 Q，显然

$$Q = \lambda^3 = \frac{1}{\mathcal{V}_2} \tag{11}$$

当聚合物交联度不高，即 $\overline{M}_c$ 较大时，在良溶剂中，Q 值可超过 10，此时$\mathcal{V}_2$ 较小。因此可将 $\ln \mathcal{V}_1 = \ln(1 - \mathcal{V}_2)$ 近似展开并略去高次项，代入式(10)，结果得

$$\overline{M}_c = \frac{\rho \widetilde{V}_1 Q^{5/3}}{1/2 - \chi_1} \tag{12}$$

所以，在已知 ρ，χ_1 和 $\widetilde{V}_1$ 的条件下，只要测出样品的溶胀度 Q，利用上式就可以求得交联聚合物在两交联点之间的平均分子量$\overline{M}_c$。显然，$\overline{M}_c$的大小表明了聚合物交联度的高低。$\overline{M}_c$越大，交联点间分子链越长，表明聚合物的交联程度越低；反之，$\overline{M}_c$越小，交联点间分子链越短，交联程度就越高。

可采用两种方法测定溶胀度。一种是体积法，即跟踪溶胀过程，用溶胀计直接测定溶胀样品的体积，隔一段时间测定一次，直至所测样品的体积不再增加，表明溶胀已达到平衡；另一种方法是质量法，即跟踪溶胀过程，对溶胀体称重，直至溶胀体两次质量之差不超过 0.01 克，此时可认为体系已达溶胀平衡。溶胀度按下式计算

$$Q = \frac{\left(\dfrac{w_1}{\rho_1} + \dfrac{w_2}{\rho_2}\right)}{\dfrac{w_2}{\rho_2}} \tag{13}$$

式中，w_1和 w_2分别为溶胀体中溶剂和聚合物的质量，ρ_1和 ρ_2分别为溶剂的密度和聚合物在溶胀前的密度。

注意：由于聚合物达到溶胀平衡的时间很长，通常要好几天的时间，这期间保持恒温水箱的正常工作特别重要，这主要是因为高分子-溶剂分子相互作用参数 χ_1 随温度变化而变化。因此要时时关心恒温水箱的控温情况，保证恒温和恒温的精度。

三、仪器及药品

1. 溶胀计一个；

2. 恒温装置一套；
3. 电子分析天平一台；
4. 大试管(带塞)两个；
5. 称量瓶一个；
6. 镊子一把；
7. 不同交联度的天然橡胶样品；
8. 苯。

四、实验步骤

(一) 体积法

1. 溶胀计内液体的选择

溶胀计如图 1 所示，较粗的、垂直的管为主管，下方的支管为毛细管。测定时所用液体一般选用与待测样品不会发生化学及物理作用(如化学反应、溶解等)，并要求经济易得，挥发性小，毒性小。本实验采用蒸馏水，为了减少液体表面张力，更好地使待测固体样品表面湿润，可在管中再加入几滴酒精。

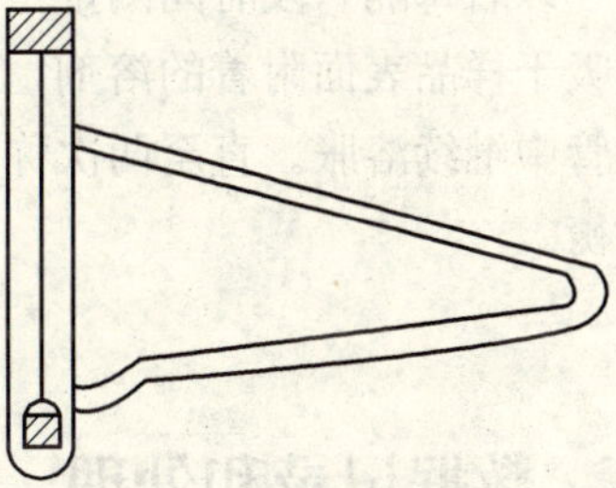

图 1　溶胀计示意图

2. 溶胀计体积换算因子的测量

为了确定主管内体积的增加与毛细管内液面移动距离的对应值 A，可以用已知密度的金属镍小球若干个，称量并求出其体积 V(毫升)，然后放入膨胀计中读取毛细管内液面移动距离 L(毫米)。这样便求得体积换算因子 $A = V/L$ (毫升/毫米)。

3. 溶胀前天然橡胶样品体积的测定

将待测样品放入金属小篓内，赶尽毛细管内气泡，放入溶胀计，读取毛细管内液面移动的距离(即此时毛细管液面读数与未放入样品前毛细管液面读数之差)，再乘以 A 值所得的乘积即为主管内体积增量，也就是样品的体积。

将已测出体积的样品放入大试管(试管较粗，确保能方便地取出溶胀后的样品)内，倒入溶剂苯(溶剂量约至试管三分之一处)。将装有样品及溶剂的试管用塞子塞紧并置于恒温槽内，在恒温(25 ℃)下溶胀。

4. 溶胀后样品体积的测定

先用滤纸轻轻将溶胀样品表面附着的多余溶剂吸干，然后用同样的方法测出溶胀样品的体积。溶胀前样品体积为 V_1，溶胀后测得其体积为 V_2，则 $\Delta V(=V_2-V_1)$ 为试样体积的增量，也即样品所吸入溶剂的体积。这样每隔一定时间测定一次样品体积，一般开始间隔短些（可以两小时一次），后来可适当长些（一般以半天为宜），直至样品体积不再增加、达到溶胀平衡为止。

（二）质量法

1. 溶胀前天然橡胶样品质量的测定

在电子分析天平上先将空称量瓶称重，然后往称量瓶中放入一块天然橡胶样品，再称重，求出样品的质量。将称重后的样品放入大试管内，加入苯（溶剂量约至试管三分之一处），盖紧试管塞，然后将试管放入恒温水槽中溶胀。

2. 溶胀后样品质量的测定

以后每隔一段时间测定一次样品质量，每次都要轻轻地取出溶胀体，迅速用滤纸吸干样品表面附着的溶剂，立即放入称量瓶中，盖紧瓶塞后称重，然后再放回溶胀管中继续溶胀。直至两次称出的质量之差不超过 0.01 克，即认为溶胀过程达到平衡。

五、数据记录和处理

温度：________

样品：________　　　　密度：________

溶剂：________　　　　密度：________

溶剂的摩尔体积：________　　　　高分子-溶剂分子相互作用参数：________

（一）体积法

1. 体积换算因子的计算

镍球的质量：________（克）　镍球的体积 V：________（毫升）

毛细管液面移动的距离 L：________（毫米）

体积换算因子 A：________（毫升/毫米）

2. 记录样品在溶胀不同阶段的体积，并列表如下：

	溶胀前	溶胀后					
L(毫米)							
V(毫升)							
ΔV(毫升)							

	溶胀前	溶胀后					
							溶胀平衡时
L(毫米)							
V(毫升)							
ΔV(毫升)							

3. 计算达到溶胀平衡时，聚合物在溶胀体中的体积分数V_2和溶胀度 Q 值，再根据式(12)计算出聚合物中两交联点之间分子链的平均分子量M_c。

已知：天然橡胶-苯体系在 25 ℃时，苯的摩尔体积 $\tilde{V}_1 = 89.4$ 厘米^3/摩尔，高分子-溶剂相互作用参数 $\chi_1 = 0.437$，聚合物密度 $\rho = 0.9734$ 克/厘米^3。

(二) 质量法

1. 记录样品在溶胀不同阶段的质量以及溶胀体中溶剂的质量：

样品质量：＿＿＿＿（空瓶：＿＿＿＿；瓶＋样品：＿＿＿＿）

测量时间				
溶胀体质量(g)				
溶剂质量(g)				
测量时间				
溶胀体质量(g)				
溶剂质量(g)				

续 表

测量时间				溶胀平衡时
溶胀体质量(g)				
溶剂质量(g)				

2. 根据式(13)计算聚合物的溶胀度 Q 值，再代入式(12)计算出聚合物中两交联点之间分子链的平均分子量$\overline{M}_c$。

已知：天然橡胶-苯体系 25 ℃下苯的密度 $\rho_1 = 0.88$ 克/厘米^3，聚合物的密度 $\rho_2 = 0.9734$ 克/厘米^3(即 ρ)。

六、思考题

1. 溶胀法测定交联聚合物的交联度有什么优点和局限性？

2. 讨论溶胀度与哪些因素有关？

3. 从高分子结构和分子运动角度讨论线形聚合物、交联聚合物在溶剂中溶胀后的情况有何区别？

七、参考文献

1. 何平笙.高聚物的力学性能[M].中国科学技术大学出版社，1997.

2. 北京大学化学系高分子化学教研室.高分子物理实验[M].北京：北京大学出版社，1983.

3. 徐种德，何平笙，周漪琴，等.高聚物的结构与性能[M].北京：科学出版社，1981；马德柱，何平笙，徐种德，等.2 版，1995.

4. 何平笙，朱平平，杨海洋.在“高聚物的结构与性能”课程中讲透高聚物的特点[J].高分子通报，2001(5)：74-79

5. 何平笙，李春娥.高分子物理实验课初探[J].高分子通报，2000(2)：94-96.

实验二十二　逐步沉淀分级法

一、实验目的

1. 了解高分子溶液相分离原理。

2. 掌握沉淀分级法的基本原理和操作方法，并用逐步沉淀分级法对聚甲基丙烯酸甲酯进行分级。

3. 掌握分级数据处理方法。

二、实验原理

聚合物的分子量不仅大，而且不均一、具有多分散性，实际上聚合物是具有不同分子量的同系物的混合物。由于聚合物性能具有明显的分子量依赖性，所以在研究多分散聚合物性能时，需要分子量比较均一的级分样品。利用聚合物溶解度的分子量依赖性，把试样中分子量相同或相近的部分从混合物中依次分离出来，得到分子量不同的级分，是常用的一种分级方法。分级后经过适当的数据处理，还可得到原始样品的分子量分布信息（如分子量分布曲线），这里就要求在分级过程中分级效率要高、试样的损失也要尽量少，但对级分的量无太大要求，够供每一级分的分子量测定之用即可。如果是为制备供研究性能用的级分样品，足量以及分子量均一则是主要的考虑，试样损失一点问题却不大。虽然沉淀分级是一个操作时间冗长、需要特别仔细操作的耗时实验，但由于它是制备大量窄分布级分的有效方法。在高分子实验科学中具有不可替代的作用。

沉淀分级的实际操作是先将多分散聚合物溶解在适当的溶剂（不良溶剂）中，通过不断改变溶液条件（如逐步加入沉淀剂或逐步降温）来逐渐减小溶剂分子与高分子链单元间的相互作用,当这种作用不足以克服高分子间的相互作用力(内聚力)时,高分子链将凝聚起来,直至形成沉淀从溶液中分离出来。又因为高分子间的内聚能取决于分子量,分子量越大内聚能越大。所以逐步加入沉淀剂或逐步降温时,分子量大的分子由于分子间的凝聚力大,首先从溶液中分离出来。然后是高分子按照分子量由大到小的次序从溶液中逐渐分离出来。

聚合物凝聚态是许多高分子依靠分子间的相互作用力(内聚力)凝聚在一起而形成的,存在于高分子之间每个作用点的作用力(范德华力)尽管与化学键相比要小得多,但是由于聚合物的分子量大,每一个高分子链与邻近链之间的次价力作用点的数目很大,总作用强度远远超过了高分子主链上每一个化学键的强度。要使链单元间相互吸引而凝聚在一起的高分子在溶剂中溶解,必须把各个高分子链相互分开,变成稀溶液中一个个孤立的高分子,溶解与凝聚是相反的过程。溶剂的力量必须把一个个高分子拆开来,实际过程是高分子固体先吸收溶剂胀大,然后溶解。胀大就是溶胀。当良溶剂跑到高分子线团里面,聚合物体积胀大,链单元与链单元间被逐渐拆开,也就是高分子链单元间呈现相斥力,这斥力最终把一个个高分子链拆开来。这种斥力实际是溶剂分子与高分子链单元间的相互作用,也使良溶剂里高分子表现为线团的扩张。当溶剂变劣,线团的扩张程度要变小,甚至不扩张,这是由于溶剂分子与高分子链单元间的相互作用(相当于链单元间的相斥力)减小,而高分子间的内聚力逐渐显得重要,同一高分子链的链单元之间的相互作用使得线团收缩,而不同高分子链的链单元之间的相互作用使线团相互吸引,最后链单元间的吸引力(内聚力)使许多高分子凝聚在一起,溶液就发生了分相。

聚合物溶解过程的自由能变化可表示为

$$\Delta G_M = \Delta H_M - T\Delta S_M \tag{1}$$

这里 T 是溶解时的温度,ΔG_M、ΔH_M 和 ΔS_M 分别为高分子与溶剂分子混合时的混合自由能、混合热和混合熵。溶解过程能自发进行的必要条件是 $\Delta G_M < 0$,即 $\Delta H_M < T\Delta S_M$,ΔH_M 愈小愈好。根据 Flory-Huggins 晶格模型理论

$$\Delta H_M = \chi_1 kTN_1\phi_2 \tag{2}$$

χ_1 为高分子-溶剂分子相互作用参数,反映高分子与溶剂分子混合过程中相互作用能的变化,$\chi_1 kT$ 的物理意义是一个溶剂分子放到高分子中去所发生的能量变化,因此 χ_1 的数值可作为溶剂良劣性的一个半定量的依据。结合式(1),χ_1 值愈小,溶剂的溶解性能愈好。

高分子溶液的相分离行为与低分子液体混合物相似,在一定条件下溶液分成两相,

一相是凝液相，高分子的含量较高，溶剂含量很少，称为浓相，另一相为很稀的溶液相，称为稀相。平衡时，溶剂分子和高分子在浓相和稀相中的化学位分别两两相等，即

$$\left.\begin{aligned}\mu_1' &= \mu_1''\\ \mu_2' &= \mu_2''\end{aligned}\right\} \tag{3}$$

这里下标 1 和 2 分别表示溶液中溶剂（第一组分）和高分子（第二组分），上标“′”和“″”分别表示稀相和浓相，如 μ_1' 表示稀相中溶剂的化学位。式(3)也可改写为

$$\left.\begin{aligned}\Delta\mu_1' &= \Delta\mu_1''\\ \Delta\mu_2' &= \Delta\mu_2''\end{aligned}\right\} \tag{4}$$

这里 $\Delta\mu_1'$、$\Delta\mu_1''$ 分别为稀相、浓相中溶剂的偏微摩尔混合自由能（又称为高分子溶液的稀释自由能），$\Delta\mu_2'$、$\Delta\mu_2''$ 分别为稀相、浓相中高分子的偏微摩尔混合自由能。晶格模型理论给出了相应的表达式，如

$$\Delta\mu_1 = RT\left[\ln\phi_1 + \left(1 - \frac{1}{x}\right)\phi_2 + \chi_1\phi_2^2\right] \tag{5}$$

或

$$\Delta\mu_1 = RT\left[\ln(1 - \phi_2) + \left(1 - \frac{1}{x}\right)\phi_2 + \chi_1\phi_2^2\right] \tag{6}$$

这里 x 为高分子的聚合度，ϕ_1、ϕ_2 分别是溶剂、高分子在溶液中各占的体积分数。显然 $\Delta\mu_1$ 与 x、χ_1 和 ϕ_2 有关。若取 $x = 1\,000$ 和不同的 χ_1 值，可以得到 $\Delta\mu_1$ 随 ϕ_2 的变化情况，如图 1 所示。当 $\chi_1 < 0.532$ 时，$\Delta\mu_1 < 0$，且随 ϕ_2 单调下降，高分子与溶剂混合自动进行，体系稳定，不会分相；当 $\chi_1 > 0.532$ 时，$\Delta\mu_1$ 随 ϕ_2 先是下降然后增加，并可能有 $\mu_1 > \mu_1^0$，体系不稳定，会出现分相现象。而当 $\chi_1 = 0.532$ 时，曲线出现拐点（此时的 χ_1 值用 χ_1^* 表示），为高分子溶液相分离的临界条件，即

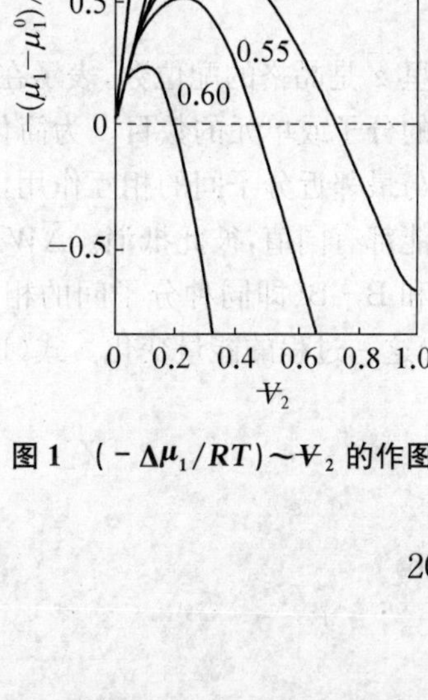

图 1　$(-\Delta\mu_1/RT) \sim \phi_2$ 的作图

$$\left.\begin{aligned}(\partial\Delta\mu_1/\partial\phi_2)_{T,P} &= 0\\ (\partial^2\Delta\mu_1/\partial\phi_2^2)_{T,P} &= 0\end{aligned}\right\} \tag{7}$$

将式(6)代入，得

$$
\left.\begin{aligned}
&\frac{1}{1-\varPhi_2}-\left(1-\frac{1}{x}\right)-2\chi_1^*\varPhi_2=0\\
&\frac{1}{(1-\varPhi_2)^2}-2\chi_1^*=0
\end{aligned}\right\} \tag{8}
$$

由此求得

$$
\left.\begin{aligned}
\chi_1^* &= \frac{1}{2}\left(1+\frac{1}{\sqrt{x}}\right)^2\\
\varPhi_2^* &= \frac{1}{1+\sqrt{x}}
\end{aligned}\right\} \tag{9}
$$

可见，χ_1^* 随 x 的增加（也即随分子量的增加）而减小，如 $x = 100$ 时，$\chi_1^* = 0.605$；$x = 1\,000$ 时，$\chi_1^* = 0.532$；$x = 10\,000$ 时，$\chi_1^* = 0.51$；当 $x\to\infty$ 时，χ_1^* 值近似为 0.5。也就是说，分子量愈大，χ_1^* 值愈小。

利用 χ_1^* 的分子量依赖性，向高分子溶液中逐步加入沉淀剂，改变了高分子-混合溶剂（溶剂 + 沉淀剂）的 χ_1^* 值，使其逐渐增大，高分子的溶剂化程度随之逐渐减小；同时分子量愈大，高分子的内聚力也愈大，因此当高分子-溶剂分子间的相互作用不足以克服高分子的内聚力时，高分子链将凝聚起来，直至形成沉淀从溶液中分离出来。所以首先是分子量大的组分从溶液中分离出来，分子量较小的组分需要到沉淀剂含量更高，χ_1^* 值变得更大时才能分离出来。这就是加入沉淀剂的沉淀分级法基本原理。

根据晶格模型理论，

$$
\chi_1 \equiv \frac{z\Delta W_{AB}}{kT} \tag{10}
$$

这里 z 是晶格的配位数，表示在假设的晶格中，每个溶剂分子或高分子链单元最邻近的分子或单元的数目。为简化起见，在讨论高分子溶液混合热时，只是考虑了分子与最邻近分子间的相互作用，并假设它与较远分子（相同或不相同的）的相互作用能都有同值，彼此抵消。ΔW_{AB}为 A 种分子与 B 种分子混合时，每拆散半对 A-A 和 B-B（即同种分子间的相互作用）、形成一对 A-B（即不同分子间的相互作用）这一过程的能量变化。式(10)与式(9)结合得

$$
\chi_1^* = \frac{1}{2}\left(1+\frac{1}{\sqrt{x}}\right)^2 = \frac{z\Delta W_{AB}}{kT_c} \tag{11}
$$

T_c 即为临界共溶温度，分子量愈大，临界共溶温度愈高。因此当逐渐降温时，溶液中的高分子就依照分子量由大到小的顺序逐渐分离出来。这就是降温分级的基本原理。

对于多分散聚合物的溶液，用 $\Delta\mu'_x$、$\Delta\mu''_x$ 分别表示聚合度为 x 的组分在稀相、浓相中的偏微摩尔混合自由能，达到相平衡时必须满足

$$\left.\begin{aligned}\Delta\mu'_1 &= \Delta\mu''_1\\ \Delta\mu'_x &= \Delta\mu''_x\end{aligned}\right\} \tag{12}$$

即

$$\begin{aligned}&\ln \varPhi'_x + (1-x) + \varPhi'_2 x\left(1-\frac{1}{\overline{x'_n}}\right) + \chi_1 x(1-\varPhi'_2)^2\\ &= \ln \varPhi''_x + (1-x) + \varPhi''_2 x\left(1-\frac{1}{\overline{x''_n}}\right) + \chi_1 x(1-\varPhi''_2)^2\end{aligned} \tag{13}$$

$$\ln\left(\frac{\varPhi''_x}{\varPhi'_x}\right) = x\left\{\varPhi'_2\left(1-\frac{1}{\overline{x'_n}}\right) - \varPhi''_2\left(1-\frac{1}{\overline{x''_n}}\right) + \chi_1\left[(1-\varPhi'_2)^2 - (1-\varPhi''_2)^2\right]\right\} \tag{14}$$

这里 $\varPhi'_2$、$\varPhi''_2$ 表示高分子在稀相、浓相中各占的体积分数，$\varPhi'_x$、$\varPhi''_x$ 则表示高分子中聚合度为 x 的组分在稀相、浓相中各占的体积分数，$\overline{x'_n}$，$\overline{x''_n}$ 分别为稀相、浓相中高分子的数均聚合度，令 $\sigma = \varPhi'_2\left(1-\frac{1}{\overline{x'_n}}\right) - \varPhi''_2\left(1-\frac{1}{\overline{x''_n}}\right) + \chi_1\left[(1-\varPhi'_2)^2 - (1-\varPhi''_2)^2\right]$，对于特定的相分离条件，$\sigma$ 为一常值，则可把式(14)改写为

$$\frac{\varPhi''_x}{\varPhi'_x} = e^{\sigma x} \tag{15}$$

即，$\varPhi''_x/\varPhi'_x$ 随 x 是按照指数函数而增加的，例如，如果聚合度为 x 的组分在浓相中所占的体积分数是稀相的 2 倍，即 $\frac{\varPhi''_x}{\varPhi'_x} = e^{\sigma x} = 2$，那么，聚合度为 $10x$ 的组分在浓相和稀相的体积分数比值则为

$$\frac{\varPhi''_x}{\varPhi'_x} = e^{10\sigma x} = (e^{\sigma x})^{10} = 2^{10} = 1\,024$$

由此可见，分子量大的组分集中在浓相，而在稀相中分子量小的占多数，分级的基

础就是利用了高分子在两相中分配的分子量依赖性。但是达不到理想的分级，两相中高分子的分子量没有明确的界限，即无法把分子量大于某一定值的聚合物从混合物中完全分离出来，因此不能得到分子量均一的级分，每个级分都有一定的分子量分布，而且得到的级分分子量是相互交叠的。

假设两相平衡时稀相和浓相的体积分别为 V' 和 V''，聚合度为 x 的组分在稀相和浓相中所占的重量分别为 W'_x、W''_x，聚合物的密度为 ρ_P，则有

$$\left.\begin{aligned} W'_x &= V'_x \cdot V' \cdot \rho_P \\ W''_x &= V''_x \cdot V'' \cdot \rho_P \end{aligned}\right\} \tag{16}$$

聚合度为 x 的组分在稀相和浓相中所占的重量分数 f'_x，f''_x 分别为

$$\left.\begin{aligned} f'_x &= \frac{W'_x}{W'_x + W''_x} = \frac{1}{1 + Re^{\sigma x}} \\ f''_x &= \frac{W''_x}{W'_x + W''_x} = \frac{Re^{\sigma x}}{1 + Re^{\sigma x}} \end{aligned}\right\} \tag{17}$$

其中，$R = \dfrac{V''}{V'}$。根据式(17)，当 $x \to \infty$ 时，$f'_x \to 0$，$f''_x \to 1$，即分子量大的组分主要在浓相，在稀相中分子量小的占多数，与由式(15)得到的结论一致；而当 $x \to 0$ 时，$f''_x \to \dfrac{R}{1+R}$，表明分子量很小的组分在浓相中仍有一定的含量，但 R 值愈小，含量愈少，所以常要降低溶液的浓度，使 R 值减小，分级效率提高。

由式(17)，可得 $f''_x / f'_x = Re^{\sigma x}$，三元体系(高分子 + 溶剂 + 沉淀剂)的相分离也有类似的关系式 $f''_x / f'_x = Qe^{\sigma x}$，只是 Q 与 R 的意义有所不同。

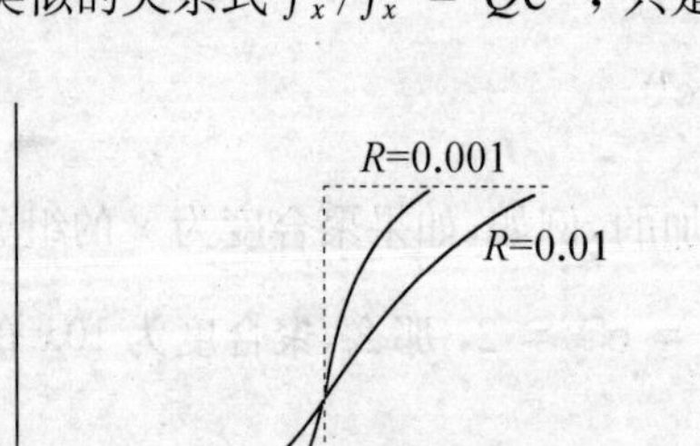

图 2　分级效率示意图

图 2 是分级效率示意图，虚线表示理想分级情况，即分子量大于 M_x 的分子都在浓相，分子量小于 M_x 的都在稀相。实际上分子量小于 M_x 的分子在浓相中还是存在的，但是通过降低体系的浓度，减少浓稀相体积比 R，可减小 $f''_x(x \to 0)$，提高分级效率。不过溶液也不能太稀，因为溶液太稀，溶液量很大，给操作带来麻烦。通常溶液的起始浓度

控制在 1%(即 1 g/100 mL)左右。

不过,第一、第二级分的分级效率通常还是较低,可能的原因有

(1) 开始分级时溶液浓度最大;

(2) 起初聚合物沉淀时要携带很多低分子量组分,尤其是第一个级分的制备较难控制,往往沉淀量大,分级效率偏低;

(3) 分子量愈高,临界共溶温度或混合溶剂中沉淀点的分子量依赖性愈小。

沉淀分级的操作方法除了上面提到的加入沉淀剂、降低温度外,还可以采用溶剂挥发的方法,即,将聚合物溶于一定组成的溶剂-沉淀剂混合液中,其中溶剂较沉淀剂易于挥发,溶剂因挥发而逐渐减少,沉淀剂含量相对增加,混合溶剂性能逐渐减弱,这样在一定温度下,聚合物依分子量由大到小的次序逐步沉淀出来而得到各个级分。上面三种方法也可交替并合使用。为了提高分级效果,还可以采用重沉淀分级、三角形分级或倒沉淀分级。重沉淀分级就是将逐步沉淀所得第一次沉淀重新溶解于溶剂中,加入沉淀剂得重沉淀分级的第 1 级分,它的母液与第一步的母液合并,加入沉淀剂得到第二次沉淀,再重新溶解于溶剂中,加入沉淀剂得重沉淀分级的第 2 级分,母液与第二次沉淀时的母液合并,依此类推而得到其他各级分,如图 3 所示。

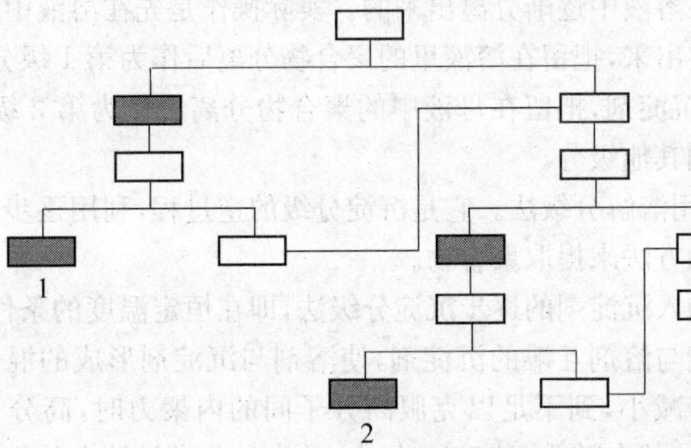

图 3　重沉淀分级过程示意图

沉淀　母液

图 4 所示的三角形分级则是在原试样的溶液中加入沉淀剂使产生的沉淀为原试样的一半左右,这是第一次分级,得到两个级分;每一级分再分为两个级分,把第一次分级所得沉淀再经分级时的沉淀作为第 1 级分,把第一次分级所得沉淀再经分级时的母液与第一次分级所得母液再经分级时的沉淀合并作为一个级分,即第 2 级分,第一次分级所得母液再经分级时的母液中所有聚合物作为第 3 级分,这是第二次分级,共得三个级分;依此类推,分级 n 次,应得 $(n+1)$ 个级分。这种分级效果较好。

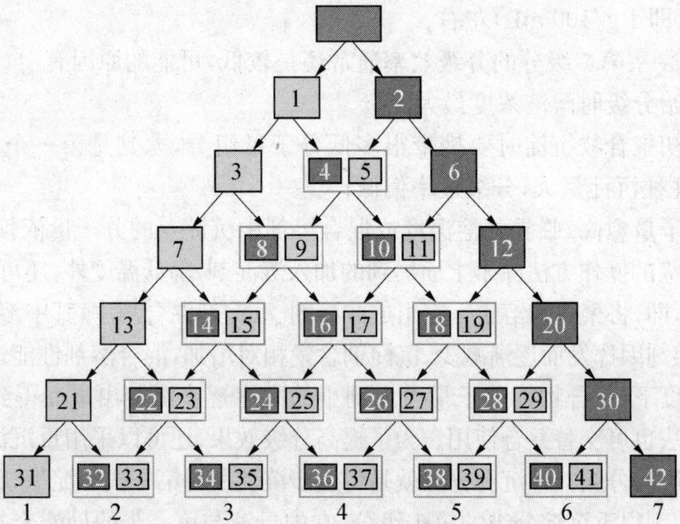

图 4　三角形分级过程示意图

倒沉淀分级是指与一般沉淀分级所得的级分分子量序列相反，是按照分子量由小到大的次序从溶液中逐渐分离出来的。实际操作是先在溶液中加入沉淀剂使大部分聚合物沉淀出来，把留在溶液里的聚合物分离后作为第 1 级分，再将沉淀重新溶解，加入大量沉淀剂，把留在母液中的聚合物分离后作为第 2 级分，依照同样方法操作就可得到其他级分。

此外，也可采用溶解分级法。它是沉淀分级的逆过程，利用逐步提高溶剂能力或逐步升高温度的方法来提取聚合物。

本实验采用加入沉淀剂的逐步沉淀分级法，即在恒定温度的条件下，向高分子溶液中逐滴加入能与溶剂互溶的沉淀剂，使溶剂与沉淀剂形成的混合溶剂对高分子的溶解能力逐步减小，到不足以克服高分子间的内聚力时，高分子将凝聚到一起，致使溶液分相。其中随着沉淀剂的加入，首先是分子量较大的组分依靠较大的高分子间相互作用力(内聚力)凝聚在一起，从溶液中析出，随后才是分子量较小的组分逐步析出，从而达到分级的目的。

三、仪器和试剂

1. 恒温水槽一套(包括水槽、搅拌器、加热器、控温仪、温度计等)；

2. 3 000 毫升三口烧瓶两只，50 毫升滴液漏斗，搅拌器，量筒，锥形瓶，2# 熔砂漏斗，吸滤瓶，水锅等；

3. 聚甲基丙烯酸甲酯，蒸馏水，丙酮。

四、实验步骤

1. 溶解试样

称取 15 克聚甲基丙烯酸甲酯于锥形瓶中，加入 500 毫升丙酮，由于聚合物的溶解过程须经过溶胀阶段，速度较慢，可置于 50 ℃水浴中使其溶解。待聚合物全部溶解后，用 2# 熔砂漏斗将溶液过滤到 3 000 毫升的三颈烧瓶中，锥形瓶中的残留液用丙酮清洗，清洗后的溶液也并入三颈烧瓶，再往烧瓶中补加溶剂至溶液总体积为 1 500 毫升，将溶液充分混合均匀。

2. 滴加沉淀剂

将三颈烧瓶放入 25 ℃恒温水槽，中间的颈中装入配有玻璃搅拌棒的搅拌器，另一颈中装入 50 毫升的滴液漏斗，开动搅拌马达搅拌溶液，搅拌速度不宜太快，以防止溶液中的高分子受强烈的机械摩擦而降解。自滴管慢慢地滴加蒸馏水，调节搅拌速度和滴液速度以避免产生沉淀。当加至 200 毫升左右时，接近沉淀点，改用丙酮-水(体积比 1∶1)的混合液，并降低滴入速度，当溶液出现微弱浑浊时停止加沉淀剂，将三颈烧瓶取出，放到 50 ℃水浴中摇晃使沉淀重新溶解，澄清后再将三颈烧瓶放回 25 ℃恒温水槽，静置。

3. 制取第 1 级分

上述溶液静置 24～48 小时后，沉淀在瓶底沉积成较紧密的固体，将上层清液倾倒至另一三颈烧瓶作为母液。往留有沉淀的三颈烧瓶中加入适量丙酮，使沉淀溶解，将沉淀溶解后形成的溶液倒入大量蒸馏水中，并不断搅拌使成棉絮状沉淀，过滤，并用蒸馏水洗涤沉淀，滤液并入母液，把得到的沉淀放到通风橱中晾干，然后再放到 50 ℃真空烘箱中烘至恒重，这就制备了第 1 级分，称出其重量。

4. 制取其他级分

再将盛有母液的三颈烧瓶放入 25 ℃恒温水槽，重复上面的滴加沉淀剂和制取级分的操作，这样依次得到分子量由大到小的各个级分(有时可能次序颠倒，尤其是第一、第二级分)。分级过程中由于沉淀剂的不断加入，溶液体积越来越大，溶液越来越稀，而溶液中高分子的分子量越来越小，到制备最后一个级分时即使加入大量沉淀剂也很难将最后一个级分沉淀下来，须先减压蒸馏减少溶剂的量，使溶液体积浓缩到 300 毫升以下后，再加入大量蒸馏水，使级分沉淀下来，经过滤、洗涤、晾干、真空干燥，得到最后一个级分。

注意：对结晶性聚合物，需在其熔点以上进行分级，或者选择合适的分级体系，使其浓相成为凝液相，以避免结晶的影响。

五、数据记录和处理

1. 将各个级分称重，并测定它们的特性黏数，计算黏均分子量。原始样品的特性黏数 $[\eta]=\sum_i (W_i[\eta]_i)$，其中 W_i 是各个级分的重量分数，$[\eta]_i$ 为各个级分的特性黏数。上式可以用来检验分级过程中有无降解。各级分重量之和与原样品重量的差为分级损耗，计算重量分数时将分级损耗按百分数平均分摊到各个级分上。

2. 测出各个级分的平均分子量（重均分子量或上面已测出的黏均分子量）和重量后，以各级分的重量分数对分子量作图，得阶梯形的曲线。这是由于进行分级时分成的级分只有有限个，这样级分分子量之间显然不可能连续，所以只能得到阶梯形曲线。

3. 再从阶梯形分布曲线得到分子量分布曲线，可采用的方法有两种：习惯法和中点连线近似法，分述如下。

(1) 习惯法

这是一种作图法，基于两个基本假定：每一级分的分子量分布对应于它的平均分子量；相邻级分的分子量分布没有交叠。根据这两个假定，通过阶梯形分级曲线各个梯级高度的中点，连成一光滑曲线，即为聚合物分子量的累计重量分布曲线。累积重量分数可写为

$$I_i=\frac{1}{2}W_j+\sum_{i=1}^{j-1}W_i \tag{18}$$

由该曲线上各点斜率可得聚合物分子量的重量微分分布曲线。

但是实际分级中，级分仍有相当宽的分子量分布，而且各级分的分子量分布又相互交叠着，所以习惯法处理得不甚合理，得到的曲线只能大体上反映试样中分子量分布的宽度、分布的对称性和分子量集中的范围。

(2) 中点连线近似法

这一方法也有两个基本假定：一是每一级分的分子量分布都能用董履和函数

来表示

$$W(M) = yzM^{z-1}e^{-yM^z} \tag{19}$$

$$I(M) = 1 - e^{-yM^z} \tag{20}$$

另一假定是在各级分累积重量分数 $I(M) = 0.5$ 处的分子量为此级分的重均或黏均分子量。假设 $I(M) = 0.5$ 处的分子量为此级分的重均分子量，即

$$M_{1/2} = \overline{M}_w = y^{-1/z}\Gamma\left(1 + \frac{1}{z}\right) \tag{21}$$

$$yM_{1/2}^z = y\overline{M}_w^z = y\left[y^{-1/z}\Gamma\left(1 + \frac{1}{z}\right)\right]^z = \left[\Gamma\left(1 + \frac{1}{z}\right)\right]^z = 0.693 \tag{22}$$

由式(22)可求出 z 值，再把测得的$\overline{M}_w$ 代入式(21)求出 y 值。

如 $I(M) = 0.5$ 处的分子量为该级分的黏均分子量，即

$$M_{1/2} = \overline{M}_\eta = y^{-1/z}\left[\Gamma\left(1 + \frac{a}{z}\right)\right]^{1/a} \tag{23}$$

$$yM_{1/2}^z = y\overline{M}_\eta^z = y\left[y^{-1/z}\Gamma\left(1 + \frac{a}{z}\right)^{1/a}\right]^z = \left[\Gamma\left(1 + \frac{a}{z}\right)\right]^{z/a} = 0.693 \tag{24}$$

由式(24)可求出 z 值，再把测得的$\overline{M}_\eta$ 代入式(23)求出 y 值。

将各个级分的分子量分布函数(或曲线)加和即得待测试样的分子量分布函数(或曲线)。

由于从董履和函数计算的每一级分的累积分布曲线接近对应于级分平均分子量($\overline{M}_i$)的一条直线，因此，通过每一级分的 M 轴上的$\frac{1}{2}\overline{M}_i$ 与级分的累积重量分数$I(M) = 0.5$ 处画一连线，近似地作为级分的分子量累积重量分布曲线，然后把各个级分分布曲线加和求得原聚合物试样的分子量分布曲线。由于此法考虑到级分分子量的交叠，因此能得到比习惯法更好的结果。

六、思考题

1. 应用分级的方法测定聚合物的分子量分布时，能否直接用实验所得的各个级分的重量分数对每个级分的平均分子量作图得到该聚合物的分子量分布曲线?

为什么？

2. 在进行结晶聚合物的逐步沉淀分级时，在沉淀剂比例小的混合溶剂中或较高温度下析出的级分肯定是分子量大的组分吗？为什么？

3. 为什么在滴加沉淀剂使溶液出现微弱浑浊后，要在 50 ℃水浴中使溶液重新变清（沉淀溶解）后再放回原温度下静置？

七、参考文献

1. 钱人元. 高聚物的分子量测定[M]. 北京：科学出版社，1958.

2. P J Flory. Principle of Polymer Chemistry [M]. Ithaca：Cornell University Press，1953.

3. 朱平平，杨海洋，何平笙. 如何理解混合溶剂的良、劣性[J]. 高分子通报，2004(5)：93-98.

4. 朱平平，杨海洋，何平笙. 高分子的 θ 溶液[J]. 化学通报，2003，66(2)：138-141.

5. 何平笙，李春娥. 高分子物理实验课初探[J]. 高分子通报，2000(2)：94-96.

6. 朱平平，杨海洋，何平笙. 值得商榷的聚合物分子量分布宽度指数表达式[J]. 高分子通报，2003(6)：80-82.

7. 朱平平，杨海洋，何平笙. 高分子间相互作用的特点及意义[J]. 高分子通报，2002(5)：73-78.

8. 郑昌仁. 高聚物分子量及其分布[M]. 北京：化学工业出版社，1986.

9. 马德柱，何平笙，徐种德，等. 高聚物的结构与性能[M]. 2 版. 北京：科学出版社，1995.

实验二十三　体积排除色谱法测定聚合物的分子量分布

一、实验目的

1. 了解体积排除色谱法测定聚合物分子量分布的原理。
2. 初步掌握 Waters 150 - C 凝胶渗透色谱仪的操作技术。
3. 测定聚苯乙烯的分子量分布。

二、实验原理

分子量是聚合物试样的最基础数据之一，从聚合反应的概率观点来看，要生成分子量很大的高分子，所得产物的分子量不可能是均一的，所谓聚合物的分子量实际是一个统计平均值，如数均分子量$\overline{M}_n$、重均分子量$\overline{M}_w$、黏均分子量$\overline{M}_\eta$和 z 均分子量$\overline{M}_z$，它们的统计意义不同，数值也不相同。

既然聚合物的分子量是不均一的，就有所谓的分子量分布和多分散性的问题，了解分子量的多分散性就具有重要的理论和实际意义。多分散性常用多分散系数($\overline{M}_w/\overline{M}_n$ 或$\overline{M}_z/\overline{M}_w$)和分子量分布宽度指数 σ_n^2 和σ_w^2 表示，σ_n^2 是聚合物中每个组分的分子量与数均分子量差值的平方以数量为统计权重的平均值，而 σ_w^2 则是每个组分的分子量与重均分子量差值的平方以重量为统计权重的平均值，即

$$\sigma_n^2 = \sum_i N_i(M - \overline{M}_n)^2 \tag{1}$$

$$\sigma_w^2 = \sum_i W_i(M - \overline{M}_w)^2 \tag{2}$$

其中$\mathcal{N}_i$ 和$\mathcal{W}_i$ 分别是每个组分在整个试样中所占的分子分数和重量分数。

从统计的意义来看，当把以数量为统计权重的平均值——数均分子量$\overline{M}_n$ 作为分子量的数学期望值时，分子量取值对期望值偏离的平方的平均值就应该仍然按数量作统计加权来计算，并以计算所得的方差衡量分子量的分散程度，同理，当把重均分子量$\overline{M}_w$ 作为分子量的数学期望值时，分子量对这种期望值偏离的平方的平均值就应按重量作统计加权来计算。

将式(1)和式(2)分别展开，得

$$\begin{aligned}\sigma_n^2 &= \sum_i \mathcal{N}_i(M-\overline{M}_n)^2 = \sum_i \mathcal{N}_i[M^2-2M\overline{M}_n+(\overline{M}_n)^2] \\ &= \overline{(M^2)}_n-(\overline{M}_n)^2\end{aligned} \tag{3}$$

$$\begin{aligned}\sigma_w^2 &= \sum_i \mathcal{W}_i(M-\overline{M}_w)^2 = \sum_i \mathcal{W}_i[M^2-2M\overline{M}_w+(\overline{M}_w)^2] \\ &= \overline{(M^2)}_w-(\overline{M}_w)^2\end{aligned} \tag{4}$$

因为

$$\overline{M}_w = \frac{\sum_i W_iM_i}{\sum_i W_i} = \frac{\sum_i N_iM_i{}^2}{\sum_i N_iM_i} = \frac{\sum_i \mathcal{N}_iM_i{}^2}{\sum_i \mathcal{N}_iM_i} = \frac{\overline{(M^2)}_n}{\overline{M}_n}$$

$$\overline{M}_z = \frac{\sum_i W_iM_i{}^2}{\sum_i W_iM_i} = \frac{\sum_i \mathcal{W}_iM_i{}^2}{\sum_i \mathcal{W}_iM_i} = \frac{\overline{(M^2)}_w}{\overline{M}_w}$$

所以$\overline{(M^2)}_n = \overline{M}_w\overline{M}_n$，$\overline{(M^2)}_w = \overline{M}_z\overline{M}_w$，分别代入式(3)和式(4)，得

$$\sigma_n^2 = \overline{M}_w\overline{M}_n-(\overline{M}_n)^2 = (\overline{M}_n)^2\left(\frac{\overline{M}_w}{\overline{M}_n}-1\right) \tag{5}$$

$$\sigma_w^2 = \overline{M}_z\overline{M}_w-(\overline{M}_w)^2 = (\overline{M}_w)^2\left(\frac{\overline{M}_z}{\overline{M}_w}-1\right) \tag{6}$$

考虑到 $\sigma_n^2 \geqslant 0$，$\sigma_w^2 \geqslant 0$，因而有 $\overline{M}_n \leqslant \overline{M}_w \leqslant \overline{M}_z$，只有对单分散聚合物，才有$\overline{M}_n = \overline{M}_w = \overline{M}_z$，对多分散的聚合物，$\overline{M}_n < \overline{M}_w < \overline{M}_z$。

通过对高分子稀溶液的相对黏度测定，用 Mark-Houwink-Sakurada 方程（简称 MHS 方程）$[\eta] = KM^a$ 计算所得的分子量是黏均分子量$\overline{M}_\eta$，

$$\overline{M}_\eta = \left(\sum_i W_i M_i^a\right)^{1/a}$$

其中 a 是 MHS 方程中的指数，与溶剂性质、温度、聚合物的分子量范围都有关，当 $a=1$ 时，$\overline{M}_\eta=\overline{M}_w$，当 $a=-1$ 时，$\overline{M}_\eta=\left(\sum_i \frac{W_i}{M_i}\right)^{-1}=\left[\frac{\sum_i \frac{W_i}{M_i}}{\sum_i W_i}\right]^{-1}=\left[\frac{1}{\sum_i N_i M_i}\right]^{-1}=\overline{M}_n$，通常 a 在 0.5～1 之间，因此 $\overline{M}_\eta$ 介于 $\overline{M}_n$ 与 $\overline{M}_w$ 之间，并有 $\overline{M}_n<\overline{M}_\eta\leqslant\overline{M}_w$，且 $\overline{M}_\eta$ 更接近 $\overline{M}_w$。这样对于多分散的聚合物，应有 $\overline{M}_n<\overline{M}_\eta\leqslant\overline{M}_w<\overline{M}_z$。

由式(5)和式(6)还可得

$$\frac{\overline{M}_w}{\overline{M}_n}=\frac{\sigma_n^2}{(\overline{M}_n)^2}+1$$

$$\frac{\overline{M}_z}{\overline{M}_w}=\frac{\sigma_w^2}{(\overline{M}_w)^2}+1$$

显然，分子量分布宽度指数 σ_n^2 和 σ_w^2 越大，多分散系数 $\frac{\overline{M}_w}{\overline{M}_n}$ 或 $\frac{\overline{M}_z}{\overline{M}_w}$ 也越大。

聚合物分子量分布的测定方法可分为三类：

(1) 利用聚合物溶解度的分子量依赖性，将试样分成分子量不同的级分，从而得到试样的分子量分布。如逐步沉淀分级法（实验二十二）和梯度淋洗分级法。

(2) 利用高分子在溶液中的分子运动性质得出分子量分布。如超速离心沉降速度法。

(3) 利用高分子在溶液中的体积对分子量的依赖性得到分子量分布。如体积排除色谱法。

体积排除色谱 SEC(Size Exclusion Chromatography)在早期被称作凝胶渗透色谱 GPC(Gel Permeation Chromatography)，这是因为最早色谱的填料是用交联聚苯乙烯凝胶。对体积排除色谱的分离机理目前还没有取得一致的意见，但是在一般实验条件下，排除分离机理被认为是起主要作用的，即，高分子溶液通过填充有特种多孔性填料的柱子时是按照分子在溶液中流体力学体积的大小进行分离的。由于它可快速、自动测定聚合物的分子量分布和各级分平均分子量，并可用作制备窄分布聚合物试样的工具，另外，在分离、纯化和分析低分子混合物方面也有着重要作用，因此该技术自 20 世纪 60 年代出现后，获得了飞速发展和广泛的应用。

通常可以用$(\overline{h^2})^{3/2}$代表溶液中高分子的流体力学体积，根据 Flory 特性黏数理论：$[\eta] \propto \frac{(\overline{h^2})^{3/2}}{M}$，以及 MHS（Mark-Houwink-Sakurada）方程：$[\eta] = KM^a \propto M^a$，$a$ 一般在 0.5～1 之间，则$(\overline{h^2})^{3/2} \propto M^{a+1}$，显然分子量越大，分子在溶液中的流体力学体积就越大。排除分离机理的理论认为体积排除色谱对多分散高分子的分离主要是由于大小不同的分子在多孔性填料中可以渗透的空间体积不同而形成的。装填在色谱柱中的多孔性填料的表面和内部有着各种大小不同的孔洞和通道，当被分离的试样随着洗提溶剂引入柱子后，溶质分子即向填料内部孔洞渗透，渗透的程度与分子的体积大小有关，比填料的最大孔洞大的所有分子只能位于填料颗粒之间的空隙中，随着溶剂洗提而首先被洗提出来，此时淋出体积即保留体积 V_R 等于柱中填料的粒间体积 V_i（$V_R = V_i$）。对于这类分子，色谱柱没有分离作用。相反可以进入填料所有孔的最小分子随着溶剂洗提将最后被洗提出来，V_R 等于填料内部的孔洞体积 V_p 和填料粒间体积 V_i 之和（$V_R = V_i + V_p$）。对于这类分子，色谱柱同样没有分离作用。只有中间尺寸的分子，可以向填料的部分孔洞渗透，可渗透的孔洞体积取决于分子体积，对于这些分子，色谱柱才会显示出分离作用，即这些分子的保留体积应为

$$V_R = V_i + V_{pc} = V_i + \frac{V_{pc}}{V_p} V_p = V_i + KV_p \tag{7}$$

式中 K 为该分子可渗入填料内部孔洞的体积 V_{pc}与总孔洞体积 V_p之比。

对于比最大孔洞还要大的分子，$K = 0$，$V_R = V_i$；对于能进入填料所有孔的最小分子，$K = 1$，$V_R = V_i + V_p$；对于中间尺寸分子，$0 < K < 1$，$V_R = V_i + KV_p$，且大小不同的分子有不同的 K 值，相应的保留体积也就不同，从而这些分子将按照分子体积由大到小的次序被洗提出来。所以当多分散高分子随着溶剂流经色谱柱时，就能按照分子量由大到小的次序进行分离。

为了测定聚合物的分子量分布，不仅要把聚合物按照分子量的大小分离，还要测定各级分的含量和分子量。级分的含量就是淋出液的浓度，可以通过对与溶液浓度有线性关系的某些物理性质的检测来测定，例如采用示差折光检测器、紫外吸收检测器、红外吸收检测器等。常用示差折光检测器测定淋出液的折光指数与纯溶剂折光指数之差 Δn，以表征溶液的浓度。因为在稀溶液范围，Δn 与溶液浓度 Δc 成正比。分子量的测定有直接法和间接法。直接法是分子量检测器（自动黏度计或光散射仪）在浓度检测器测定溶液浓度同时直接测定聚合物的分子量。间接

法则是利用淋出体积与分子量的关系，将测出的淋出体积根据标定曲线换算成分子量。本实验采用间接法测定聚合物的分子量。图 1 所示的就是 SEC 工作框图。记录仪上得到的 SEC 谱图如图 2 所示，纵坐标表示洗提液与纯溶剂的折光指数的差值 Δn，在极稀溶液中它正比于洗提液的相对浓度 Δc，横坐标表示保留体积 V_R，它表征分子尺寸的大小，与分子量 M 有关，然后再利用 V_R 与 M 之间的关系，将 SEC 谱图的横坐标 V_R 转换成分子量 M 或分子量的对数 $\lg M$。

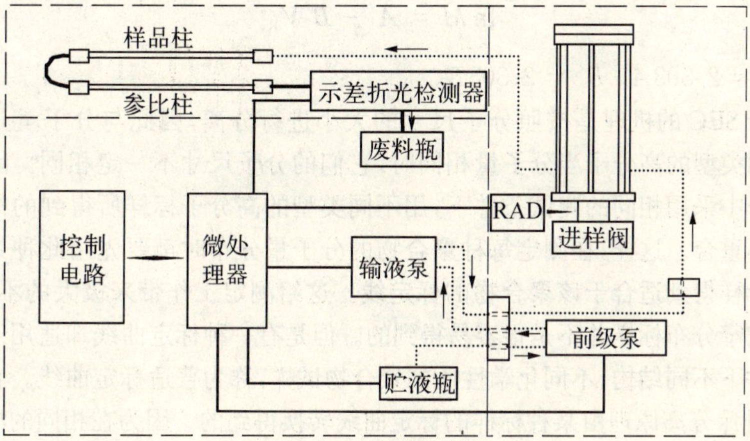

图 1　SEC 工作框图

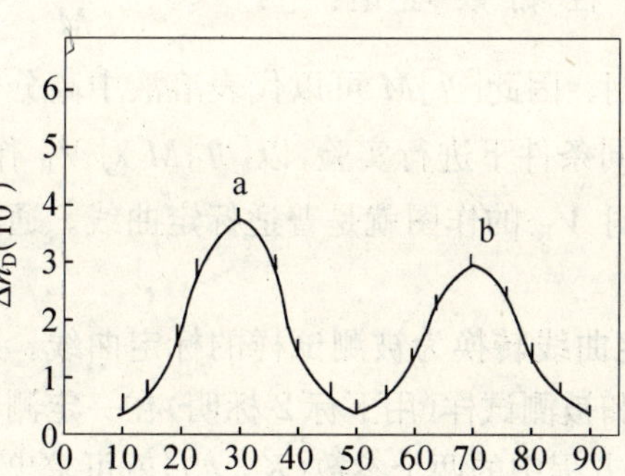

图 2　SEC 谱图

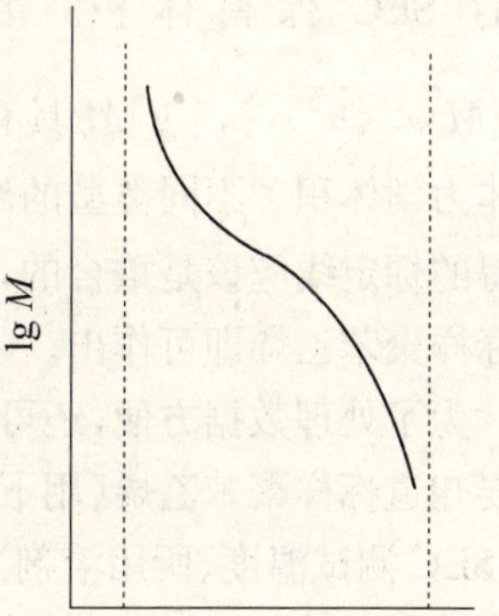

图 3　SEC 标定曲线

表示 V_R 与 M 之间关系的图线就是 SEC 标定曲线，通常用分子量的对数 $\lg M$ 对保留体积 V_R 作图来表示，如图 3 所示，它是在相同的测试条件下测定一组已知分子量的窄分布标准样品的 SEC 谱图，然后将各峰值位置的保留体积 V_R 对相应样品的 lg M 作图而得到的。对标样的要求是分子量为窄分布的,其平均分子量的数值必须准确可靠,应当是与待测样品同类的聚合物。以 lg M 对 V_R 作图所得到的标定线在填料的渗透极限范围内通常有直线关系,即

$$\lg M = A - BV_R \tag{8}$$

有时也用自然对数表示

$$\ln M = A' - B'V_R \tag{9}$$

式中 $A' = 2.303A$, $B' = 2.303B$。

由于 SEC 的机理是按照分子尺寸的大小进行分离,因此与分子量是间接关系。不同类型的高分子当分子量相同时,它们的分子尺寸不一定相同。因此在同一根柱子中采用相同的测试条件下,用不同类型的高分子标样所得到的标定曲线可能并不重合。这样,在测定每种聚合物的分子量分布时都要先用此种聚合物的窄分布标样得到适合于该聚合物的标定线。这给测定工作带来极大的不便,而且聚合物的窄分布标样并不是很容易得到的。但是有一种标定曲线却适用于在相同测试条件下不同结构、不同化学性质的聚合物试样,称为普适标定曲线。它是根据 SEC 的排斥分离原理由某种标样的标定曲线转换得到的。因为在相同的测试条件下,不同结构、不同化学性质的聚合物试样若具有相同的流体力学体积,则应有相同的 SEC 保留体积。由 Flory 特性黏数理论:$[\eta] \propto \dfrac{(\overline{h^2})^{3/2}}{M}$,则 $[\eta]M \propto (\overline{h^2})^{3/2}$,$[\eta]M$ 具有体积的量纲。因此$[\eta]M$ 可以代表溶液中高分子的流体力学体积。不同类型的聚合物在相同条件下进行实验,以$[\eta]M$ 对 V_R 作图,所得的标定线应该是重合的,lg($[\eta]M$)对 V_R 的作图就是普适标定曲线。通过测试标样聚苯乙烯即可作出。

为了处理数据方便,还可将普适标定曲线转换为被测试样的标定曲线。通常需要知道标样聚苯乙烯(用下标 1 标明)和被测试样(用下标 2 标明)在一定测试条件(SEC 测试温度、所用溶剂)下的 MHS 方程中的两个参数(K, a),就可求出某一保留体积下被测试样的分子量。即根据

$$[\eta]_1 M_1 = [\eta]_2 M_2$$

$$K_1 M_1^{a_1+1} = K_2 M_2^{a_2+1}$$

可得

$$\lg M_2 = \frac{a_1+1}{a_2+1}\lg M_1 + \frac{1}{a_2+1}\lg\frac{K_1}{K_2}$$

依此，可得到被测试样的标定曲线。

这样利用标定曲线或普适标定曲线将试样的 SEC 谱图 $F(V_R) \sim V_R$ 中的 V_R 换算成 $\lg M$，即可得到以 $\lg M$ 为自变量的未经归一化的分子量重量微分分布曲线，纵坐标 $W(\lg M)$ 按下式计算

$$W(\lg M) = F(V_R) \cdot \left(\frac{-\mathrm{d}V_R}{\mathrm{d}\lg M}\right) \tag{10}$$

式中$\frac{\mathrm{d}V_R}{\mathrm{d}\lg M}$是标定线各处斜率的倒数，可用图解法或计算法求出。从未经归一化的重量微分分布曲线 $W(\lg M) \sim \lg M$ 可得到归一化的重量微分分布曲线 $\overline{W}(\lg M) \sim \lg M$。如果要得到以 M 为自变量的未经归一化的重量微分分布曲线 $W(M) \sim M$，纵坐标 $W(M)$ 为

$$W(M) = W(\lg M) \cdot \left[\frac{\mathrm{d}\lg M}{\mathrm{d}M}\right] = \frac{W(\lg M)}{2.303M} \tag{11}$$

而经过归一化的重量微分分布曲线 $\overline{W}(M) \sim M$ 的纵坐标$\overline{W}(M)$为

$$\overline{W}(M) = \frac{\overline{W}(\lg M)}{2.303M} \tag{12}$$

由 SEC 谱图还可以计算试样的平均分子量和多分散系数。方法有以下几种：

(1) 定义法

在 SEC 谱图上，在相等的保留体积间隔处读出相应的纵坐标 H_i，该值与此区间内淋出液的浓度 Δc 成正比。因此此淋出液中的聚合物在总样品中所占的重量分数为

$$\overline{W}_i(V_R) = \frac{H_i}{\sum_i H_i} \tag{13}$$

再根据标定曲线或普适标定曲线读出对应于各保留体积间隔的分子量 M_i。最后根据各种平均分子量的定义可计算出各种平均分子量和多分散系数

$$\overline{M}_w = \sum_i \left(M_i \cdot \frac{H_i}{\sum_i H_i}\right) \tag{14}$$

$$\overline{M}_n = \left\{ \sum_i \left(\frac{1}{M_i} \cdot \frac{H_i}{\sum_i H_i} \right) \right\}^{-1} \tag{15}$$

$$\overline{M}_\eta = \left\{ \sum_i \left(M_i^a \cdot \frac{H_i}{\sum_i H_i} \right) \right\}^{1/a} \tag{16}$$

$$\frac{\overline{M_w}}{\overline{M_n}} = \left(\sum_i M_i \frac{H_i}{\sum_i H_i} \right) \cdot \sum_i \left(\frac{1}{M_i} \frac{H_i}{\sum_i H} \right) \tag{17}$$

注意,在计算中假定了每一保留体积间隔内淋出的溶液中聚合物的分子量是均一的,因此如果所取间隔较大,在这一间隔内淋出的聚合物分子量就不可能均一,假定的与实际的偏差就较大。所以实际计算时取点应该尽可能多,至少应有20个以上。

(2) 函数适应法

函数适应法是用某种分布函数去模拟 SEC 谱线,并由实验数据求出分布函数参数,再通过计算得到各种平均分子量和多分散系数。

SEC 谱图,尤其是级分的谱图一般来说接近于高斯分布函数,所以常用高斯函数适应法。以保留体积 V_R 为自变量的重量分布函数的高斯函数形式为

$$W(V_R) = \frac{1}{\sigma\sqrt{2\pi}} \exp\left[-\frac{1}{2} \left(\frac{V_R - V_0}{\sigma} \right)^2 \right] \tag{18}$$

式中 V_0 为 SEC 谱图中峰所对应的洗提体积,σ 为标准偏差,$\sigma = \frac{W}{4}$(W 为峰底宽)。上式应满足 $\int_0^\infty W(V_R)\mathrm{d}V_R = 1$,$\int_0^{V_0} W(V_R)\mathrm{d}V_R = 0.5$。

由式(9)得

$$V_R = \frac{A' - \ln M}{B'} \tag{19}$$

将上式代入式(18)可得到分子量的重量微分分布函数

$$W(M) = \frac{1}{M\sigma'\sqrt{2\pi}} \exp\left[-\frac{1}{2} \left(\frac{\ln M - \ln M_0}{\sigma'} \right)^2 \right] \tag{20}$$

上式中 $\sigma' = B'\sigma = 2.303B\sigma$,$M_0$ 为峰值位置对应的分子量。

各种平均分子量为

$$\overline{M}_n = M_0 \exp\left(-\frac{\sigma'^2}{2}\right) \tag{21}$$

$$\overline{M}_w = M_0 \exp\left(\frac{\sigma'^2}{2}\right) \tag{22}$$

$$\overline{M}_z = M_0 \exp\left(\frac{3\sigma'^2}{3}\right) \tag{23}$$

$$M_0 = (\overline{M}_w \cdot \overline{M}_n)^{1/2} \tag{24}$$

$$\frac{\overline{M}_w}{\overline{M}_n} = \frac{\overline{M}_z}{\overline{M}_w} = \exp(\sigma'^2) \tag{25}$$

三、仪器和试剂

1. Waters 150－C 凝胶渗透色谱仪(包括进样系统、色谱柱、示差折光仪、级分收集器等);

2. 聚苯乙烯;

3. 四氢呋喃。

四、实验步骤

1. 开启稳压电源,等仪器稳定后进样。

2. 配制 10 毫升(0.05～0.3)%的聚苯乙烯/四氢呋喃溶液,用聚四氟乙烯过滤膜把溶液过滤到 4 毫升的专用样品瓶中,待用。

3. 进样前,在主机面板上设置分析时间、进样量、流速等测试条件,并打开输液泵,将流速调至 1 毫升/分。

4. 开启示差折光仪,开启 740 数据处理机,输入标定曲线等必要的参数。

5. 将溶液注入体系,测试。在测试过程中,要注意仪器工作是否正常,如正常,45 分钟后可直接从 740 处理机上得到谱图。

五、数据处理

本实验采用定义法处理数据。SEC 谱图是以保留体积 V_R 为横坐标，洗提液与纯溶剂的折光指数的差值 Δn（正比于洗提液的浓度）为纵坐标的，人为地将 SEC 谱图切割成与纵坐标平行的长条，假如把谱图切割成 n 条（$n \geqslant 20$），并且每条的宽度都相等，而每条的高度用 H_i 表示，则相当于把试样分成 n 个级分，每个级分的体积相等，这样每个级分中聚合物的重量 W_i 与级分的浓度成正比，每个级分中聚合物在总样品中所占的重量分数$\overline{W}_i$ 可用式(13)来表示，再按式(14)～(17)计算试样的各种平均分子量和多分散系数。

事实上，由于谱峰扩宽效应，由 SEC 谱图求得的分子量分布宽度比实际的分子量分布要宽，即，影响谱图的不仅有试样本身的分子量多分散性，还有柱子的扩宽效应，上面计算的是表观分子量和表观分子量分布宽度，需修正。

假定 SEC 谱图和谱峰扩宽效应都符合高斯分布函数形式，根据方差的加和性，由 SEC 谱图求得的标准偏差

$$\sigma^2 = \sigma_M^2 + \sigma_B^2$$

这里，σ_M^2 为试样分子量分布引起的方差，σ_B^2 为谱峰扩宽效应的贡献，常用分子量单一的标准物质的 SEC 谱图的峰底宽 W_B 来确定

$$\sigma_B = \frac{W_B}{4}$$

定义校正因子

$$G = \sqrt{\frac{(\overline{M}_w / \overline{M}_n)_{测}}{(\overline{M}_w / \overline{M}_n)_{真}}} = \sqrt{\frac{\exp(B'^2 \sigma^2)}{\exp(B'^2 \sigma_{真}^2)}} = \exp \frac{B'^2 \sigma_B^2}{2}$$

则

$$\overline{M}_{w真} = M_0 \exp\left(\frac{B' \sigma_M^2}{2}\right) = \overline{M}_{w测} / G$$

$$\overline{M}_{n真} = M_0 \exp\left(-\frac{B' \sigma_M^2}{2}\right) = \overline{M}_{n测} \cdot G$$

$$\left(\frac{\overline{M}_w}{\overline{M}_n}\right)_{真} = \left(\frac{\overline{M}_w}{\overline{M}_n}\right)_{测} \Big/ G^2$$

六、思考题

1. 在测定聚合物分子量分布和制备级分样品上，体积排除色谱法与分级法相比，各有什么优缺点？

2. SEC 法是一种测定聚合物各种平均分子量的方法，请问它是绝对方法吗？为什么？

3. 聚合物分子量分布对制品的性能有什么影响？对聚合物加工条件的选择有什么影响？

七、参考文献

1. 施良和．凝胶色谱法[M]．北京：科学出版社，1980．

2. 钱人元．高聚物的分子量测定[M]．北京：科学出版社，1958．

3. 朱平平，杨海洋，何平笙．值得商榷的聚合物分子量分布宽度指数表达式[J]．高分子通报，2003(6)：80-82．

4. 何平笙，李春娥．高分子物理实验课初探[J]．高分子通报，2000(2)：94-96．

5. 徐种德，何平笙，周漪琴，等．高聚物的结构与性能[M]．北京：科学出版社，1981；马德柱，何平笙，徐种德，等．2 版，1995．

6. 郑昌仁．高聚物分子量及其分布[M]．北京：化学工业出版社，1986．

7. 北京大学化学系高分子化学教研室．高分子物理实验[M]．北京：北京大学出版社，1983．

实验二十四　聚丙烯熔体黏度和挤出胀大的测定

一、实验目的

1. 了解聚合物熔体黏度的测定原理和具体测定方法，各种测定方法的优缺点和适用范围。

2. 了解聚合物熔体挤出成形时的挤出胀大现象，以及它们在具体加工中的重要性。

3. 学习掌握 Instron 毛细管流变仪的原理、构造和使用方法。

二、实验原理

当温度超过流动转变温度 T_f，线形聚合物就开始变为流动态。流动态是聚合物主要的加工成形状态。尽管塑料制品的加工技术很多，可以机械加工、热焊或黏接，然而对塑料制品设计人员更有意义的还是那些经一次加工就能制得形状复杂，部件交错的制品，而无需（或很少）后加工的各种模塑法。热塑性塑料的成形如挤塑、注塑、吹塑、压延以及合成纤维的纺丝无一不是在流动态下实现的。

聚合物熔体在外力作用下的流动有一些不寻常的特性，这些特性甚至在简单的实验中就能观察到。例如，当用一根棒高速搅拌聚合物熔体（或聚合物浓溶液）时，熔体会围绕搅拌棒向上爬起（爬杆现象）；挤塑时挤出物的尺寸会比膜口尺寸来得大（挤出物胀大）。这些都是由于聚合物熔体的黏弹性本质（非牛顿性）引起的。外力作用时，聚合物熔体不但如小分子液体那样表现出黏性流动，并且呈现出相当明显的弹性行为。除许多其他因素外，这些流变性能还与聚合物的分子结构、分子量和分子量分布等结构因素密切相关，也取决于加工条件，如熔体温度、压力和流速等。因此，较好地理解流变性能和分子特性之间，以及流变性能与加工条件之间的相互关系，对评定聚合物材料的可加工性很是重要，对选择聚合物熔体合适的加工设备也很有帮助。

聚合物熔体的表观剪切黏度（以后就简称熔体黏度）为（$10\sim10^7$）Ns/m^2（$Pa\cdot s$，下同），而在挤塑和注塑常见的切变速率时的黏度值为（$10\sim10^4$）Ns/m^2，正处在这个范围内。测定这样高的熔体黏度的方法有好几种，多数仪器往往可以同时测定黏度的温度依赖性和切变速率依赖性。

1. 同轴圆筒黏度计

在这类仪器中，熔体被装填到两个圆筒的环形间隙内[图 1(b)]，由于聚合物熔体黏度很高，装料显得比较困难，因此这类黏度计适用于低黏度聚合物熔体的黏度测定，当同轴圆筒的间隙很小时，熔体中切变速率接近均一，这对受切变速率影响很大的聚合物熔体来说是很重要的一个优点。切变速率值在（$10\sim10^3$）s^{-1}范围内，比实际加工过程中遇到的切变速率来得小。此外，这种转动黏度计还会因熔体弹性表现出的法向应力而有爬杆现象。

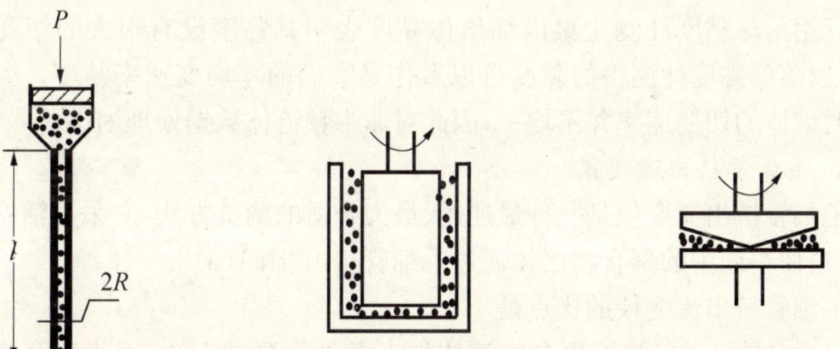

(a) 毛细管挤出流变仪　　(b) 同轴圆筒粘度计　　(c) 锥板粘度计

图 1　聚合物熔体剪切黏度测定方法的示意图

2. 锥板黏度计

锥板黏度计是一块平圆板与一个线性同心锥作相对旋转。熔体充填在平板和锥体之间[图 1(c)]。它的主要优点是熔体中的切变速率均一，试样用量少，因此特别适合实验室的少量样品测定，也可避免熔体在高切变速率下的发热，试样装填也很方便。仪器经改装还能测定法向应力。但锥板黏度计也只限于相对低的切变速率，在切变速率较高时，聚合物熔体中有产生次级流动的倾向，同时熔体还可能从仪器中溢出。此外,锥板的间距要求比较精确,所以使用锥板黏度计要求更熟练的实验技巧。

3. 落球黏度计

在实验室尚不具备上述各种黏度计时,有时可用小球在聚合物熔体的自由落下来测定熔体黏度。实验可在一个长试管中进行,加热载体可用盐浴,小球就可用市售自行车用的小钢珠或密度梯度管用的玻璃小球。求黏度的公式是

$$\eta = \frac{2}{9}\frac{(\rho_s - \rho)}{v}gd^2\left[1 - 2.104\frac{d}{D} + 2.09\left(\frac{d}{D}\right)^3 - 0.95\left(\frac{d}{D}\right)^5\right] \tag{1}$$

和

$$\eta = \frac{2}{9}\frac{(\rho_s - \rho)}{v}gd^2\left[\frac{1 - (d/D)}{1 - 0.475(d/D)}\right]^4 \tag{2}$$

这里 ρ 和 ρ_s 分别是熔体和落球的密度,v 为落球速度,g 为重力加速度,d 为落球半径,D 为黏度管半径。

实验表明,当 (d/D) 较小时用(1)和(2)都可以,但当 $(d/D)>0.2$ 时,用式(2)更好。用落球黏度计测定聚丙烯熔体黏度表明其黏度没有很大的切变速率依赖性,所以落球黏度计测得的黏度可以看作是它们的零切变速率黏度。当然在落球运动时熔体的切变速率并不均一,因此对非牛顿流体数据处理困难。

4. 毛细管挤出流变仪

毛细管挤出流变仪是一种最通用、最为合适的测试方法,它采用活塞或加压的方法,迫使料筒中的聚合物熔体通过毛细管挤出[图 1(a)]。

毛细管挤出流变仪的优点是

(1) 它是一种最接近聚合物熔体加工条件的测试方法,因为聚合物的成形加工大多包括一个在压力下的挤出过程,并且流动时流线的几何形状与挤塑,注塑时的实际条件相似,切变速率在 $(10\sim10^6)\,s^{-1}$,剪切应力为 $(10^4\sim10^6)\,N/m^2$。

(2) 毛细管挤出流变仪的装料比较容易。由于大多数聚合物熔体都非常黏稠,甚至在高温时也很难装料,所以这一优点很是重要。

(3) 除了可以测量黏度外,还可以观察挤出物胀大和熔体的不稳定流动(包括熔体破裂)等熔体的弹性现象,测定加工过程中可能发生的密度和熔体结构的变化。

(4) 测试的温度和切变速率也容易调节。

毛细管挤出流变仪的缺点是

(1) 剪切速率不很均一,在沿毛细管的径向会有所变化。

(2) 在低剪切速率下,会有试样的自重流出,因此它不适合测定低剪切速率条件和低黏度试样的黏度。

(3) 熔体在挤压流动的同时也得到了动能,这部分能量消耗必须予以改正(动能改正),特别是在毛细管的长径比 L/R 不大时。

按伯肃叶(Poiseuille)方程,聚合物熔体在毛细管内的平均体积流速应为

$$Q = \frac{\pi R^4 \Delta P}{8\eta L} \tag{3}$$

这里 ΔP 是推动熔体流动的压力差,R 是毛细管半径。由于聚合物熔体的非牛顿性,伯肃叶方程还必须考虑流动的非牛顿改正,即表观剪切黏度 $\eta_a = \sigma_R/\dot{\gamma}_{R改正}$,和

$$\dot{\gamma}_{R改正} = \frac{(3n+1)}{4n}\dot{\gamma}_{R未改正} \tag{4}$$

n 即是上节中提到的熔体流动的非牛顿指数。

在工业部门,聚合物熔体流动性的好坏常常采用一个类似于毛细管挤出流变仪的熔体指数测定仪来做相对比较。熔体指数(MI,熔体指数也有人称为熔融指数,但因为该参数反映的是聚合物熔体的特性,是一个与各个聚合物熔体黏度有关的量,是熔体的性质,而不是“熔融指数”所包含的聚合物熔融过程的特性,叫熔体指数更为合宜)是指在固定载荷下,在固定直径,固定长度的毛细管中,十分钟内挤出的聚合物熔体的重量(g)。因此熔体指数实际上是在给定剪切应力下的流度(黏度的倒数 $1/\eta$)。由于规定的载荷为 2.16 kg,剪切应力为 $10^4\ \mathrm{N/m^2}$,所以熔体指数测定仪的切变速率约在$(10^{-2}\sim10)\mathrm{s^{-1}}$范围内。不同用途和不同加工方法,对聚合物熔体黏度或熔体指数的要求也不同。注塑要求熔体容易流动,即熔体指数要较高,挤塑用的聚合物熔体指数要较低,吹塑中空容器则介于两者之间。举例来说,压塑是一项速率很低的加工工艺,在这种条件下尼龙 66 的黏度最低,因而比低密度聚乙烯更容易模塑,然而在吹塑中,熔体必须造型稳定,以使型坯的垂伸减为最小,这时,具有较高黏度的聚乙烯就更好一些。简单挤塑工艺的切变速率通常处在$(10\sim100)\mathrm{s^{-1}}$之间,在这范围里尼龙最容易加工,但成形稳定性最差,而丙烯酸类聚合物最难加工。再说注塑,它的切变速率非常高,超过 $10\ \mathrm{s^{-1}}$,尼龙和丙烯酸就最容易生产,聚丙烯在切变速率大于 $2\,000\ \mathrm{s^{-1}}$时最容易模塑。

挤塑机挤出的聚合物熔体其直径比挤出膜口的直径大,如挤出管子时,管径和管壁厚度都胀大,都是习见的事实,是聚合物熔体弹性的表现。熔体在被迫穿过狭窄的模口时变形,一出膜口就要恢复到它进膜口前的形状(图 2)。可以设想至少

有两种因素产生挤出胀大：(1) 膜口入口处流线收敛，在流动方向产生速度梯度，因而聚合物熔体处于拉力下，产生拉伸弹性形变，这个弹性形变如果在经过膜口的时间内(这时间正比于 $L/R\dot{\gamma}$)尚未完全松弛，到出口后就要回复，因而直径胀大，好比它还记忆入口前的形状；(2) 在膜口内流动时由于剪切应力、法向应力差所产生的弹性形变在出口后的回复，当膜口的直径比 L/R 小时，前者是主要的，当 L/R 比很大时 ($L/R>16$) 后者是主要的，挤出物胀大以直径比 $B=D_{x\to\infty}/D_0$ 表示，$D_0=2R$ 是膜口直径。低分子量的聚合物熔体(无法向应力差)在牛顿流动区且 $L/R\gg 1$ 时，$B=1.135$，且与黏度，膜口尺寸，切变速率无关。一般聚合物熔体的 B 值可达 3~4，且随切变速率值的增大而增大，在低切变速率值趋向于 1.135。

图 2　挤出胀大示意图

聚丙烯、聚己内酰胺挤出物胀大的研究表明：(1) B 值随切变速率 $\dot{\gamma}$ 显著增大。显然，切变速率增大，前述两个原因都引起更大的弹性能储存。图 3 是三种典型试样挤出物胀大的切变速率依赖性。(2) 温度升高，聚合物熔体弹性减小，使 B 值下降，见图 4。(3) 从图 5 可见，在同一切变速率下随 L/D 增大而减小，逐渐趋于恒定值。(4) 一般地说，分子量增大，分布变宽都使 B 值增大，但主要是分子量分布变宽影响挤出物胀大，对于聚己内酰胺，在 $L/D=40$ 时，B 值接近于 1，弹性很小，这也是因为分子量较小，松弛时间较短的原因。另外，支化严重影响挤出物胀大，长支链支化使 B 值大大增大。

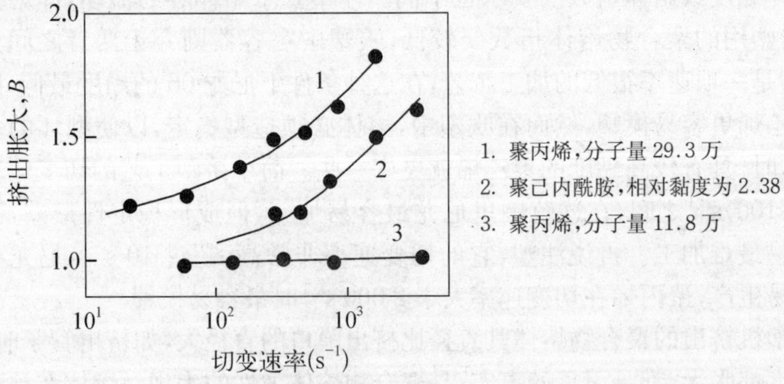

图 3　挤出物胀大的切变速率依赖性

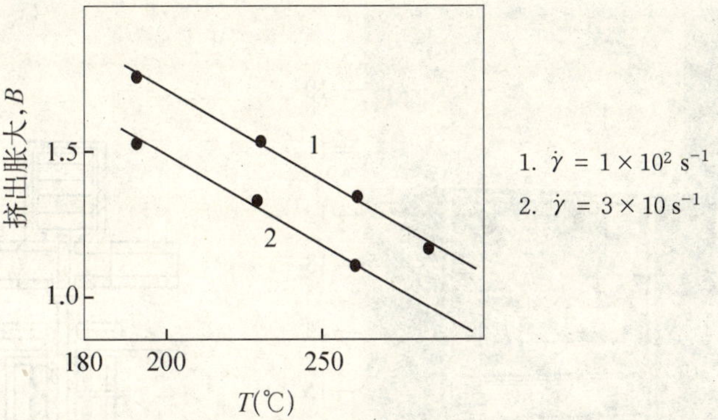

图 4　聚丙烯试样挤出物胀大的温度依赖性

加入填料能减小聚合物的挤出物胀大，刚性填料的效果最为显著，甚至像耐冲击 ABS 材料中的橡胶或微粒凝胶颗粒也能使挤出物胀大减小。

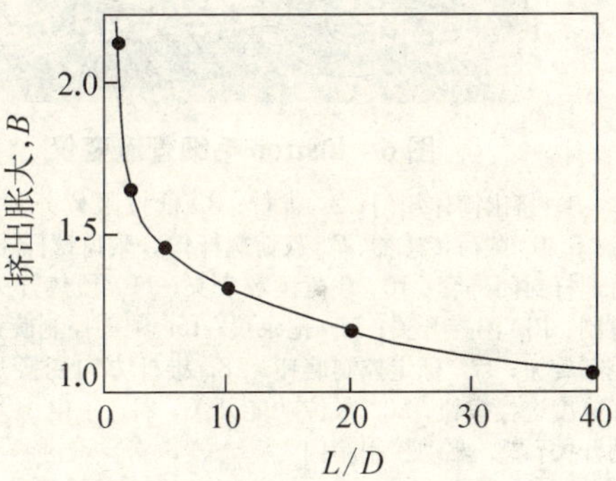

图 5　聚丙烯试样挤出物胀大的直径比依赖性

($T = 190$ ℃；$\dot{\gamma} = 1 \times 10^2\ s^{-1}$)

显然，挤出物胀大的大小对纤维的纺丝有重要的实际意义，然而挤出物胀大在控制挤出板的厚度，吹塑制瓶等其他加工工艺中也很重要。挤出物表面的粗糙程度有时也与挤出物胀大有关。当挤出物胀大较小，而且切变速率不足以产生熔体破裂时，挤出物表面一般比较光滑，膜塑制品的各向异性和双折射往往也随挤出物胀大的减小而减小。

三、实验设备

本实验采用英国 Instron 3211 型毛细管流变仪（图 6，其局部构造见图 7）。管径 1.3 mm，长径比 40，入口角 120°。实验温度 180℃～210℃，柱塞下降速率分别为 0.06，0.2，0.6，2，6 和 20 cm/min。收集不同剪切速率下的挤出物，室温放置 1 周后用千分尺测量其直径，计算胀大比 B。

试样：聚丙烯粒料

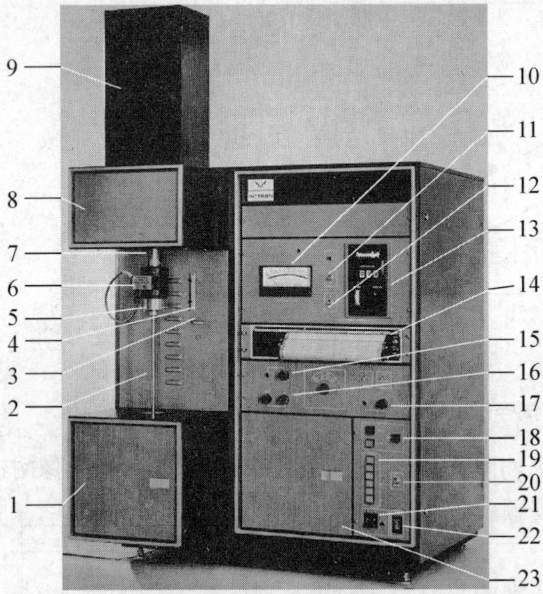

图 6　Instron 毛细管流变仪

1. 挤出筒体箱门；2. 推杆；3. 低位限位开关；4. 限位标尺；5、6. 载荷传感器；7. 载荷螺杆；8. 载荷螺杆驱动器；9. 载荷螺杆封闭外套；10. 载荷读数表头；11. 预热开关；12. 温度控制；13. 温控开关；14. 记录仪；15. 调零控制旋钮；16. 平衡控制旋钮；17. 标定控制旋钮；18. 推杆方向变换开关；19. 推杆速度选挡按钮；20. 限位功能开关；21. 主电源开关；22. 驱动开关；23. 驱动控制箱门

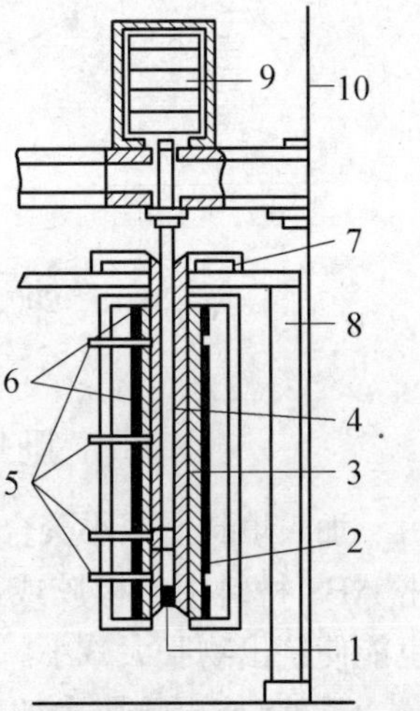

图 7　毛细管流变仪的构造示意图

1. 毛细管；2. 聚合物；3. 柱塞；4. 料筒；5. 热电偶；6. 加热线圈；7. 加热片；8. 支架；9. 载荷；10. 仪器支架

四、实验步骤

1. 密封毛细管与插棒，安装毛细管：从圆筒底部插入毛细管，并用螺母固定，用特殊把手拧紧螺母，但不能拧得太紧，以免再拧开时发生困难。

2. 调零、平衡、标准化：打开主电源开关预热 15 min 左右，使载荷元件稳定；松开调零(Zero)、平衡(Balance)校准(Calibrate)旋钮；选择×1 档，最小载荷范围(即 E-50 或 M-20)；按下调零(Zero)软键，调节右边的调零旋钮，使载荷读数为“0”或记录仪位置为“0”，再松开调零(Zero)软键，并锁定调零旋钮；调节平衡(Balance)按钮，使载荷读数或记录仪位置为“0”，然后锁定(注：Coarse 为粗调，Fine 为微调)；参考相关数据，选择好档位、E/M 量程范围；按下校准(Calibrate)按键，调节相应旋钮使载荷读数显示“100%”或记录仪满刻度“100”。

3. 确定测量参数：待测样品类型；毛细管尺寸（长度、直径、入口角度、孔型结构及组成材料）；毛细管长径比（L/D）；载荷范围（档位、E/M、范围）；温度设置；插棒速度。

4. 检查所有开关是否“OFF”，打开主电源开关“ON”，打开预热开关与温控开关，设置温度，温度升高，偏离值可通过仪表读出。本实验中温度设置为 190 ℃，210 ℃和 230 ℃。

5. 装载样品：不同样品有不同装载方法，但都不能装载过多，而超过圆筒上部 3 cm，且都应避免空气进入。液体样品的装载使用漏斗；装载固体样品就先需切成小块；装载粉末状、小球或颗粒状样品就使用漏斗与适当的工具。

6. 测试过程：插入插棒于筒体约 4 cm 处，拨出固定片；按下选择速度按钮，再按下降（down）键，并使插棒在载荷元件中心位置，保持圆筒水平。插棒下降直至少量样品流出，然后插进固定片；加热样品至少 3 min（一般 5 min），并观察偏离温度。待温度基本恒定，按下开始测量时的速度按钮；按下降（down）键，观察载荷读数，并记下百分数；按下其他选择速度测量，重复过程。当插棒达到下限位置时，其返回或停止。

7. 清净毛细管与挤出圆筒，实验操作完毕都要彻底清净一遍。关闭预热开关与温控开关，关闭驱动电源（Drive-off），关闭主电源，并断开所有与其相连的电源。

五、数值计算方法

剪切应力：

$$\sigma = \frac{F}{4A_{\mathrm{p}}\left(\dfrac{l_{\mathrm{c}}}{d_{\mathrm{c}}}\right)} = \frac{9.8F}{4\pi\cdot\left(\dfrac{d_{\mathrm{b}}}{2}\right)^2\cdot\left(\dfrac{l_{\mathrm{c}}}{d_{\mathrm{c}}}\right)} = 34\,400.6\left(\frac{d_{\mathrm{c}}}{l_{\mathrm{c}}}\right)\cdot F \tag{5}$$

表观剪切速率：

$$\dot{\gamma}_{\mathrm{Newton}} = \frac{8V}{d_{\mathrm{c}}} = \frac{8}{d_{\mathrm{c}}}\cdot\frac{V_{\mathrm{XH}}}{60}\cdot\left(\frac{d_{\mathrm{b}}}{d_{\mathrm{c}}}\right)^2 = 0.052\,49\left(\frac{d_{\mathrm{b}}}{d_{\mathrm{c}}}\right)^2\cdot\frac{1}{d_{\mathrm{c}}}\cdot V_{\mathrm{XH}} \tag{6}$$

$$\dot{\gamma}_{\mathrm{Non\text{-}Newton}} = \frac{3n+1}{4n}\cdot\dot{\gamma}_{\mathrm{Newton}} \qquad \text{Rabinowich 修正} \tag{7}$$

这里，$d_b = 0.375\,\text{in} = 0.9525\,\text{cm}$是筒体的直径；$d_c$和 l_c分别是毛细管的直径和长度(cm)；V_{XH}是十字头的速度(cm/min)；F 为作用在推管上的力(kgf)。

表观剪切黏度及流动行为指数：

$$\eta_a = \frac{\sigma}{\dot{\gamma}} \tag{8}$$

$$n = \frac{\mathrm{d}\ln\sigma}{\mathrm{d}\ln(\dot{\gamma}_{\text{Newton}})} = \frac{\mathrm{d}\ln\sigma}{\mathrm{d}\ln\left(\dfrac{8V}{d_c}\right)} \tag{9}$$

n 是 $\ln\sigma$ 对 $\ln\left(\dfrac{8V}{d_c}\right)$作图的斜率

挤出胀大比 B

$$B = \frac{D_s}{D} \tag{10}$$

式中 D_S为挤出样条的直径(cm)，D 为口模内径(cm)。本实验中口模内径为毛细管的内径 d_c。

六、思考题

1. 为什么毛细管挤出流变仪是应用最广的测定聚合物黏度的方法？
2. 聚合物的挤出胀大与哪些因素有关，在聚合物的加工方面有什么重要意义？
3. 为什么要进行“非牛顿修正”和“入口修正”？

七、参考文献

1. 何平笙.高聚物的力学性能[M].合肥：中国科学技术大学出版社，1997.
2. 徐种德，何平笙，周漪琴，等.高聚物的结构与性能[M].北京：科学出版社，1981；马德柱，何平笙，徐种德，等.2 版，1995.
3. 何平笙，朱平平，杨海洋.在“高聚物的结构与性能”课程中讲透高聚物的特点[J].高分子通报,2001(5):74-79.

4. 奥戈凯威斯.热塑性塑料的性能和设计[M].何平笙等,译.北京:科学出版社,1986.

5. 周持兴.聚合物流变实验与应用[M].上海:上海交通大学出版社,2003.

6. 吴其晔,巫静安.高分子材料流变学[M].北京:高等教育出版社,2002.

数据记录及实验报告

实验一　用“分子模拟”(MP)软件构建全同立构聚丙烯分子、聚乙烯分子并计算它们末端的直线距离

姓名：____________　学号：____________　专业：____________
合作者：____________　日期：____________　得分：____________
教师：____________

一、实验数据

1. 构建全同立构聚丙烯(主链含 100 个 C 原子)
   (1) 是否形成螺旋形构象：________；
   (2) 在螺旋形构象的一个等同周期中,含有________个重复单元,转了________圈；
   (3) 末端距 C_1—C_{100}：________Å；
   (4) 键角 C—C—C：________。
2. 构建无规立构聚丙烯(主链含 100 个 C 原子)
   (1) 伸直链(主链呈平面锯齿形)
   末端距 C_1—C_{100}：________Å；
   (2) 改变链的构象,使链弯曲
   末端距 C_1—C_{100}：________Å。
3. 构建聚乙烯(主链含 150 个 C 原子)
   (1) 伸直链(主链呈平面锯齿形)
   末端距 C_1—C_{150}：________Å；
   (2) 改变链的构象,使链弯曲,要求末端距达到 20 Å 以下
   末端距 C_1—C_{150}：________Å。

教师签字：____________

二、数据处理

1. 计算伸直的聚乙烯链的末端距,并与实验测量值比较。

2. 假如你所构建的聚乙烯链能够自由旋转，计算它的最可几末端距和根均方末端距。

三、思考题

1. 构建全同立构聚丙烯分子时，为什么要将扭转角调整为 180°，60°，180°，60° …，即 TGTG…的构象？

2. 为什么在本实验情况下我们一再把第一个碳原子到最后一个碳原子的距离叫做末端距，而不称通常所说的根均方末端距？

3. 为什么有的时候通过调整二面角来改变聚乙烯的构象会失败？

实验二　用“分子模拟”(MP)软件计算聚丙烯酸甲酯的构象能量

姓名：__________　学号：__________　专业：__________
合作者：__________　日期：__________　得分：__________
教师：__________

一、实验数据

1. 构建聚丙烯酸甲酯片段(三个单体单元)，选取一个内旋转角
   内旋转角涉及的四个原子编号：______；______；______；______
   内旋转角范围：从______(起始角度)到______(终止角度)
   内旋转间隔：______
   记录内旋转角 φ 和构象能 $E(\varphi)$ 数据。
2. 构建聚丙烯酸甲酯片段(三个单体单元)，选取两个内旋转角
   (1) 内旋转角 φ_1 涉及的四个原子编号：______；______；______；______
   内旋转角 φ_1 范围：从______(起始角度)到______(终止角度)
   内旋转间隔：______
   (2) 内旋转角 φ_2 涉及的四个原子编号：______；______；______；______
   内旋转角 φ_2 范围：从______(起始角度)到______(终止角度)
   内旋转间隔：______
   记录内旋转角 φ_1 和构象能 $E(\varphi_1)$ 以及内旋转角 φ_2 和构象能 $E(\varphi_2)$ 数据。
3. 构建聚丙烯酸甲酯片段(五个单体单元)，选取一个内旋转角
   内旋转角涉及的四个原子编号：______；______；______；______
   内旋转角范围：从______(起始角度)到______(终止角度)
   内旋转间隔：______
   记录内旋转角 φ 和构象能 $E(\varphi)$ 数据。
4. 构建聚丙烯酸甲酯片段(五个单体单元)，选取两个内旋转角
   (1) 内旋转角 φ_1 涉及的四个原子编号：______；______；______；______
   内旋转角 φ_1 范围：从______(起始角度)到______(终止角度)
   内旋转间隔：______

(2) 内旋转角 φ_2 涉及的四个原子编号：________；________；________；________

内旋转角 φ_2 范围：从________（起始角度）到________（终止角度）

内旋转间隔：________

记录内旋转角 φ_1 和构象能 $E(\varphi_1)$以及内旋转角 φ_2 和构象能 $E(\varphi_2)$数据。

教师签字：____________

二、数据处理

1. 对含三个单体单元的聚丙烯酸甲酯片段，以 $E(\varphi)$对 φ 作图。

2. 对含三个单体单元的聚丙烯酸甲酯片段，选取任一 φ_1，以 $E(\varphi_2)$对 φ_2 作图。

3. 对含五个单体单元的聚丙烯酸甲酯片段，以 $E(\varphi)$对 φ 作图。

4. 对含五个单体单元的聚丙烯酸甲酯片段，选取任一 φ_1，以 $E(\varphi_2)$对 φ_2 作图。

三、思考题

1. 高分子内旋转通常不是自由的，构象能 $E(\varphi)$与内旋转角 φ 有很大关系，是一个很复杂的函数。通过本实验，你认为高分子的尺寸能否用理论方法计算？简述原因。

2. 对于柔性高分子，即使不能自由内旋转，但是可以实现的构象数目仍是非常大的。本实验只涉及两个内旋转角角度变化对柔性高分子链构象的影响。试问对于一个主链上含有 n 个单键的柔性大分子，其构象将由多少个内旋转角决定？

实验三　二维高分子链形态的计算机模拟

姓名：＿＿＿＿＿＿　　学号：＿＿＿＿＿＿　　专业：＿＿＿＿＿＿

合作者：＿＿＿＿＿＿　　日期：＿＿＿＿＿＿　　得分：＿＿＿＿＿＿

教师：＿＿＿＿＿＿

一、实验数据

链长 N	计算数目	采样间隔	获得链数	$(\overline{h^2})_{SAW}$	$(\overline{R^2})_{SAW}$	$(\overline{h^2})_{RW}$	$(\overline{R^2})_{RW}$

教师签字：＿＿＿＿＿＿

二、数据处理

1. 在对数坐标系下以自回避行走链的 $\overline{h^2}$ 对相应的 N 作图，求得斜率，即为 $(\overline{h^2})_{SAW}$ 对 N 的标度律，再与理论值比较。

   （附上 $(\lg \overline{h^2})_{SAW} \sim \lg N$ 的作图）

2. 在对数坐标系下以自回避行走链的$\overline{R^2}$对相应的 N 作图，求得斜率，即为$(\overline{R^2})_{SAW}$对 N 的标度律，再与理论值比较。

(附上$(\lg \overline{R^2})_{SAW} \sim \lg N$ 的作图)

3. 在对数坐标系下以无规行走链的$\overline{h^2}$对相应的 N 作图，求得斜率，即为$(\overline{h^2})_{RW}$对 N 的标度律，再与理论值比较。

(附上$(\lg \overline{h^2})_{RW} \sim \lg N$ 的作图)

4. 在对数坐标系下以无规行走链的$\overline{R^2}$对相应的 N 作图，求得斜率，即为$(\overline{R^2})_{RW}$对 N 的标度律，再与理论值比较。

(附上$(\lg \overline{R^2})_{RW} \sim \lg N$ 的作图)

三、思考题

1. 改进的四位置模型与原四位置模型相比有哪些优点?

2. 描述一个在良溶剂中的高分子链形态要用哪种模型？而 θ 溶剂中的高分子链形态又有何特征？需用哪种模型描述?

3. 根据 P.G. de Gennes 理论，三维空间中$\overline{h^2}$，$\overline{R^2}$与 N 的幂律关系与二维空间相比有何不同?

4. 影响高分子链形态的因素有哪些？结合本实验结果和所学高分子物理知识进行讨论。

实验四　受限空间中高分子链穿越纳米管道的 Monte Carlo 模拟

姓名：＿＿＿＿＿＿　学号：＿＿＿＿＿＿　专业：＿＿＿＿＿＿
合作者：＿＿＿＿＿＿　日期：＿＿＿＿＿＿　得分：＿＿＿＿＿＿
教师：＿＿＿＿＿＿

一、实验数据

1. 高分子链长 N 对 τ_{trap} 的影响

N								
τ_{trap}								

2. 不同纳米管道长度 M 对 τ_{trap} 的影响

N								
τ_{trap}								

教师签字：＿＿＿＿＿＿

二、数据处理

1. 在半对数坐标系下以 τ_{trap} 对 N 作图(附上 $\lg \tau_{trap} \sim N$ 的作图)。

2. 在半对数坐标系下以 τ_{trap} 对 M 作图(附上 $\lg \tau_{trap} \sim M$ 的作图)。

3. 根据 1 和 2 的实验结果确定自由能壁垒 ΔE 与高分子链长 N 以及纳米管道长度 M 之间的函数关系。

三、思考题

1. 化学反应过程中有分子间的有效碰撞和无效碰撞，高分子穿越纳米管道的过程有成功穿越和不成功穿越，你在实验中是否观测到不成功穿越的过程？如何证实你的判断？

2. 高分子链长对 τ_{trap} 有何影响？为什么？

3. 管道长度对高分子链穿越过程有什么影响？为什么？

实验五 使用 Monte Carlo 方法观察受限状态下嵌段聚合物的自组装结构

姓名：__________ 学号：__________ 专业：__________

合作者：__________ 日期：__________ 得分：__________

教师：__________

一、实验数据及处理

1. 板壁与组分 A 相互吸引时相分离的实验结果

2. 板壁与组分 B 相互吸引时相分离的实验结果

3. 板壁与组分 A 和 B 无相互作用时相分离的实验结果

教师签字：__________

二、思考题

1. 对称二嵌段共聚物体系在什么情况下形成平行于板壁的层状结构，在什么情况下形成垂直于板壁的层状结构？

2. 体系在受限状态下的自组装与哪些因素有关？

实验六　密度梯度法测定聚合物的密度和结晶度

姓名：________　　学号：________　　专业：________
合作者：________　　日期：________　　得分：________
教师：________

一、实验数据

试样：________
完全结晶样品的密度 ρ_c：________　　完全非晶样品的密度 ρ_a：________
轻液：________　　轻液密度：________
重液：________　　重液密度：________

1. 标定密度梯度管

小球序号	1	2	3	4	5	6
密度 $\rho(g/cm^3)$						
高度 h(mm)						

2. 测出待测试样在密度梯度管中的高度

试　样	1	2	3
高度(mm)			
平均高度(mm)			

教师签字：________

二、数据处理

1. 以小球在管中的相对高度 h 对其密度 ρ 作图
(附上 $h \sim \rho$ 的作图)

2. 根据聚合物样品在管中的相对高度(取平均值),从高度-密度的直线关系图上确定样品的密度,也可用内插法计算。

d：________

3. 计算样品的结晶度(从附表中查出完全结晶样品的密度 ρ_c 和完全非晶样品的密度 ρ_a)。

$X_{c,d}^{w}$：________

$X_{c,d}^{v}$：________

三、思考题

1. 密度法确定聚合物结晶度的原理是什么?需作哪些假定?

2. 如何选择重液和轻液?

3. 你还知道哪些测定聚合物结晶度的方法?为什么不同方法测得的聚合物结晶度不能相互比较?

实验七　偏光显微镜法观察聚合物的球晶形态并测定球晶的径向生长速率

姓名：__________　学号：__________　专业：__________
合作者：__________　日期：__________　得分：__________
教师：__________

一、实验数据

1. 制备球晶试样

样品：________

样品序号	熔融温度(℃)	熔融时间(min)	结晶温度(℃)	结晶时间(min)
1				
2				
3				

2. 观测球晶

偏光显微镜型号：________　显微尺总长(100 格)：________

样品序号	物镜倍数	目镜倍数	显微尺长度(mm)	分度尺读数(格)	相邻球晶中心距离(格)
1					
2					
3					

3. 获取球晶的黑十字消光图像

采用显微镜成像系统实时摄录样品的黑十字消光图像，并保存于计算机中，打印图像。

4. 测定球晶的径向生长速率

样品：________　结晶温度：________　分度尺比例(mm/格)：________

结晶时间(min)	0	5	10	15	20	25	30
相邻球晶中心距离(格)							
球晶直径(μm)							

教师签字： ____________

二、数据处理

1. 计算球晶直径：

根据分度尺比例计算球晶直径，结果列表如下：

样 品 序 号	放 大 倍 数	分度尺比例(mm/格)	球晶直径(μm)
1			
2			
3			

2. 打印各个样品的黑十字消光图像(附图)。
3. 计算球晶的径向生长速率

根据分度尺比例计算经过不同结晶时间后球晶的直径，结果列表如下：

结晶时间(min)	0	5	10	15	20	25	30
球晶直径(μm)							

再以球晶直径对相应的结晶时间作图，求得斜率，即为该温度下球晶的径向生长速率。

(附上球晶直径对结晶时间的作图)

三、思考题

1. 在偏光显微镜两正交偏振片之间，球晶呈现特有的黑十字消光图像。简述其原理。

2. 结合聚合物结晶特点和本实验结果，讨论结晶温度对球晶尺寸的影响。

3. 球晶是一种最常见的聚合物结晶形态，视结晶条件的不同，聚合物还可能形成哪些结晶形态？

实验八　用小角激光散射图像仪测定聚合物球晶尺寸

姓名：__________　学号：__________　专业：__________
合作者：__________　日期：__________　得分：__________
教师：__________

一、实验数据

1. 制备球晶试样
   样品：________

样品序号	熔融温度(℃)	熔融时间(min)	结晶温度(℃)	结晶时间(min)
1				
2				
3				

2. 记录球晶的小角激光散射的 H_v 图像，根据电子标尺对 H_v 散射图像进行矫正，并进行光密度的测定，确定最大散射强度位置。记录如下：
   小角激光散射图像仪型号：________　激光波长：________

样 品 序 号	d(cm)	L(cm)
1		
2		
3		

3. 观察球晶的小角激光散射的 V_v 图像,确定球晶的双折射正负性

正球晶:________(列入样品序号)

负球晶:________(列入样品序号)

教师签字:____________

二、数据处理

1. 计算各个样品中的球晶半径:

(1) 计算 H_v 图像中最大散射强度位置对应的散射角 θ_m, $\theta_m = \arctan\dfrac{d}{L}$

(2) 计算球晶的平均半径 R_0, $R_0 = \dfrac{4.09\lambda}{4\pi\sin\left(\dfrac{\theta_m}{2}\right)}$

计算结果列表如下:

样 品 序 号	θ_m	R_0(cm)
1		
2		
3		

2. 打印各个样品的小角激光散射图像(附 H_v 和 V_v 图)。

三、思考题

1. 小角激光散射图像仪是研究聚合物球晶(形态、平均尺寸、正负性、结晶速率等)的有效工具。它适合测量的球晶尺寸大约是多少?

2. 当球晶较小时,用偏光显微镜研究已很困难,然而球晶愈小,小角激光散射图像愈大。简述其原因。

实验九　合成纤维取向度的测定

姓名：＿＿＿＿＿＿　　学号：＿＿＿＿＿＿　　专业：＿＿＿＿＿＿
合作者：＿＿＿＿＿＿　日期：＿＿＿＿＿＿　　得分：＿＿＿＿＿＿
教师：＿＿＿＿＿＿

一、实验数据

（一）浸油法

样品：＿＿＿＿
偏光显微镜型号：＿＿＿＿
阿贝折光仪型号：＿＿＿＿

1. 纤维中平行于纤维轴方向上的折射率测定
   n_1：＿＿＿＿　　n_2：＿＿＿＿
2. 纤维中垂直于纤维轴方向上的折射率测定
   n'_1：＿＿＿＿　　n'_2：＿＿＿＿

（二）声速法

样品：＿＿＿＿　　C_u：＿＿＿＿
温度：＿＿＿＿　　湿度：＿＿＿＿
声速仪型号：＿＿＿＿
记录声波通过一定长度纤维的时间 t_{20} 和 t_{40}（μs）：

测 量 次 数	纤 维 长 度 (cm)	
	20	40
1		
2		
3		

续 表

测 量 次 数	纤 维 长 度 （cm）	
	20	40
4		
5		
平均值		

教师签字：__________

二、数据处理

（一）浸油法

1. 纤维中平行于和垂直于纤维轴两个方向上的折射率计算

$n_{\parallel}$：________（$n_{\parallel} = \dfrac{n_1 + n_2}{2}$）

$n_{\perp}$：________（$n_{\perp} = \dfrac{n_1' + n_2'}{2}$）

2. 双折射率 Δn 的计算

Δn：________（$\Delta n = n_{\parallel} - n_{\perp}$）

（二）声速法

1. 计算纤维中的声速 C(km/s)

C：________（$C = \dfrac{(40 - 20) \times 10^{-5}}{(t_{40} - t_{20}) \times 10^{-6}} = \dfrac{200}{t_{40} - t_{20}}$）

2. 计算取向函数 F

F：________（$F = 1 - \left(\dfrac{C_u}{C}\right)^2$）

三、思考题

1. 聚合物的取向结构稳定吗？简述理由。

2. 如何控制纤维中高分子链的形态,使得纤维的强度高又具有适当的弹性?

3. 本实验两种方法测定的取向度各反映的是高分子哪种单元的取向程度?

实验十　膨胀计法测定聚合物的玻璃化转变温度

姓名：__________　　学号：__________　　专业：__________
合作者：__________　　日期：__________　　得分：__________
教师：__________

一、实验数据

聚合物：________

1. 第一次升温测试

电压：________　　起始时间：________　　终止时间：________

温度 T(℃)												
高度 h(cm)												
温度 T(℃)												
高度 h(cm)												

2. 第二次升温测试

电压：________　　起始时间：________　　终止时间：________

温度 T(℃)												
高度 h(cm)												
温度 T(℃)												
高度 h(cm)												

教师签字：__________

二、数据处理

1. 第一次升温测试

升温速率：________　　玻璃化温度：________

附上 $h \sim T$ 的作图：

2. 第二次升温测试

升温速率：________　　　　　　玻璃化温度：________

附上 $h \sim T$ 的作图：

三、思考题

1. 膨胀计法是一种测定聚合物玻璃化温度的经典方法，试用玻璃化转变的自由体积理论简述其原理。

2. 为什么采用不同的升温速率测得的聚合物玻璃化温度不同？这一实验事实说明了高分子运动的哪些特点？

3. 本课程还开设了采用差示扫描量热计、动态黏弹谱仪测定聚合物玻璃化温度的实验，请再列举出两种表征聚合物玻璃化温度的方法。

实验十一　聚合物的形变-温度曲线

姓名：＿＿＿＿＿＿　学号：＿＿＿＿＿＿　专业：＿＿＿＿＿＿

合作者：＿＿＿＿＿＿　日期：＿＿＿＿＿＿　得分：＿＿＿＿＿＿

教师：＿＿＿＿＿＿

一、实验数据

样品：＿＿＿＿

载荷：＿＿＿＿

压杆断面直径：＿＿＿＿　＿＿＿＿　＿＿＿＿（测量3次取平均值）

施加压强：＿＿＿＿

起始时间：＿＿＿＿　终止时间：＿＿＿＿

起始温度：＿＿＿＿　终止温度：＿＿＿＿

记录每一时刻的温度和形变，以形变对温度作图（附图）

教师签字：＿＿＿＿＿＿

二、数据处理

1. 计算升温速度

2. 根据实验所得的形变-温度曲线，按定义求出该聚合物的玻璃化温度 T_g 和黏流温度 T_f。

   玻璃化温度 T_g：＿＿＿＿；黏流温度 T_f：＿＿＿＿。

三、思考题

1. 在实测聚合物形变-温度曲线时，你会发现聚合物不但没有被压缩，反而在形变-温度曲线上表现为在刚开始不久会出现有一个平坦的下凹，这是为什么？

2. 为什么由形变-温度曲线测得的 T_g和 T_f值只是一个相对参考值？T_g和 T_f值受哪些实验因素的影响？有何影响？

3. 聚合物的形变-温度曲线与其分子运动有什么联系？不同分子结构和不同聚集态结构的聚合物应有什么样的形变-温度曲线？

实验十二　用差示扫描量热法观测聚合物的热转变

姓名：__________　　学号：__________　　专业：__________

合作者：__________　　日期：__________　　得分：__________

教师：__________

一、实验数据

仪器型号：________

样品：__________　　100%结晶样品的熔融热 $\Delta H_{m(100\%)}$：________

样品质量：________（称量空坩埚：________；装有样品的坩埚：________）

第一次升温扫描：

　　起始温度：________　　终止温度：________　　升温速率：________

降温扫描：

　　起始温度：________　　终止温度：________　　降温速率：________

第二次升温扫描：

　　起始温度：________　　终止温度：________　　升温速率：________

教师签字：__________

二、数据处理

第一次升温扫描谱图分析结果：

　　玻璃化温度 T_g：________

　　结晶温度 T_c：________　结晶热 ΔH_c：________

　　熔点 T_m：________　　熔融热 ΔH_m：________

　　结晶度 $X_{c,DSC}$：________

　　（附上第一次升温扫描谱图）

降温扫描谱图分析结果：

结晶温度 T_c：________ 结晶热 ΔH_c：________

（附上降温扫描谱图）

第二次升温扫描谱图分析结果：

玻璃化温度 T_g：________

结晶温度 T_c：________ 结晶热 ΔH_c：________

熔点 T_m：________ 熔融热 ΔH_m：________

结晶度 $X_{c,DSC}$：____________

（附上第二次升温扫描谱图）

三、思考题

1. 在DSC热谱图上，出现基线的突变即表明聚合物发生了玻璃化转变，简述其原因。

2. 如果采用较慢的升温速率，如10 ℃/分钟或5 ℃/分钟从室温升温扫描，测得的玻璃化温度将与20 ℃/分钟的升温扫描测试结果有何不同？

3. 比较本实验中两次升温扫描（同一种升温速率下）测试结果，有哪些异同点？结晶度为什么不一样？

实验十三　动态扭振法测定热固性树脂的固化曲线

姓名：__________　　学号：__________　　专业：__________

合作者：__________　　日期：__________　　得分：__________

教师：__________

一、实验数据

环氧树脂质量(g)：________　　固化剂质量(g)：________

记录三个不同温度下环氧树脂固化的相关数据：

T/℃	t_g/min	t_0/min	G_m/N·m

教师签字：__________

二、数据处理

1. 按下式计算环氧树脂固化反应表观活化能 E_a：

   $\ln t_g = C + E_a/(RT)$

   数据列表如下：

T/K	$1/T$	$\ln t_g$	E_a/(kJ·mol)

2. 比较三个不同温度下的 G_m 值,并讨论温度对固化程度的影响。

三、思考题

1. 在作环氧树脂固化时,当达到该温度下平衡扭矩后,如果再增加温度,扭矩又有所增加,但如果作不饱和聚酯固化时,再增加温度而扭矩没有继续增大的现象,这是为什么?

2. 动态扭振法与其他动态力学方法(如动态扭辫法或动态振簧法)相比,各有什么优缺点?

3. 你对用力学量的改变来跟踪体系的化学反应还有多少了解?

实验十四　动态黏弹谱仪测定聚合物的动态力学性能

姓名：__________　　学号：__________　　专业：__________
合作者：__________　　日期：__________　　得分：__________
教师：__________

一、实验数据

仪器型号：________　　样品：________
样品尺寸(长：________;宽：________;厚：________)
升温扫描：
　　起始温度：________　　终止温度：________　　升温速率：________
选定频率：
　　第一种频率 ω_1：________　　第二种频率 ω_2：________
　　第三种频率 ω_3：________　　第四种频率 ω_4：________
教师签字：__________

二、数据处理

记录各个频率下储能模量、损耗模量以及力学损耗随温度的变化(附上相应的作图)，在力学损耗-温度曲线上如出现多个损耗峰，则以最高损耗峰的峰温作为玻璃化温度 T_g。处理数据，得到各个频率下的玻璃化温度：

1. ω_1：________　　T_g：________
2. ω_2：________　　T_g：________
3. ω_3：________　　T_g：________
4. ω_4：________　　T_g：________

三、思考题

1. 何谓力学损耗？为什么在交变应力的作用下，聚合物会产生力学损耗？

2. 根据自由体积理论预计用动态黏弹谱仪测定聚合物玻璃化温度时所用的频率提高或降低一个数量级，测得的玻璃化温度将变化多少度？

实验十五　动态振簧法测定聚合物的动态力学性能

姓名：__________　学号：__________　专业：__________
合作者：__________　日期：__________　得分：__________
教师：__________

一、实验数据

仪器型号：________　样品：________
长度 l：________　厚度 d：________
密度 ρ：________　常数 β：________
$K(=\beta\rho l^4/d^2)$：________
测定结果列表如下：

mV	T/℃	f_r	f_1	f_2

续 表

mV	$T/^\circ C$	f_r	f_1	f_2

教师签字：________

二、数据处理

1. 根据有关数据，完善下表：

mV	$T/^\circ C$	f_r	$\Delta f_r = f_2 - f_1$	$E_1(\omega) = f_r^2 K$	$Q^{-1} = \Delta f_r / f_r$

2. 以 Q^{-1} 对 T 作图，并以内耗峰所对应的温度作为玻璃化温度 T_g。

T_g：________

（附上 $Q^{-1} \sim T$ 曲线）

三、思考题

1. 动态振簧法与其他动态力学性能测试法(如扭辫法、扭摆法)相比各有什么特点?

2. 动态振簧法的频率范围一般是(20～1 000)Hz,为了使动态振簧法测得的玻璃化转变温度更接近于由膨胀计测得的值,曾设法扩展动态振簧法的频率范围的下限,对此你有什么看法?

实验十六　聚合物的应变软化和细颈

姓名：＿＿＿＿＿＿　学号：＿＿＿＿＿＿　专业：＿＿＿＿＿＿

合作者：＿＿＿＿＿＿　日期：＿＿＿＿＿＿　得分：＿＿＿＿＿＿

教师：＿＿＿＿＿＿

一、实验数据

聚合物：＿＿＿＿

厚度：＿＿＿＿　宽度：＿＿＿＿

拉伸速率：＿＿＿＿

根据打印记录纸上的数据，记录相关数据如下。

断裂强度：＿＿＿＿　断裂伸长率：＿＿＿＿

模量：＿＿＿＿

教师签字：＿＿＿＿＿＿

二、数据处理

对记录仪记录的负荷形变曲线进行处理，量出屈服点及断裂点所对应的负荷以及形变值，并依据以下公式计算应力、应变以及杨氏模量。

1. 拉伸断裂应力以 σ_t(MPa)表示，按下式计算：

$$\sigma_t = \frac{P}{bd} = \frac{KH}{9.8bd}$$

式中，P 为拉伸负荷；

b，d 分别为试样宽度和厚度(cm)；

H 为记录负荷高度值(cm)；

K 为单位高度负荷值(kg/cm)。

试验结果以每组试样测定的中间值表示，取三位有效数字。

拉伸屈服应力 σ_y 也一样。

2. 断裂伸长率用 ε_t 表示，按下式计算：

$$\varepsilon_t = \frac{\Delta l}{l_0} \times 100,\ \Delta l = L - L_0 = V_1 t = V_1 \frac{\Delta L}{V_2}$$

式中，V_1为拉伸速率(mm/min)；V_2为记录纸的走纸速度(mm/min)；Δl 为记录纸的位移量；t 为拉伸时间。

试验结果以每组试样测定的中间值表示，取两位有效数字。

3. 杨氏模量用 E_t表示，按下式计算：

$$E_t = \frac{\sigma_{ti}}{\varepsilon_{ti}}$$

式中，σ_{ti}为拉伸应力-应变曲线上在比例极限范围内某一点的应力；ε_{ti}为拉伸应力-应变曲线上在比例极限范围内某一点的应变。

试验结果以每组试样测定的算术平均值表示，取两位有效数字。

4. 计算试样在屈服点的真应力值。
5. 观察并分析试样的应变软化现象。

三、思考题

1. 拉伸实验既有形状的改变又有体积的变化，所以从物理的观点来看，它不是一个基本的形变类型，但却在实践中大量应用拉伸实验，为什么？

2. 你对聚合物材料拉伸时特有的应变软化现象是如何理解的？

3. 什么是聚合物的屈服现象？典型的聚合物应力-应变曲线有几类？

4. 影响拉伸试验的因素有哪些？

实验十七　聚合物的银纹现象

姓名：______________　　学号：______________　　专业：______________
合作者：______________　　日期：______________　　得分：______________
教师：______________

一、实验记录

1. 没有经过拉伸的样品尺寸和照片；

2. 从全反射角度或在偏光显微镜下转动样品直接对银纹进行观察，附图片；

3. 记录滴加溶剂后银纹的生长过程，附图片。

教师签字：______________

二、思考题

1. 在制样过程中为何要将样品的两边磨平？

2. 银纹主要出现在样品的哪些区域？为什么？

3. 为什么说银纹是聚合物特有的现象，它与聚合物材料的断裂有什么关系？

实验十八　聚合物体积电阻系数和表面电阻系数的测定

姓名：________　　学号：________　　专业：________
合作者：________　　日期：________　　得分：________
教师：________

一、实验数据

温度：______　　湿度：______
高阻计型号：______
测量电极直径(D_1)：______　　保护电极内径(D_2)：______

1. 用螺旋测微仪测量样品厚度(分5处)

样　品	样品厚度 d(mm)					
	第一处	第二处	第三处	第四处	第五处	平均值
A						d_A =
B						d_B =

2. 测量体积电阻、表面电阻和总电阻

样 品	R_v			R_s			R		
	读数(MΩ)	倍率	测试电压对应系数	读数(MΩ)	倍率	测试电压对应系数	读数(MΩ)	倍率	测试电压对应系数
A									
B									

教师签字：________

二、数据处理

1. 体积电阻系数的计算

(1) 由仪表读数计算体积电阻值 R_v。

将仪表上的读数(单位为兆欧)与倍率开关所指示的倍率、测试电压开关所对应的系数相乘所得的乘积就是试样的电阻值。例如：读数为 1.5 MΩ,倍率开关所指示的倍率为 10^8,测试电压为 500 V,所对应的系数为 0.5,则被测电阻为：$1.5 \times 10^6 \times 10^8 \times 0.5 = 7.5 \times 10^{13}(\Omega)$。

(2) 按 $\rho_v = R_v \dfrac{S}{d} = R_v \dfrac{\pi D_1^2}{4d}$ 计算体积电阻率 ρ_v,即,其中,d 为试样厚度,S 为测量电极的面积。本实验所用测量电极直径 D_1 为 5 cm。

2. 表面电阻系数的计算

(1) 由仪表读数计算表面电阻值 R_s,方法同 R_v。

(2) 按 $\rho_s = R_s \dfrac{2\pi}{\ln(D_2/D_1)}$ 计算表面电阻系数 ρ_s,其中 D_2是保护电极直径,本实验所用保护电极直径为 5.4 cm,D_1是测量电极直径。

3. 总电阻值 R

由仪表读数计算总电阻值 R,方法同 R_v。

数据列表如下：

样　品	$R_v(\Omega)$	$R_s(\Omega)$	$R(\Omega)$	$\rho_v(\Omega\cdot m)$	$\rho_s(\Omega)$
A					
B					

三、思考题

1. 测定表面电阻系数时,保护电极起什么作用?

2. 为什么聚合物在电场中存在介质吸收现象？

3. 理论上饱和的非极性聚合物具有良好的电绝缘性，其体积电阻系数可高达 $10^{23}\ \Omega\cdot m$，但实测值却要低好几个数量级。讨论可能有哪些原因？

4. 简述2000年度诺贝尔化学奖获得者 Heeger（黑格，美国）、MacDiarmid（麦克迪尔米德，美国）和白川英树（日本）的主要贡献。

实验十九　稀溶液黏度法测定聚合物的分子量

姓名：__________　学号：__________　专业：__________
合作者：__________　日期：__________　得分：__________
教师：__________

一、实验数据

黏度计号：_______　毛细管内径：_______　温度：_______　溶剂：_______
聚环氧乙烷重量：_______（克）　原始溶液浓度 C_0：_______（克/毫升）
溶剂流出时间：(1) _______（秒）；(2) _______（秒）；(3) _______（秒）
取平均值 t_0：_______（秒）

加入溶剂的量（毫升）	流出时间（秒）					
	第一次	第二次	第三次			平均值
0						t_1 =
5						t_2 =
5						t_3 =
10						t_4 =
10						t_5 =

教师签字：__________

二、数据处理

方法一：

为作图方便，建议以稀释后溶液（浓度为 C）对原始溶液（浓度为 C_0）的相对浓度 C' 作为 Huggins 作图、Kraemer 作图的横坐标，这样原始溶液的相对浓度 $C'=1$，依次加入 5，5，10 和 10 毫升溶剂的溶液的相对浓度分别为 2/3，1/2，1/3 和

1/4。

加入溶剂的量（毫升）	相对浓度（C'）	η_r	η_{sp}	η_{sp}/C'	$\ln\eta_r/C'$
0	1				
5	2/3				
5	1/2				
10	1/3				
10	1/4				

以 η_{sp}/C'和 $\ln\eta_r/C'$分别对 C'作图，即

$$\frac{\eta_{sp}}{C'} = [\eta]C_0 + k[\eta]^2C_0^2C' \tag{1}$$

$$\frac{\ln\eta_r}{C'} = [\eta]C_0 - \beta[\eta]^2C_0^2C' \tag{2}$$

作图时可以以坐标纸上横坐标的12格处作为相对浓度 $C' = 1$，即代表原始溶液，则其他溶液就位于8，6，4和3格处，外推得到截距 A，$A = [\eta]C_0$。那么，

$$[\eta] = \frac{A}{C_0}$$

将得到的$[\eta]$值代入$[\eta] = KM^a$，算出聚合物的黏均分子量 $\overline{M}_\eta = ([\eta]/K)^{1/a}$。从 Polymer Handbook 查到：聚环氧乙烷-水溶液，在30 ℃时，$K = 0.0125$ mL/g，$a = 0.78$。

附上 $\eta_{sp}/C' \sim C'$，$\ln\eta_r/C' \sim C'$的作图：

方法二：

以溶液的流出时间对浓度作图，外推到浓度为零得到外推值，记为 t_0^*。

附上 $t \sim C'$（或 $t \sim C$）的作图：

外推值：t_0^* = 　　　秒。

以 t_0^* 代替 t_0，重新处理数据，并与方法一所得结果比较。

附上相应的 $\eta_{sp}/C' \sim C'$, $\ln \eta_r/C' \sim C'$ 的作图：

三、思考题

1. 从手册上查 K，a 值时要注意什么？

2. 能否先测纯溶剂的流出时间再测溶液的流出时间？如果这样做，对实验结果有何影响？

3. 配制高分子溶液时，选择多大浓度较为适宜？还要考虑哪些因素？

4. 以 t_0^* 作为溶剂的流出时间计算溶液的相对黏度，可以消除哪些因素对相对黏度测定的影响？

5. 你对测定聚合物分子量的其他方法有多少了解？

实验二十　乌式黏度计仪器常数的测定及动能校正

姓名：__________　　学号：__________　　专业：__________

合作者：__________　　日期：__________　　得分：__________

教师：__________

一、实验数据

黏度计号：________　　毛细管内径：________

各温度下水的流出时间：

温度(℃)	流出时间（秒）					
	第一次	第二次	第三次			平均值
						t_1 =
						t_2 =
						t_3 =
						t_4 =
						t_5 =
						t_6 =

教师签字：__________

二、数据处理

1. 计算中要用到水在不同温度下的密度、黏度值，见附录表13。

2. 用图解法求出 A，B 及 k 值。即以 $\frac{\eta}{\rho}t$ 对 t^2 作图可得一条直线，从斜率和截距值分别求出黏度计的仪器常数 A 和 B，再求出 k 值（附上所做的图）。

3. 请考虑动能校正项可能的影响，对实验十九数据重新进行处理，计算相对黏度、比浓黏度、比浓对数黏度等数据，并求出特性黏数、黏均分子量。

4. 比较两种数据处理方法及结果，讨论本人使用的黏度计是否需要进行动能校正。

三、思考题

1. 乌式黏度计在什么情况下需要校正？作哪些校正？

2. 动能校正通常是毛细管黏度计应用时最主要的校正。如何校正？

3. 要做好本实验，测量的关键是什么？

实验二十一 溶胀平衡法测定交联聚合物的交联度

姓名：__________ 学号：__________ 专业：__________
合作者：__________ 日期：__________ 得分：__________
教师：__________

一、实验数据

温度：________
样品：________ 密度：________
溶剂：________ 密度：________
溶剂的摩尔体积：________ 高分子-溶剂分子相互作用参数：________
样品质量：________（空瓶：________；瓶+样品：________）
记录样品在溶胀不同阶段的质量以及溶胀体中溶剂的质量：

测量时间				
溶胀体质量(g)				
溶剂质量(g)				
测量时间				
溶胀体质量(g)				
溶剂质量(g)				
测量时间				溶胀平衡时
溶胀体质量(g)				
溶剂质量(g)				

教师签字：__________

二、数据处理

1. 溶胀度 Q 的计算

溶胀度 Q 按式(13)计算。

2. 交联聚合物中两交联点之间分子链的平均分子量 $\overline{M}_c$ 的计算

$\overline{M}_c$ 按式(12)计算。

三、思考题

1. 溶胀法测定交联聚合物的交联度有什么优点和局限性?

2. 讨论溶胀度与哪些因素有关?

3. 从高分子结构和分子运动角度讨论线形聚合物、交联聚合物在溶剂中溶胀后的情况有何区别?

实验二十二　逐步沉淀分级法

姓名：__________　　学号：__________　　专业：__________
合作者：__________　　日期：__________　　得分：__________
教师：__________

一、实验数据

聚合物：________
特性黏数$[\eta]$：________（测定温度：________；溶剂：________）
温度：________
溶剂：________　　沉淀剂：________

级分序号	1	2	3	4	5	6	7
级分重量 W_i(g)							
级分重量分数$\mathcal{W}_i$							
特性黏数$[\eta]_i$(dL/g)							
黏均分子量$\overline{M}_\eta$							

教师签字：__________

二、数据处理

1. 检验分级过程中高分子有无降解

    将各个级分的重量分数与特性黏数乘积的加和与原始样品的特性黏数相比较，即按照下式检验分级过程中高分子有无降解：$[\eta]=\sum_i(\mathcal{W}_i[\eta]_i)$。

    $\sum_i(\mathcal{W}_i[\eta]_i)=$ ________

    $[\eta]=$ ________

2. 以各级分的重量分数对分子量（重均分子量或上面已测出的黏均分子量）作图，得阶梯形的曲线。

（附上阶梯形曲线图）

3. 再从阶梯形分布曲线得到分子量分布曲线，可采用如下两种方法

(1) 习惯法

根据两个基本假定，把阶梯形曲线各个梯级高度的中点连成一光滑曲线，即为聚合物分子量的累计重量分布曲线（分子量的重量积分分布曲线）。累积重量分数可写为：

$$I_i = \frac{1}{2} W_j + \sum_{i=1}^{j-1} W_i$$

再由该曲线上各点斜率得聚合物分子量的重量微分分布曲线。

（附上分子量的重量积分分布曲线图、分子量的重量微分分布曲线图）

(2) 中点连线近似法

通过每一级分的 M 轴上的 $\frac{1}{2}\overline{M}_i\left(\frac{1}{2}\overline{M}_w \text{ 或} \frac{1}{2}\overline{M}_\eta\right)$ 与级分的累积重量分数 $I(M) = 0.5$ 处画一连线，近似地作为级分的分子量累积重量分布曲线，然后把各个级分分布曲线加和求得原聚合物试样的分子量分布曲线。

（附上中点连线近似法的作图）

三、思考题

1. 应用分级的方法测定聚合物的分子量分布时，能否直接用实验所得的各个级分的重量分数对每个级分的平均分子量作图得到该聚合物的分子量分布曲线？为什么？

2. 在进行结晶聚合物的逐步沉淀分级时，在沉淀剂比例小的混合溶剂中或较高温度下析出的级分肯定是分子量大的组分吗？为什么？

3. 为什么在滴加沉淀剂使溶液出现微弱浑浊后，要在 50 ℃水浴中使溶液重新变清（沉淀溶解）后再放回原温度下静置？

实验二十三　体积排除色谱法测定聚合物的分子量分布

姓名：____________　学号：____________　专业：____________
合作者：____________　日期：____________　得分：____________
教师：____________

一、实验数据

仪器型号：________
聚合物：________　　溶剂：________
温度：________
记录并打印 SEC 色谱图
（附上 $\Delta n \sim V_R$ 的作图）。
教师签字：____________

二、数据处理

1. 作 SEC 标定曲线
（附上 $\lg M \sim V_R$ 的作图）

2. 采用定义法处理数据

把 SEC 色谱图均匀地分割成 n 条（$n \geqslant 20$），每条宽度相等，相当于把原始样品分成 n 个级分。

每一个级分的重量分数为：$W_i(V_R) = \dfrac{H_i}{\sum_i H_i}$，根据标定曲线读出每一级分的分子量 M_i，再计算聚合物的各种平均分子量和多分散系数。

$\overline{M}_w$：________　$\left(\overline{M}_w = \sum_i \left(M_i \cdot \dfrac{H_i}{\sum_i H_i}\right)\right)$

$\overline{M}_n$：________ （$\overline{M}_n = \left[\sum_i \left(\frac{1}{M_i} \cdot \frac{H_i}{\sum_i H_i}\right)\right]^{-1}$）

$\overline{M}_\eta$：________ （$\overline{M}_\eta = \left[\sum_i \left(M_i^a \cdot \frac{H_i}{\sum_i H_i}\right)\right]^{1/a}$）

$\frac{\overline{M}_w}{\overline{M}_n}$：________ （$\frac{\overline{M}_w}{\overline{M}_n} = \left(\sum_i M_i \frac{H_i}{\sum_i H_i}\right) \cdot \sum_i \left(\frac{1}{M_i} \frac{H_i}{\sum_i H}\right)$）

3. 考虑谱峰扩宽效应校正数据

用分子量单一的标准物质的 SEC 谱图的峰底宽 W_B 来确定 σ_B $\left(即\frac{W_B}{4}\right)$。计算校正因子以及聚合物的各种平均分子量和多分散系数。

G：________（$G = \exp\frac{B'^2 \sigma_B^2}{2}$）

$\overline{M}_{w真}$：________（$\overline{M}_{w真} = \overline{M}_{w测}/G$）

$\overline{M}_{n真}$：________（$\overline{M}_{n真} = \overline{M}_{n测} \cdot G$）

$\left(\frac{\overline{M}_w}{\overline{M}_n}\right)_{真}$：________（$\left(\frac{\overline{M}_w}{\overline{M}_n}\right)_{真} = \left(\frac{\overline{M}_w}{\overline{M}_n}\right)_{测} \bigg/ G^2$）

三、思考题

1. 在测定聚合物分子量分布和制备级分样品上，体积排除色谱法与分级法相比，各有什么优缺点？

2. SEC 法是一种测定聚合物各种平均分子量的方法，请问它是绝对方法吗？为什么？

3. 聚合物分子量分布对制品的性能有什么影响？对聚合物加工条件的选择有什么影响？

实验二十四　聚丙烯熔体黏度和挤出胀大的测定

姓名：__________　　学号：__________　　专业：__________

合作者：__________　　日期：__________　　得分：__________

教师：__________

一、实验数据

仪器型号：________

样品：__________

数据列表如下：

T (℃)	V_{XH} (cm/min)		F (kgf)	σ (Pa)	$\dot{\gamma}_N$ (s^{-1})	$\dot{\gamma}_{n-N}$ (s^{-1})	η_a (Pa·s)	D_s (cm)	n	d_c (cm)	l_c (cm)
190	V_{XH1}										
	V_{XH2}										
	V_{XH3}										
	V_{XH4}										
	V_{XH5}										
	V_{XH6}										
210	V_{XH1}										
	V_{XH2}										
	V_{XH3}										
	V_{XH4}										
	V_{XH5}										
	V_{XH6}										

续 表

T (℃)	V_{XH} (cm/min)		F (kgf)	σ (Pa)	$\dot{\gamma}_N$ (s^{-1})	$\dot{\gamma}_{n-N}$ (s^{-1})	η_a (Pa·s)	D_s (cm)	n	d_c (cm)	l_c (cm)
230	V_{XH1}										
	V_{XH2}										
	V_{XH3}										
	V_{XH4}										
	V_{XH5}										
	V_{XH6}										

注：表中 $\dot{\gamma}_N$ 为 $\dot{\gamma}_{Newton}$，$\dot{\gamma}_{n-N}$ 为 $\dot{\gamma}_{non-Newton}$

教师签字：____________

二、数据处理

1. 按照公式(5)和(6)分别计算出剪切应力(σ)和表观剪切速率($\dot{\gamma}_{Newton}$)，并以 $\ln\sigma$ 对 $\ln\left(\frac{8V}{d_c}\right)$作图，从其斜率得到流动行为指数 n（注：$\ln\left(\frac{8V}{d_c}\right) = \ln\dot{\gamma}_{Newton}$）。

2. 对剪切速率进行非牛顿改正，从而得到聚丙烯的表观剪切速率($\dot{\gamma}_{Non\text{-}Newton}$)。再按照公式(8)计算出聚丙烯熔体的表观剪切黏度(η_a)，并以表观剪切黏度对剪切速率作图，得到聚丙烯熔体的流变曲线。

3. 计算出对应于不同温度和剪切速率的挤出胀大比(B),再以挤出胀大比对剪切速率($\dot{\gamma}_{\text{Non-Newton}}$)和温度($T$)作图。

三、思考题

1. 为什么毛细管挤出流变仪是应用最广的测定聚合物黏度的方法?

2. 聚合物的挤出胀大与哪些因素有关,在聚合物的加工方面有什么重要意义?

3. 为什么要进行"非牛顿修正"和"入口修正"?

附录　常用数据表

表 1　常见聚合物名称和英文缩写

聚　合　物	英文缩写	聚　合　物	英文缩写
低密度聚乙烯	LDPE	聚甲醛	POM
高密度聚乙烯	HDPE	聚砜	PSF
聚丙烯	PP	聚异戊二烯	PIP
聚苯乙烯	PS	聚丙烯酰胺	PAM
聚氯乙烯	PVC	聚甲基丙烯酸甲酯	PMMA
聚四氟乙烯	PTFE	聚丙烯酸甲酯	PMA
聚乙烯醇	PVA	聚醋酸乙烯酯	PVAC
聚丁二烯	PBu	聚对苯二甲酸乙二醇酯	PET
聚丙烯腈	PAN	聚对苯二甲酰对苯二胺	PPTA
聚丙烯酸	PAA	聚对苯苯并二噻唑	PBZT
聚异丁烯	PIB	聚对苯苯并二噁唑	PBZO

表 2　聚合物的玻璃化温度(T_g)

聚　合　物	T_g/℃	聚　合　物	T_g/℃
线形聚乙烯	−68	聚丙烯酸甲酯	3
全同聚丙烯	−10	聚丙烯酸	106
无规聚丙烯	−20	无规聚甲基丙烯酸甲酯	105
顺式聚异戊二烯	−73	间同聚甲基丙烯酸甲酯	115
反式聚异戊二烯	−60	全同聚甲基丙烯酸甲酯	45
聚乙烯咔唑	208	聚甲基丙烯酸乙酯	65

续 表

聚合物	T_g/℃	聚合物	T_g/℃
聚甲醛	-83	聚甲基丙烯酸正丙酯	35
聚氧化乙烯	-66	聚甲基丙烯酸正丁酯	21
聚1-丁烯	-25	聚甲基丙烯酸正己酯	-5
聚1-戊烯	-40	聚甲基丙烯酸正辛酯	-20
聚1-己烯	-50	聚氯乙烯	87
聚1-辛烯	-65	聚氟乙烯	40
聚二甲基硅氧烷	-123	聚碳酸酯	150
聚苯乙烯	100	聚对苯二甲酸乙二酯	69
聚α-甲基苯乙烯	192	聚对苯二甲酸丁二酯	40
聚邻甲基苯乙烯	119	尼龙6	50
聚间甲基苯乙烯	72	尼龙66	50
聚对甲基苯乙烯	110	尼龙610	40
聚己二酸乙二酯	-70	聚苯醚	220
聚辛二酸丁二酯	-57	聚苊烯	264

摘自：何曼君，陈维孝，董西侠. 高分子物理[M]. 修订版. 上海：复旦大学出版社，1990：248-252.

表3 结晶性聚合物的密度

聚合物	ρ_c(g/cm^3)	ρ_a(g/cm^3)
高密度聚乙烯	1.00	0.85
聚丙烯	0.95	0.85
聚苯乙烯	1.13	1.05

续 表

聚合物	ρ_c(g/cm^3)	ρ_a(g/cm^3)
聚甲醛	1.54	1.25
聚四氟乙烯	2.35	2.00
尼龙 6	1.23	1.08
尼龙 66	1.24	1.07
尼龙 610	1.19	1.04
聚对苯二甲酸乙二酯	1.46	1.33
聚碳酸酯	1.31	1.20
聚甲基丙烯酸甲酯	1.23	1.17
聚乙烯醇	1.35	1.26
聚偏氟乙烯	2.00	1.74
聚乙炔	1.15	1.00
聚异丁烯	0.94	0.86

摘自：何曼君，陈维孝，董西侠．高分子物理[M]．修订版．上海：复旦大学出版社，1990：78．

表 4　常用配置密度梯度管的轻液和重液

轻液-重液	密度范围(g/cm^3)	轻液-重液	密度范围(g/cm^3)
甲醇-苯甲醇	0.80～0.92	水-溴化钠水溶液	1.00～1.41
异丙醇-水	0.79～1.00	水-硝酸钙水溶液	1.00～1.60
乙醇-水	0.79～1.00	四氯化碳-二溴丙烷	1.59～1.99
异丙醇-缩乙二醇	0.79～1.11	二溴丙烷-二溴乙烷	1.99～2.18
乙醇-四氯化碳	0.79～1.59	二溴丙烷-溴仿	2.18～2.29
甲苯-四氯化碳	0.87～1.59		

摘自：邵毓芳，嵇根定．高分子物理实验[M]．南京：南京大学出版社，1998：52．

表 5　结晶聚合物的熔点(T_m)

聚　合　物	T_m/℃	聚　合　物	T_m/℃
聚乙烯	146	聚四氟乙烯	327
聚丙烯(等规)	200	聚氧化乙烯	80
聚 1-丁烯(等规)	138	聚四氢呋喃	57
聚 1-戊烯(等规)	130	聚己二酸癸二酯	79.5
顺式聚 1,4-异戊二烯	28	聚癸二酸乙二酯	76
反式聚 1,4-异戊二烯	74	聚癸二酸癸二酯	80
顺式聚 1,4-丁二烯	11.5	聚 ε-已内酯	64
反式聚 1,4-丁二烯	142	聚 β-丙内酯	−5
聚苯乙烯(等规)	243	聚已内酰胺	270
聚氯乙烯(等规)	212	聚己二酰己二胺	280
聚偏氯乙烯	198	聚辛内酰胺	218
聚偏氟乙烯	210	聚癸二酰癸二胺	216
聚四氟乙烯	327	聚对苯二甲酸乙二酯	280
聚苯乙烯	100	聚对苯二甲酸丁二酯	230
聚异丁烯	128	聚对苯二甲酸癸二酯	138
聚甲醛	180	聚双酚 A 碳酸酯	295

摘自：何曼君，张红东，陈维孝，等.高分子物理[M].3 版.上海：复旦大学出版社，2007：174-175.

表 6　纤 维 性 能

纤 维 材 料	抗拉模量(GPa)	抗拉强度(GPa)	密度(g/cm^3)
钢	200	2.8	7.8
铝合金	71	0.6	2.7

续 表

纤 维 材 料	抗拉模量(GPa)	抗拉强度(GPa)	密度(g/cm^3)
钛合金	106	1.2	4.5
氧化铝	350～380	1.7	3.7
碳化硅	200	2.8	2.8
芳香聚酰胺 Kevlar 49	125	3.5	1.45
芳香聚酰胺 Kevlar 149	185	3.4	1.47
聚对苯苯并二噻唑	325	4.1	1.58
聚对苯苯并二鎓唑	360	5.7	1.58
伸直链聚乙烯纤维 1000	172	3.0	1.0
芳香族共聚聚酰胺	70	3.0	1.39
尼 龙	6	1.0	1.14
纺织用聚对苯二甲酸乙二醇酯	12	1.2	1.39

摘自：E.L.托马斯.聚合物的结构与性能[M].北京：科学出版社，1999：535.

表 7 高分子-溶剂分子相互作用参数(χ_1)

高 分 子	溶 剂	温 度 (℃)	χ_1
聚异丁烯	苯 环己烷	27 27	0.50 0.44
聚苯乙烯	甲苯 月桂酸乙酯	27 25	0.44 0.47
聚氯乙烯	四氢呋喃 二氧六环 磷酸三丁酯 硝基苯	27 27 53 76 53 76	0.14 0.52 −0.65 −0.53 0.29 0.29

续 表

高分子	溶剂	温度（℃）	χ_1
聚氯乙烯	硝基甲烷	53	0.44
		76	0.42
	丙酮	27	0.63
		53	0.60
	丁酮	53	1.74
		76	1.58
天然橡胶	苯	25	0.44
	四氯化碳	15～20	0.28
	氯仿	15～20	0.37
	二硫化碳	25	0.49
	乙酸戊酯	25	0.49

摘自：马德柱，何平笙，徐种德，等.聚合物的结构与性能[M].2版.北京：科学出版社，1995：525.

表8 聚合物的θ溶剂和θ温度

聚合物	θ 溶剂		θ 温度(℃)
	溶剂	组成	
聚乙烯	二苯醚		161.4
聚异丁烯	苯		24
	四氯化碳-丁酮	66.4/33.6	25
	环己烷-丁酮	63.2/36.8	25
聚丙烯（无规立构）	醋酸异戊酯		34
	环己酮		92
	四氯化碳-正丁醇	67/33	25
（全同立构）	二苯醚		145
聚苯乙烯（无规立构）	苯-正己烷	39/61	20
	丁酮-甲醇	89/11	25
	环己烷		35
聚醋酸乙烯酯（无规立构）	丁酮-异丙醇	73.2/26.8	25
	3-庚酮		29

续 表

聚 合 物	θ 溶 剂		θ温度(℃)
	溶 剂	组 成	
聚氯乙烯	苯甲醇		155.4
聚丙烯腈 (无规立构)	二甲基甲酰胺		29.2
聚甲基丙烯酸甲酯 (无规立构) (间同立构) (94%全同立构)	苯-正己烷 丙酮-乙醇 丁酮-异丙醇 正丙醇 丁酮-异丙醇	70/30 47.7/52.3 50/50 55/45	20 25 25 85.2 25
聚丁二烯 (90%顺式 1,4)	己烷-庚烷 3-戊酮	50/50	5 10.6
聚异戊二烯 (天然橡胶) 96%顺式	2-戊酮 正庚烷-正丙醇	69.5/30.5	14.5 25
聚二甲基硅氧烷	丁酮 甲苯-环己烷 氯苯	66/34	20 25 68
聚碳酸酯	氯仿		20

摘自：马德柱，何平笙，徐种德，等.聚合物的结构与性能[M].2 版.北京：科学出版社，1995：524.

表 9 一些聚合物的溶剂和非溶剂

聚 合 物	溶 剂	非 溶 剂
聚丁二烯	脂肪烃、芳烃、卤代烃、四氢呋喃、高级酮和酯	醇、水、丙酮、硝基甲烷
聚乙烯	甲苯、二甲苯、十氢化萘、四氢化萘	醇、丙酮、邻苯二甲酸二甲酯
聚丙烯	环己烷、二甲苯、十氢化萘、四氢化萘	醇、丙酮、邻苯二甲酸二甲酯

续 表

聚合物	溶剂	非溶剂
聚丙烯酸甲酯	丙酮、丁酮、苯、甲苯、四氢呋喃	甲醇、乙醇、水
聚甲基丙烯酸甲酯	丙酮、丁酮、苯、甲苯、四氢呋喃	甲醇、石油醚、水、己烷、环己烷
聚乙烯醇	水、乙二醇(热)、丙三醇(热)	烃、卤代烃、丙酮、丙醇
聚氯乙烯	丙酮、环己酮、四氢呋喃	醇、乙烷、氯乙烷、水
聚四氟乙烯	全氟煤油(350 ℃)	大多数溶剂
聚丙烯腈	N,N-二甲基甲酰胺、乙酸酐	烃、卤代烃、酮、醇
聚丙烯酰胺	水	醇类、四氢呋喃、乙醚
聚苯乙烯	苯、甲苯、氯仿、环己烷、四氢呋喃、苯乙烯	醇、酚、己烷、丙酮
聚氧化乙烯	苯、甲苯、甲醇、乙醇、氯仿、水(冷)、乙腈	水(热)、脂肪烃
聚对苯二甲酸乙二醇酯	苯酚、硝基苯(热)、浓硫酸	酮、醇、醚、烃、卤代烃
聚酰胺	苯酚、硝基苯酚、甲酸、苯甲醇(热)	烃、脂肪醇、酮、醚、酯

摘自：1. 复旦大学高分子科学系，高分子科学研究所. 高分子实验技术[M]. 上海：复旦大学出版社，1996：369.
2. 何卫东. 高分子化学实验[M]. 合肥：中国科学技术大学出版社，2003：136.

表 10　聚合物分级用的溶剂和沉淀剂

聚合物	溶剂	沉淀剂
聚己内酰胺	含水苯酚 甲酚 甲酚-苯	苯酚 环己烷 汽油
尼龙 66	甲酸 甲酚	水 甲醇

续 表

聚合物	溶剂	沉淀剂
聚乙烯	甲苯 二甲苯 二甲苯 α-氯代萘	正丙醇 丙二醇 正丙醇 邻苯二甲酸二丁酯
聚氯乙烯	环已烷 硝基苯 四氢呋喃 环已酮	丙酮 甲醇 水 正丁醇
聚苯乙烯	苯 苯 丁酮 三氯化碳	乙醇 丁醇 正丁醇 甲醇
聚乙烯醇	水 乙醇	含水丙酮 苯
聚丙烯腈	羟乙腈 二甲基甲酰胺 二甲基甲酰胺 二甲基甲酰胺	苯-乙醇 庚烷 庚烷-乙醚 正庚烷
聚三氟氯乙烯	1-三氟甲基 2,5-氯代苯	邻苯二甲酸二乙酯
聚乙酸乙烯酯	丙酮 苯	水 石油醚
聚甲基丙烯酸甲酯	丙酮	水
丁苯橡胶	苯	甲醇
硝化纤维素	丙酮 丙酮 乙酸乙酯	水 石油醚 正庚烷
醋酸纤维素	丙酮 丙酮 丙酮	乙醇 水 乙酸丁酯
乙基纤维素	乙酸甲酯 苯-甲醇	丙酮-水(1∶3) 庚烷

摘自：钱人元.聚合物的分子量测定[M].北京：科学出版社，1958：137.

表 11　聚合物特性黏数-分子量关系$[\eta]=KM^a$参数表

聚 合 物	溶 剂	温度/℃	$K\times10^2$/ $ml\cdot g^{-1}$	a	分子量范围 $M\times10^{-3}$	测定方法
聚乙烯(高压)	十氢萘 二甲苯	70 105	6.8 1.76	0.675 0.83	200 以内 11.2～180	O O
聚乙烯(低压)	α-氯萘	125	4.3	0.67	48～950	L
聚丙烯	十氢萘 四氢萘	135 135	1.00 0.80	0.80 0.80	100～1 100 40～650	L O
聚异丁烯	环己烷	30	2.76	0.69	37.8～700	O
聚丁二烯	甲苯	30	3.05	0.725	53～490	O
聚异戊二烯	苯	25	5.02	0.67	0.4～1 500	O
聚苯乙烯	苯	20	1.23	0.72	1.2～540	L, S, D
聚苯乙烯(等规)	甲苯	25	1.7	0.69	3.3～1 700	L
聚氯乙烯	环己酮	25	0.204	0.56	19～150	O
聚甲基丙烯酸甲酯	丙酮 苯	20 20	0.55 0.55	0.73 0.76	40～8 000 40～8 000	S, D S, D
聚乙酸乙烯酯	丁酮	25	4.2	0.62	17～1 200	O, S, D
聚乙烯醇	水	30	6.62	0.64	30～120	O
聚丙烯腈	二甲基甲酰胺	25	3.92	0.75	28～1 000	O
尼龙 6	甲酸(85%)	20	7.5	0.70	4.5～16	E
尼龙 66	甲酸(90%)	25	11	0.72	6.5～26	E
醋酸纤维素	丙酮	25	1.49	0.82	21～390	O
硝基纤维素	丙酮	25	2.53	0.795	68～224	O
乙基纤维素	乙酸乙酯	25	1.07	0.89	40～140	O

续 表

聚 合 物	溶 剂	温度/℃	$K\times10^2$/ $mL\cdot g^{-1}$	a	分子量范围 $M\times10^{-3}$	测定方法
聚二甲基硅氧烷	苯	20	2.00	0.78	33.9～114	L
聚甲醛	二甲基甲酰胺	150	4.4	0.66	89～285	L
聚碳酸酯	氯甲烷 四氢呋喃	20 20	1.11 3.99	0.82 0.70	8～270 8～270	S，D S，D
天然橡胶	甲苯	25	5.02	0.67		
聚对苯二甲酸乙二酯	苯酚-四氯化碳（1∶1）	25	2.10	0.82	5～25	E
聚环氧乙烷	水	30	1.25	0.78	10～100	S，D

注：1. 浓度单位：$g\cdot mL^{-1}$

2. 测定方法：E-端基分析，O-渗透压，L-光散射，S，D-超速离心沉降和扩散。

摘自：何曼君，陈维孝，董西侠．高分子物理[M]．修订版．上海：复旦大学出版社，1990：182．

邵毓芳，嵇根定．高分子物理实验[M]．南京：南京大学出版社，1998：13-20．

表 12　能溶解聚合物的非溶剂混合物（δ 为溶度参数）

聚合物	δ	非溶剂 1	δ_1	非溶剂 2	δ_2
氯丁橡胶	8.20	乙醚	7.62	乙酸乙酯	9.10
氯丁橡胶	8.20	己烷	7.24	丙酮	9.77
丁苯橡胶	8.10	戊烷	7.08	乙酸乙酯	9.10
丁腈橡胶	9.40	甲苯	8.91	氰化乙酸乙酯	11.4
丁腈橡胶	9.40	甲苯	8.91	丙二酸二甲酯	10.3
聚丙烯腈	15.4	碳酸二丁酯	12.0	丁二烯亚胺	16.3
聚丙烯腈	15.4	硝基甲烷	12.7	水	23.4
聚氯乙烯	9.54	丙酮	9.77	二硫化碳	9.97
硝基纤维素	10.6	乙醇	12.92	乙醚	7.62

摘自：马德柱，何平笙，徐种德，等．聚合物的结构与性能[M]．2 版．北京：科学出版社，1995：493．

表 13　水的密度和黏度

（用于：乌式黏度计仪器常数的测定及动能校正）

温　度　/℃	密度/kg・m^{-3}	黏度×10^{3}/Pa・s
20	998.20	1.005 0
21	997.99	0.981 0
22	997.77	0.957 9
23	997.53	0.935 8
24	997.29	0.914 2
25	997.04	0.893 7
26	996.78	0.873 7
27	996.51	0.854 5
28	996.23	0.836 0
29	995.94	0.818 0
30	995.64	0.800 7
31	995.34	0.784 0
32	995.02	0.767 9
33	994.70	0.752 3
34	994.37	0.737 1
35	994.03	0.722 5
36	993.68	0.708 5
37	993.32	0.694 7
38	992.96	0.681 4
39	992.59	0.668 5

续 表

温 度 /℃	密度/kg·m^{-3}	黏度×10^3/Pa·s
40	992.27	0.656 0
41	991.82	0.643 9
42	991.43	0.632 1
43	991.03	0.620 7
4	990.62	0.609 7
45	990.20	0.598 8

表 14 1836 稀释型乌氏黏度计毛细管内径与适用溶剂(20 ℃)

毛细管内径(mm)	适 用 溶 剂
0.37	二氯甲烷
0.38	三氯甲烷
0.39	丙酮
0.41	乙酸乙酯,丁酮
0.46	乙酸丁酯/丙酮(1/1)
0.47	四氢呋喃
0.48	正庚烷
0.49	二氯乙烷;甲苯
0.54	氯苯;苯;甲醇;对二甲苯;正辛烷
0.55	乙酸丁酯
0.57	二甲基甲酰胺;水
0.59	二甲基乙酰胺

续 表

毛细管内径(mm)	适　用　溶　剂
0.61	环已烷;二氧六环
0.64	乙醇
0.66	硝基苯
0.705	环已酮
0.78	邻氯苯酚;正丁醇
0.80	苯酚/四氯乙烷(1/1)
1.07	96%硫酸;93%硫酸;间甲酚